计算机系列教材

孙连科 顾健 主编
张丕振 张朋 宋丹茹 周本海 副主编

计算机基础（第三版）

清华大学出版社
北京

内容简介

本书是在已出版的普通高等教育"十一五"国家级规划教材计算机系列教材《计算机基础》(第二版)基础上改版而成的,是根据社会对应用型高校学生的需求和教育部非计算机专业计算机基础课程教学指导委员会提出的高等学校计算机基础课程教学基本要求组织编写的。全书共分8章,主要内容包括计算机与计算思维、计算机系统组成、算法与数据结构、程序设计基础、软件工程基础、数据库技术基础、计算机网络基础和多媒体技术基础。其中第3~6章的内容是全国计算机等级考试二级公共基础知识部分。

本书具有内容丰富、层次清晰、通俗易懂、图文并茂、易教易学的特色,旨在拓展学生的视野,使学生在各自的专业中能够有意识地借鉴、引入计算机科学中的一些理念、技术和方法,提高大学生对计算机的应用能力,同时书中部分内容也是全国计算机等级考试的公共基础知识部分,通过学习,可以提高学生计算机等级考试的通过率,为学生就业提供条件。

本书可作为高等学校大学计算机基础课的教材,也可以作为计算机等级考试基础知识部分的培训教材和自学参考书。

图书在版编目(CIP)数据

计算机基础/孙连科,顾健主编.—3版.—北京:清华大学出版社,2018(2020.8重印)
(计算机系列教材)
ISBN 978-7-302-51197-7

Ⅰ.①计… Ⅱ.①孙… ②顾… Ⅲ.①电子计算机-高等学校-教材 Ⅳ.①TP3

中国版本图书馆CIP数据核字(2018)第206456号

责任编辑:贾　斌
封面设计:常雪影
责任校对:焦丽丽
责任印制:宋　林

出版发行:清华大学出版社
网　　址:http://www.tup.com.cn, http://www.wqbook.com
地　　址:北京清华大学学研大厦A座　　**邮　　编**:100084
社 总 机:010-62770175　　**邮　　购**:010-62786544
投稿与读者服务:010-62776969, c-service@tup.tsinghua.edu.cn
质量反馈:010-62772015, zhiliang@tup.tsinghua.edu.cn
课件下载:http://www.tup.com.cn,010-83470236
印 刷 者:北京富博印刷有限公司
装 订 者:北京市密云县京文制本装订厂
经　　销:全国新华书店
开　　本:185mm×260mm　　**印　　张**:15　　**字　　数**:362千字
版　　次:2011年6月第1版　2018年10月第3版　　**印　　次**:2020年8月第4次印刷
印　　数:5001~6000
定　　价:39.80元

产品编号:081215-01

前言

FOREWORD

本书是在已出版的普通高等教育"十一五"国家级规划教材计算机系列教材《计算机基础》(第二版)的基础上改版而成的。为了适应计算机信息技术的发展,计算机教材的及时更新与修订是计算机学科自身的特点,也是全国高校计算机学科教学的必然要求。

根据社会对应用型高校毕业生的需求和《高等学校计算机基础教学发展战略研究报告暨计算机基础课程教学基本要求》中的定义,大学非计算机专业的计算机基础教育是面向计算机应用的教育。计算机技术的发展为应用型高校计算机应用教育教学开辟了新的途径,应用型高校计算机基础教育是以知识性、技能性和应用性相结合为特征的课程,强调实验性、知识高度综合性和创新意识的培养。

近年来,教育部高等教育司提出了以计算思维为切入点的大学计算机课程教学改革思路,目的是着力提升大学生信息素养,培养学生掌握一定的计算机基础知识、技术与方法,以及利用计算机解决本专业领域中问题的能力。"计算思维"能力的培养正是大学计算机教学的核心任务,计算机基础的教学是培养大学生计算思维能力的重要课程载体。

为贯彻和实施以计算思维为切入点的教学改革,这次修订对原有内容进行了梳理、精简和充实,增加了计算思维概念,加大了算法、程序设计以及新技术方面的介绍;在编写方式上通过生活化的实例,深入浅出地讲解和分析复杂的概念和理论,力求做到概念清晰、通俗易懂,有利于激发学生探究式学习。

教材分为以下 8 章。第 1 章计算机与计算思维主要介绍计算机的发展、信息技术、计算思维以及计算机新技术的基础知识;第 2 章计算机系统组成主要介绍计算机系统基础知识、数据在计算机中的表示、微型计算机硬件系统和计算机软件系统;第 3 章算法与数据结构主要介绍算法的基本概念、算法复杂度、数据结构的基本概念、线性表及其顺序存储结构、栈和队列、线性链表的基本概念及运算、树与二叉树的基本概念及性质、查找技术及排序技术;第 4 章程序设计基础主要介绍结构化程序设计方法和面向对象的程序设计方法;第 5 章软件工程基础主要介绍软件工程基本概念及软件工程开发方法;第 6 章数据库技术基础主要介绍数据库的基础概念、数据库系统的结构及关系数据库的设计等;第 7 章计算机网络基础主要介绍计算机网络的基础知识、局域网的组成以及 Internet 知识;第 8 章多媒体技术基础主要介绍多媒体技术的基础概念、多媒体的关键技术以及多媒体计算机的组成等。

全书由孙连科、顾健任主编,张丕振、张朋、宋丹茹、周本海任副主编。其中孙连科编写

1.1 节、1.3 节、第 2 章、第 3 章、第 4 章；顾健编写 1.2 节、第 5 章；张丕振编写第 6 章；张朋编写第 7 章；宋丹茹编写第 8 章；周本海编写 1.4 节和 1.5 节；由孙连科负责全书的统稿工作。

在本书的编写过程中，还得到了许多老师的热情支持与帮助，在此表示由衷的感谢。由于编者的水平和经验有限，书中难免有不足之处，敬请读者批评指正。

编　者

2018 年 5 月

目录

CONTENTS

第 1 章　计算机与计算思维

目前，计算机与网络技术已经广泛地应用到社会的各个领域，逐步改变着人们传统的学习、工作和日常生活方式，极大地推动了整个社会的信息化发展。作为现代社会中的一员，掌握计算机与计算思维知识和应用是必须具备的基本素质之一。

1.1　计算机概述

计算机是一种能够快速、准确地进行信息处理的电子设备。自诞生以来，计算机技术得到迅猛的发展，并且发挥着越来越重要的作用。

1.1.1　计算机的定义

计算机(Computer)是一种以高速进行计算、具有内部存储能力、由程序控制操作过程的自动电子装置，其主要功能是进行数字计算和信息处理。数字计算是指对数字进行加工处理的过程，如科学与工程计算；信息处理是指对字符、文字、图形、图像、声音等信息进行采集、组织、存储、加工和检索的过程。

计算机是由一系列电子元器件组成的机器。当用计算机进行数据处理时，首先把要解决的实际问题用计算机可以识别的语言编写成计算机程序，然后将程序送入计算机中。计算机按照程序的要求，一步一步地进行各种计算，直到存入的整个程序执行完毕为止。因此，计算机是能存储程序和数据的装置，具有存储信息的能力。所以，也可以给计算机下这样一个定义：计算机是一种能按照事先存储的程序，自动、高速地进行大量数值计算和各种信息处理的现代化智能电子设备。

1.1.2　计算机的起源

1946 年 2 月，为了设计弹道，在美国陆军总部的支持下，美国宾夕法尼亚大学的电气工程师约翰·莫奇利和普雷斯波·艾克特等人研制成功了世界上第一台电子数字计算机(Electronic Numerical Integrator And Computer，ENIAC)。这台计算机体积庞大，由 18 000 个电子管组成，占地面积 170m^2，重达 30t，每小时用电 140kW，运行速度为每秒 5000 次加减法或 400 次乘法运算。ENIAC 虽然十分笨重，而且性能与今天的计算机也无法相比，工作也不太稳定，但由于它的运算速度比以前的计算工具提高了近千倍，特别是其具有划时代意义的设计思想和最新的电子技术，因此树立起科学技术发展的一个新的里程碑，标志着电子计算机时代的到来，标志着人类计算工具新时代的开始，标志着世界文明进入了一个崭新的阶段。

1944 年，ENIAC 还在建造的时候，人们已经意识到 ENIAC 存在着明显的缺陷：没有存储器，用布线接板进行控制，甚至要搭接电线，这些都极大地影响了计算速度。1944 年 8 月，离散变量自动计算机（Electronic Discrete Variable Automatic Computer，EDVAC）的建造计划被提出。和 ENIAC 一样，EDVAC 也是为美国陆军阿伯丁试验场的弹道研究实验室研制，建造者为同一批人。

美籍匈牙利数学家约翰·冯·诺依曼以技术顾问的形式加入 EDVAC 的研制，他总结并详细说明了 EDVAC 的逻辑设计，于 1945 年 6 月发表了一份长达 101 页的报告，这就是著名的"关于 EDVAC 的报告草案"。报告提出的体系结构一直延续至今，即冯·诺依曼体系结构。主要的内容和思想如下：

（1）计算机由五个部分组成，即运算器、控制器、存储器、输入设备和输出设备。

（2）采用"存储程序"的思想，由程序控制计算机按顺序执行指令，自动完成规定的任务。

（3）计算机的指令和数据一律采用二进制。

（4）计算机以运算器为中心，输入、输出设备与存储器之间的数据传送通过运算器完成。

由于种种原因，直到 1951 年，EDVAC 才宣告完成。它不仅可以应用于科学计算，还可以用于信息检索。可以说，EDVAC 是第一台现代意义上的通用计算机。和世界上第一台电子计算机 ENIAC 不同，EDVAC 首次使用二进制而不是十进制。整台计算机共使用大约 6000 个电子管和大约 12 000 个二极管，功率为 56kW，占地面积为 45.5m^2，重量为 7850kg，速度比 ENIAC 提高了近 240 倍。

冯·诺依曼体系结构一直延续至今，现在使用的计算机，其基本工作原理仍然是存储程序和程序控制，所以现在的计算机一般被称为冯·诺依曼结构计算机。鉴于冯·诺依曼在发明电子计算机的过程中所起到的关键性作用，人们称他为"计算机之父"。

1.1.3 计算机的发展

根据计算机所采用的主要物理器件，计算机大体上经历了电子管、晶体管、中小规模集成电路和大规模、超大规模集成电路四个发展阶段，每一阶段在技术和性能上都是一次质的飞跃。

1. 第一代计算机（1946—1957 年）

由于计算机的逻辑元件采用电子管，因而体积大，耗电多，运算速度低，成本高。在这个时期没有系统软件，只能用机器语言和汇编语言编程。计算机只能在少数高级领域中得到应用，一般用于科学、军事和财务等方面的计算。尽管存在这些局限性，但它奠定了计算机发展的基础。

2. 第二代计算机（1958—1964 年）

计算机的主要逻辑元件采用晶体管，存储器采用磁芯和磁鼓。晶体管与电子管相比，平均寿命提高了 100～1000 倍，耗电量却只有电子管的 1/10，体积也比电子管小一个数量级，而且运算速度明显提高，每秒可以执行几万次到几十万次的加法运算，机械强度较高。

在这个时期，系统软件出现了监控程序，提出了操作系统的概念，开始使用FORTRAN、COBOL、ALGOL60等高级语言。第二代计算机不仅用于科学计算，还用于数据处理和事务处理，并逐渐应用于工业控制领域。

3. 第三代计算机(1965—1971年)

计算机的逻辑元件采用集成电路，这种器件把几十个或几百个分立的电子元件集中做在一块几平方毫米的硅片上，从而使计算机的体积和耗电量大大减少，运算速度却大大提高，每秒钟可以执行几十万次到上百万次的加法运算，性能和稳定性得到进一步提高。

在这个时期，系统软件有了很大的发展，出现了分时操作系统和会话式语言以及结构化程序设计方法，从而为研制更加复杂的软件提供了技术保证。计算机朝着标准化、多样化和通用化方向发展，并开始应用于各个领域。

4. 第四代计算机(1972年至今)

计算机采用大规模集成电路，在一个$4mm^2$的硅片上，至少容纳相当于2000个晶体管的电子元件。20世纪70年代末期开始出现超大规模集成电路，在一个小硅片上容纳相当于几万个到几十万个晶体管的电子元件，使计算机的各种性能都得到了大幅度的提高，运算速度从几百万次每秒到千万亿次每秒以上。

在这个时期，操作系统不断完善，出现了数据库管理系统和通信软件。功能强大的巨型机得到了稳步发展，微型计算机的产生为计算机的普及奠定了基础。多媒体技术的发展改变了过去计算机只能处理文本和数字信息的现状，使计算机可以处理图像、声音、视频等多种媒体，计算机的发展进入了以计算机网络为特征的时代。

从20世纪80年代开始，一些国家开展了新一代被称为“智能计算机”的计算机系统的研制，企图打破已有的体系结构，使计算机具有思维、推理和判断能力，并称之为第五代计算机，但目前尚未有突破性的进展。

计算机最重要的核心部件是芯片。由于磁场效应、热效应、量子效应以及物理空间的限制，以硅为基础的芯片制造技术的发展是有限的，因此必须开拓新的制造技术。目前，生物DNA计算机、量子计算机和光子计算机也正在研制当中。

1.1.4 微处理器与微型计算机的发展

1971年，美国Intel公司成功地将计算机的控制器和运算器集成到一个芯片上，研制出了世界上第一个微处理芯片Intel 4004。微处理器(Micro-Processor Unit，MPU)的发明是计算机史上的又一个里程碑。用微处理器装配的计算机被称为微型计算机，又称个人计算机(Personal Computer，PC)，简称微机。微机具有体积小、重量轻、功耗小、可靠性高、使用环境要求不严格、价格低廉、易于批量生产等特点，所以微机一出现，就显示出了强大的生命力。

四十多年来，微处理器几乎以每三年在性能和集成度上翻倍的速度发展，微型计算机系统和应用技术也随之飞速发展，主要经历了以下五个阶段。

1. 第一阶段(1971—1973年)

这一代微机采用4位和低挡8位微处理器。典型产品是Intel公司生产的MCS-4(采用4位微处理芯片的Intel 4004)和MCS-8(采用8位微处理芯片的Intel 8008)。

2. 第二阶段(1974—1977年)

这一代微机采用中高档微处理器。典型产品是Intel公司生产的Intel 8080、Motorola公司生产的M6800和ZILOG公司生产的Z8000。集成度为每片4000～10000个晶体管,时钟频率为2.5～5MHz。

3. 第三阶段(1978—1984年)

这一代微机采用16位微处理器。典型产品为Intel公司生产的Intel 8088/80286、Motorola公司生产的M6800和ZILOG公司生产的Z8000。集成度为每片2～7万个晶体管,时钟频率为4～10MHz。

美国IBM公司于1981年成功推出了IBM PC,该微机选用Intel 8088作为微处理器。1982年又推出了扩展型的个人计算机IBM PC/XT,它对内存进行了扩充并增加了一个硬盘驱动器。1984年IBM公司推出了以80286为核心的16位增强型个人计算机IBM PC/AT。由于IBM公司在发展PC时采用了技术开放的策略,因此促进了PC的发展,逐渐风靡世界。

4. 第四阶段(1985—1992年)

这一代微机采用32位微处理器。典型产品为Intel公司生产的80386/80486、Motorola公司生产的M68030/M68040等。集成度高达每片100万个晶体管,具有32位地址线和32位数据线,时钟频率可以达到100MHz。

5. 第五阶段(1993年至今)

这一代微机采用64位微处理器。典型产品为Intel公司生产的Pentium系列芯片,集成度高达每片900万～4200万个晶体管,主时钟频率为1.8～2.4GHz,最高时钟频率已达到3.2GHz。

1.1.5 计算机的特点

计算机的应用几乎渗透到现代人类活动的所有领域,已成为一种不可缺少的信息处理和解决实际问题的工具,概括起来,计算机有以下几个显著特点。

1. 自动执行程序

计算机采用存储程序控制的方式,能在程序控制下自动并连续地进行高速运算。只要输入已编好的程序并将其启动,计算机就能自动地完成所有任务。这是计算机最突出的特点。

2. 运算速度快、运行精度高

计算机发展到今天，不但可以快速地完成各种指令、任务，而且还具有前几代计算机无法比拟的计算精度。随着计算机技术的发展，计算机的运算速度还在提高。例如，天气预报需要分析大量的气象资料和数据，单靠人工完成计算是不可能的，而计算机只需几分钟就可以完成数据的统计和分析。

3. 具有记忆和逻辑判断能力

借助逻辑运算，计算机可以进行逻辑判断，并根据判断结果自动地确定下一步该做什么。计算机的存储系统由内存和外存组成，具有存储和"记忆"大量信息的能力。同时，计算机还具有逻辑判断能力，可以使用计算机进行资料分类、情报检索等逻辑性的工作。

4. 可靠性高

随着微电子技术和计算机技术的发展，电子计算机连续无故障运行时间可达到几十万小时以上，具有很高的可靠性。用同一台计算机能解决各种问题，可应用于不同的领域。

除此之外，现代的微型计算机（Micro PC）还具有体积小、重量轻、耗电少、易维护、易操作、功能强、使用方便、价格低等优点，可帮助人们完成更多复杂的工作。

1.1.6 计算机的分类

现今计算机种类繁多，各种不同的计算机都有其独特的优点。可以从以下不同的角度对计算机进行分类。

1. 按用途分类

计算机按其用途不同可分为专用计算机（Special Purpose Computer）和通用计算机（General Purpose Computer）。

专用计算机是针对某些特殊需求而专门设计制造的计算机，用来提供特定的服务。

通用计算机广泛用于各类科学计算、数据处理、过程控制，可以解决各种问题，它具有功能多、用途广、配置齐全、通用性强等特点，现在市场上的大部分计算机都属于通用计算机。

2. 按处理信息方式分类

计算机按其处理信息的方式不同可分为模拟计算机（Analogue Computer）、数字计算机（Digital Computer）和混合计算机（Hybrid Computer）。

模拟计算机用来处理模拟数据，这些模拟数据通过模拟量表示，模拟量可以是电压、电流、温度等。这类计算机在模拟计算和控制系统中应用较多。例如，利用模拟计算机求解高阶微分方程，其解题速度非常快。

数字计算机用来处理二进制数据，适合于科学计算、信息处理、过程控制和人工智能等，具有速度快、精度高、自动化、通用性强等特点，是可以进行数字信息和模拟物理量处理的计算机系统。

混合计算机则集中了模拟计算机和数字计算机的优点,通过模数/数模转换器将数字计算机和模拟计算机连接,构成完整的混合计算机系统。

3. 按性能指标分类

计算机按其性能指标不同可分为巨型计算机(supercomputer)、大型计算机(Mainframe)、小型计算机(Minicomputer 或 Minis)和微型计算型机(Microcomputer)。

巨型计算机又称为“超级计算机”,是一种超大型的电子计算机,主要表现为高速度和大容量,其运算速度可达每秒1000万次以上,存储容量也在1000万位以上。如我国研制成功的“银河Ⅲ”“天河一号”“神威蓝光”“曙光星云”等均属于巨型计算机。

大型计算机的主机非常大,一般用在高科技和尖端科研领域,它由许多中央处理器协同工作,有海量存储空间。这种大型机经常用来作为大型的商用服务器,以提供文件服务、打印服务、邮件服务、WWW服务等。

小型计算机是小规模的大型计算机,其运行原理类似于PC和服务器,但性能和用途又与之截然不同。它是一种高性能的计算机,比大型计算机价格低,但有着几乎同样的处理能力。

微型计算机简称“微机”,它是由大规模集成电路组成的体积较小的电子计算机。微型计算机以中央处理器(CPU)为核心,由运算器、控制器、存储器、输入设备和输出设备5大部分组成。目前,市场上销售的大部分台式计算机和笔记本计算机都属于微型计算机。

1.1.7 计算机的发展趋势

自第一台计算机诞生至今,在六十多年的发展历程中,计算机的性能得到了惊人的提高,而价格却大幅度地下降,这为计算机的普及和应用创造了有利的条件。未来计算机将朝着巨型化、微型化、多媒体化、网络化和智能化等方向发展。

1. 巨型化

巨型化不是指计算机的体积大小,而是指计算机具有更高的运算速度、更大的存储容量和更强的处理能力,其运算能力一般在每秒百亿次以上。巨型计算机主要应用于尖端科学技术领域,它的研制水平是一个国家科学技术能力的重要标志,也是一个国家综合国力的反映。

2. 微型化

微型化是指计算机向使用方便、体积小、重量轻、价格低和功能齐全的方向发展。20世纪70年代,由于大规模和超大规模集成电路的飞速发展,微处理器芯片连续更新换代,使微型计算机的成本不断下降,应用更加广泛,微型计算机的应用逐渐深入到了人们生活的各个领域,并进入了一些家电和仪器设备的控制领域。目前,随着微电子技术的进一步发展,微型计算机的发展将更加迅速,笔记本型、掌上型等微型计算机必将以更优良的性能价格比受到人们的青睐。

3. 多媒体化

传统的计算机主要用来处理字符和数字信息。事实上，人们更习惯于以数字技术为核心的图像和声音与计算机、通信等融为一体的信息环境。多媒体化的目标是无论在何地，只需要简单的设备，就能自由自在地以交互和对话方式收发所需要的信息，其实质就是人们利用计算机以更加接近自然的方式交换信息。

4. 网络化

网络化是指利用现代通信技术和计算机技术，把分布在不同地理位置的计算机通过通信设备连接起来，按照网络协议互相通信，以实现软硬件资源和信息共享。现在的计算机已经不再局限于单一的计算机，计算机不能连入网络将无法完成许多工作。

5. 智能化

智能化是指让计算机来模拟人的感觉、行为、思维过程，使计算机具备“视觉”“听觉”“语言”“行为”“思维”、逻辑推理、学习、证明等能力，这是新一代计算机要实现的目标。智能化是计算机突破了“计算”这一初级含义，从本质上扩充了计算机的能力，从而可以越来越多地代替人类的体力和脑力劳动。

1.2 信息技术概述

随着科学技术的发展，以计算机技术、网络技术和通信技术为代表的现代信息技术正在以惊人的速度发展着，并且深入到人们生产活动的各个方面，信息资源的共享和应用日益广泛与深入，从而引起人类社会全面和深刻的变革，使人类社会由工业社会迈向信息社会。

1.2.1 现代信息技术基础知识

1. 信息

信息(Information)是指现实世界事物的存在方式和运动状态的反映。从信息处理的角度讲，信息是指原始数据经过加工后，能对客观世界产生影响的、有用的数据，而且信息又以数据的形式表现出来。

信息是无处不在的，人类生活离不开信息，就像人离不开空气和水一样。因此，信息和物质、能量一样，是人类赖以生存和发展的三大要素之一。信息可以有多种形态，如数字、文本、图像、声音、视频等，这些形态我们统称为“媒体”，并且这些形态之间可以相互转化。例如，将歌声录进计算机，就是把声音信息转化成了数字信息。信息是可以进行传递和共享的，但必须依附于某种载体，如报纸、电话、电视和计算机等。

信息可以从不同的角度进行分类。按其表现形式，可分为数字信息、文本信息、图像信息、声音信息和视频信息等；按其应用领域，可分为社会信息、管理信息、科技信息和军事信息等；按其加工的顺序，可分为一次信息、二次信息和三次信息等。

2. 数据

数据(Data)是信息的载体,它将信息按一定规则排列并用符号表示出来。这些符号可以构成数字、文字、图像等,也可以是计算机代码。

3. 信息技术

信息技术(Information Technology,IT)是利用计算机进行信息处理,利用现代电子与通信技术从事信息采集、存储、加工、利用以及相关产品制造、技术开发、信息服务的新学科。信息技术主要包括感测与识别技术、信息传递技术、信息处理与再生技术和信息使用技术。感测与识别技术包括信息识别、信息提取、信息检测等,这些技术的总称是“传感技术”。几乎可以包括人类所有感觉器官的传感功能。信息传递技术主要实现信息的快速转移,同时,在转移过程中保证信息的可靠和安全,各种通信技术都属于这个范畴。例如,广播技术就是信息传递技术的一种。信息处理与再生技术包括对信息的编码、压缩、加密等。信息使用技术是整个信息过程的最后环节,包括各种控制技术、显示技术等。

也可以说信息技术由传感技术、通信技术、计算机技术、微电子技术结合而成。有时也把信息技术叫做现代信息技术。

1) 传感技术

传感技术、计算机技术与通信技术一起被称为信息技术的三大支柱。从仿生学观点看,如果把计算机看成处理和识别信息的“大脑”,把通信系统看成传递信息的“神经系统”的话,那么传感器就是捕获信息的“感觉器官”。

通常,人用眼、耳、鼻、舌、身等感觉器官捕获信息。随着光学技术和电子技术的发展,使用放大镜、显微镜、望远镜、照相机、摄像机、侦察卫星等可以帮助人们观察微小的、遥远的或高速运动的物体;电话机、收音机、CD 唱机等可以看作是人耳功能的延伸;电子鼻以及其他测量各种气味的装置可以看作是人的嗅觉器官功能的延伸;温度表、湿度表以及各种测量振动、压力的仪表可以看作是人的皮肤对温度和压力感觉功能的延伸。

目前,科学家已经研制出许多应用现代感测技术的装置,不仅能替代人的感觉器官捕获各种信息,而且能捕获人的感觉器官不能感知的信息。同时,通过现代感测技术捕获的信息常常是精确的数字化数据,便于计算机处理。

2) 通信技术

通信技术是信息处理的载体。信息只有通过交流才能发挥效益,信息的交流直接影响着人类的生活和社会的发展。传统上人们使用电报、电话、电视、广播等手段来传递信息。21 世纪以来,微波、光缆、卫星、计算机网络等通信技术得到迅猛发展。2000 年初,全球手机用户只有 5 亿,网民数量只有 2.5 亿;2009 年这个数字分别暴涨到 46.6 亿和 18.6 亿;2010 年底的最新数字又是上升到 52.8 亿和 20.8 亿。今天全球 3/4 的人用手机,1/3 的人上网。与此同时,2011 年,电报正从我们的生活中消失,这是通信技术进步与发展的真实写照。

3) 计算机技术

计算机技术是信息处理的核心。计算机的诞生是以计算工具的面目出现的,但随着计算机技术的不断发展,其功能越来越强大。多媒体技术和压缩技术的发展使得计算机处理信息的能力大大提高，不但能够处理数值信息，而且还能够处理文字、图形、图像、动画、声音等非数值信息。

4）微电子技术

微电子技术是现代信息技术的基础，是随着晶体管电子计算机小型化的要求发展起来的。它利用半导体电路技术和微细加工技术，把计算机的逻辑部件（如中央处理器）和存储部件（如存储器）制作在一块硅片上，在不到 $1cm^2$ 的硅片上可以集成1亿多个晶体管。由于微电子技术的应用，计算机在速度和容量不断提高的同时，还大大节省了能源、材料和空间，从而大大降低了成本。将来微电子技术与纳米技术相互融合，其发展前景更为可观。

4. 信息社会

信息社会是指在国民经济和社会各个领域，不断推广和应用计算机、通信、网络等信息技术和其他相关智能技术，达到全面提高经济运行效率、劳动生产率、企业核心竞争力和人民生活质量的目的。在工业化社会向信息化社会发展转变的过程中，信息产业在国民经济中所占的比重逐渐上升，已成为国民经济的主导产业，是知识经济赖以发展的基础和环境，信息资源成为重要的生产要素。信息化程度的高低是衡量一个国家综合实力的重要标志。

1.2.2 计算机在信息社会的应用

信息社会中，计算机的应用十分广泛，主要可以概括为以下几个方面。

1. 科学计算

科学计算也称为数值计算，是指用于完成科学研究和工程技术中提出的科学问题的计算。

现代科学技术的发展使得各种领域中的计算模型日趋复杂，如大型水坝的设计、卫星轨道的计算、卫星气象预报、地震探测等，通常需要求解几十阶微分方程组、几百个联立线性方程组、大型矩阵等，如果利用人工来进行这些计算，通常需要几年甚至几百年，而且还不一定能满足及时性、精确性要求。世界上第一台计算机的研制就是为科学计算而设计的，计算机高速、高精度的运算是人工计算所望尘莫及的，利用计算机可以解决人工无法解决的复杂计算问题。

2. 过程控制

过程控制也称为实时控制，是指利用计算机对生产过程、制造过程或运行过程进行监测与控制，即通过实时监测目标物体的当前状态，及时调整被控对象，使被控对象能够正确地完成目标物体的生产、制造或运行。

过程控制广泛应用于各种工业生产环境中，其一，能够替代人在危险、有害于人的环境中进行作业。其二，能在保证同样质量前提下进行连续作业，不受疲劳、情感等因素的影响。其三，能够完成人所不能完成的有高精度、高速度、时间性、空间性等要求的操作。计算机过程控制已在冶金、石油、化工、纺织、水电、机械、航天等行业得到广泛的应用。

3. 数据/信息处理

数据处理也称为非数值处理,指对大量的数据进行搜集、归纳、分类、整理、存储、检索、统计、分析、列表、绘图等操作。一般来说,科学计算的数据量不大,但计算过程比较复杂。而数据处理的数据量很大,但计算方法较简单。在当今的信息化社会,数据处理已成为计算机应用的重要方面,占有相当大的比例,广泛应用于办公自动化、企业管理、事务处理、情报检索等方面。数据处理是现代化管理的基础,它不仅应用于日常事务的处理,还可以支持科学的管理和决策。

4. 多媒体应用

多媒体一般包括文本(Text)、图形(Graphics)、图像(Image)、音频(Audio)、视频(Video)、动画(Animation)等信息媒体。多媒体技术是指人和计算机交互地进行上述多种媒介信息的捕捉、传输、转换、编辑、存储、管理,并由计算机综合处理为表格、文字、图形、动画、音响、影像等视听信息有机结合的表现形式。多媒体技术拓宽了计算机应用领域,使计算机广泛应用于商业、服务业、教育、广告宣传、文化娱乐、家庭等方面。

5. 计算机辅助系统

计算机辅助系统是指以计算机为工具,配备专门的软件辅助人们完成特定的任务,以提高工作效率和工作质量。

1) 计算机辅助设计(Computer-Aided Design,CAD)

计算机辅助设计是指综合利用计算机的工程计算、逻辑判断、数据处理能力,并同人的经验与判断能力相结合,形成一个专门的系统,用来完成各种各样的设计工作,并对所设计的部件、构件或系统进行综合分析与模拟仿真实验。它是二十几年来形成的一个重要的计算机应用领域,在汽车、飞机、船舶、桥梁、建筑、集成电路、大型自动控制等系统的设计中占有越来越重要的地位。

2) 计算机辅助制造(Computer-Aided Manufacturing,CAM)

计算机辅助制造是指利用计算机对生产设备进行控制、管理和操作的技术。例如,在产品的制造过程中,用计算机控制机器运行、处理生产中的数据、控制材料流动以及检验产品等。

3) 计算机辅助测试(Computer-Aided Testing,CAT)

计算机辅助测试是指利用计算机进行测试。例如,在大规模集成电路的生产过程中,由于逻辑电路复杂,人工测试往往比较困难,不但效率低,而且容易损坏产品。利用计算机进行测试,不但可以自动测试集成电路的各种参数、逻辑关系等,而且可以实现产品的分类和筛选。

4) 计算机辅助教育(Computer-Aided Education,CAE)

计算机辅助教育主要包括计算机辅助教学(Computer-Aided Instruction,CAI)和计算机管理教学(Computer-Managed Instruction,CMI)两部分。CAI是计算机用于支持教学和学习的各类应用的总称。它改变了教师在讲台上讲课而学生在课堂内听课的传统教育模式,从而使教学内容生动、形象、逼真,它能够模拟使用其他手段难以实现的动作和场景。

CAI通过交互方式帮助学生自学、自测，可满足不同层次人员对教与学的不同要求。随着多媒体技术和网络技术的发展，近年来计算机辅助教学有了很大程度的发展，已成为人们获取知识和学习的新途径。CMI是指利用计算机实现各种教学管理，如制订教学计划、课程安排、统计教室利用率、学生学籍档案管理、计算机评分等多方面的日常教务管理工作，以及利用计算机帮助教师指导教学过程。

6. 人工智能(或智能模拟)

开发一些具有人类某些智能的应用系统，用计算机来模拟人的思维判断、推理等智能活动，使计算机具有自学习适应和逻辑推理的功能，如计算机推理、智能学习系统、专家系统、机器人等，帮助人们学习和完成某些推理工作。

7. 电子商务

电子商务是指通过计算机和网络进行的商务活动，是在Internet的广阔联系与传统信息技术的丰富资源相结合的背景下应运而生的一种网上相互关联的动态商务活动。现在它已经成为社会经济新的增长点及信息化社会的又一重要特征，受到各国政府和企业的广泛重视与支持。

8. 电子政务

电子政务是指政府机构在其管理和服务职能中运用现代信息技术，实现政府组织结构和工作流程的重组优化，超越时间、空间和部门分隔的制约，建成一个精简、高效、廉洁、公平的政府运作模式，在网上实现政府的职能工作。

1.3 计算思维

计算思维古已有之，而且无所不在。从古代的算筹、算盘，到近代的加法器、计算器，现代的电子计算机，直到现在风靡全球的网络和云计算，计算思维的内容不断拓展。然而，在计算机发明之前的相当长时期内，计算思维研究缓慢，主要因为缺乏像计算机这样的快速计算工具。一位科学家曾经说过，“我们所使用的工具影响着我们的思维方式和思维习惯，从而也将深刻地影响着我们的思维能力。”计算机不仅仅是一个高科技工具，人们还可以利用它去解决那些计算时代之前不敢尝试的问题，它的发展改变着人们的思维方式。

1.3.1 计算思维的定义

计算思维(Computational Thinking，CT)概念的提出是计算机学科发展的自然产物。第一次明确使用这一概念的是美国卡内基·梅隆大学周以真(Jeannette M. Wing)教授。她认为，计算思维是运用计算机科学的基础概念去求解问题、设计系统和理解人类行为涵盖了计算机科学之广度的一系列思维活动。从这一定义可知，计算思维的目的是求解问题、设计系统和理解人类行为，使用的方法是计算机科学。计算思维与“读写能力”一样，是人类的基本思维方式。具体解释如下。

1. 求解问题中的计算思维

利用计算手段求解问题的过程是：首先把实际的应用问题转换为数学问题(可能是一组偏微分方程)，其次将 PDE 离散为一组代数方程组，然后建立模型、设计算法和编程实现，最后在实际的计算机中运行并求解。前两步是计算思维中的抽象，后两步是计算思维中的自动化。

2. 设计系统中的计算思维

任何自然系统和社会系统都可视为一个动态演化系统，演化伴随着物质、能量和信息的交换，这种交换可以映射为符号变换，使之能用计算机进行离散的符号处理。

当动态演化系统抽象为离散符号系统后，就可以采用形式化的规范描述，建立模型、设计算法和开发软件来揭示演化的规律，实时控制系统的演化并自动执行。

3. 理解人类行为中的计算思维

计算思维是基于可计算的手段，以定量化的方式进行的思维过程。计算思维就是应对信息时代新的社会动力学和人类动力学所要求的思维。在人类的物理世界、精神世界和人工世界三个世界中，计算思维是建设人工世界需要的主要思维方式。

利用计算手段来研究人类的行为，可视为社会计算，即通过各种信息技术手段，设计、实施和评估人与环境之间的交互。

1.3.2 计算思维的详细描述

从方法论的角度来说，计算思维的核心是计算思维方法。总的来说，计算机思维方法有两大类：一类是来自数学和工程的方法，如来自数学的黎曼积分、迭代、递归，来自工程思维的大系统设计与评估的方法；另一类是计算机科学独有的方法，如操作系统中处理死锁的方法。计算思维方法很多，下面是周以真教授具体阐述的 7 大类方法。

(1) 计算思维是通过约简、嵌入、转化和仿真等方法。用来把一个看来困难的问题重新阐述成一个人们知道问题怎样解决的思维方法。

(2) 计算思维是一种递归思维，是一种并行处理，它把代码译成数据又能把数据译成代码，是一种多维分析推广的类型检查方法。

(3) 计算思维是一种采用抽象和分解来控制庞杂的任务或进行巨大复杂系统设计的方法，是一种基于关注点分离的方法。

(4) 计算思维是一种选择合适的方式去陈述一个问题，或对一个问题的相关方面建模并使其易于处理的思维方法。

(5) 计算思维是按照预防、保护及通过冗余、容错和纠错的方式，并从最坏情况进行系统恢复的一种思维方法。

(6) 计算思维是利用启发式推理寻求解答，即在不确定情况下的规划、学习和调度的思维方法。

(7) 计算思维是利用海量数据来加快计算，在时间和空间之间，在处理能力和存储容量之间进行折中的思维方法。

1.3.3 计算思维的特征

计算机科学是计算的学问，即解决什么是可计算的，怎样去计算这两个问题。因此，计算思维的特性可归纳如下。

(1) 计算思维是概念化的抽象思维，而不是程序设计。计算机科学并不仅仅是计算机编程。像计算机科学家那样去思维意味着不仅能为计算机编程，还要求对事物能够在抽象的多个层次上思维。计算机科学不只是关注计算机，就像音乐产业不只是关注麦克风一样。

(2) 计算思维是基础的技能，不是机械的技能。基础的技能是每个人为了在现代社会中发挥职能所必须掌握的，生搬硬套的机械技能意味着机械地重复。只有当计算机科学解决了人工智能的宏伟挑战——使计算机像人类一样思考之后，思维才会变成机械的生搬硬套。

(3) 计算思维是人的思维，而不是计算机的思维。计算思维是人类求解问题的一条途径，但绝非试图使人类像计算机那样思考。计算机是枯燥沉闷的，人是聪颖且富有想象力的。计算机之所以能求解问题，是因为人将计算思维的思想赋予了计算机。例如，递归、迭代、黎曼积分的思想都是在计算机发明之前人类早已提出，人类将这些思想赋予计算机后计算机才能进行这些计算。

(4) 计算思维的过程可以由人执行，也可以由计算机执行。例如，不管是递归、迭代，还是黎曼积分，人和机器都可以计算，只不过人计算的速度很慢而已。借助拥有"超算"能力的计算机，人类就能用智慧去解决那些在计算机时代之前不敢尝试的问题，实现"只有想不到，没有做不到"的境界。

(5) 计算思维是数学和工程思维的互补与融合。计算机科学在本质上源自数学思维，因为像所有的科学一样，它的形式化解析基础筑于数学之上。计算机科学从本质上又源自工程思维，因为我们建造的是能够与实际世界互动的系统。基本计算设备的限制迫使计算机学家必须计算性地思考，不能只是数学性地思考。构建虚拟世界的自由使我们能够超越物理世界去打造各种系统。

(6) 计算思维是思想，不是人造物。计算思维不是以物理形式到处呈现并时时刻刻触及人们生活的软硬件等人造物，而是设计、制造软硬件中包含的思想，是计算这一概念用于求解问题、管理日常生活以及与他人交流和互动的思想。

(7) 面向所有的人，所有的地方。当计算思维融入人们的日常活动中，作为一个问题解决的有效工具，人人都应当掌握，处处都会被使用。

(8) 计算思维依旧关注智力上极有挑战性的科学问题的理解和解决，这些问题和解决方法仅仅受限于我们本身的好奇心和创造力。一个主修英语或者数学的人可以选择很多不同的职业。计算机科学也一样，主修计算机的人可以从事像医疗、法律、商业、政治以及任何类型的科学和工程，甚至是艺术。

1.3.4 计算思维的本质

计算思维最根本的内容，即其本质是抽象(Abstraction)和自动化(Automation)。它反映了计算的根本问题,即什么能被有效地自动进行。计算思维中的抽象完全超越物理的时空观,并完全用符号来表示,其中,数字抽象只是一类特例。隐含地说就是要确定合适的抽象,选择合适的计算机去解释执行该抽象,自动化就是机械地一步一步自动执行,其基础和前提是抽象。

1.3.5 计算思维与计算机的关系

计算思维虽然具有计算机的许多特征,但是计算思维本身并不是计算机的专属。实际上,即使没有计算机,计算思维也会逐步发展,甚至有些内容与计算机没有关系。但是,计算机的出现给计算思维的发展带来了根本性的变化。

1.3.6 计算思维的应用领域

1. 生物学

计算机科学的许多领域渗透到生物信息学中的应用研究,如数据库、数据挖掘、人工智能、算法、图形学、软件工程、并行计算和网络技术等都被用于生物计算的研究。

从各种生物的DNA数据中挖掘DNA序列自身规律和DNA序列进化规律,可以帮助人们从分子层次上认识生命的本质及其进化规律。DNA序列实际上是一种用4种字母表达的“语言”。

2. 脑科学

脑科学是研究人脑结构与功能的综合性学科,它以揭示人脑高级意识功能为宗旨,与心理学、人工智能、认知科学和创造学等有着交叉渗透。

美国神经生理学家罗杰·斯佩里进行了裂脑实验,提出大脑两半球功能分工理论。他认为:大脑左右半球完全可以以不同的方式进行思维活动,左脑侧重于抽象思维,如逻辑抽象、演绎推理和语言表达等;右脑侧重于形象思维,如直觉情感、想象创新等。

3. 化学

计算机科学在化学中的应用包括:化学中的数值计算、化学模拟、化学中的模式识别、化学数据库及检索、化学专家系统等。

计算思维基于非结构网格和分区并行算法,为求解多组分化学反应流动守恒方程组开发了单程序多数据流形式的并行程序,对已有的预混可燃气体中高速飞行的弹丸的爆轰现象进行了有效的数值模拟。

4. 经济学

计算博弈论正在改变人们的思维方式。

囚徒困境是博弈论专家设计的典型示例,其博弈模型可以用来描述两家企业的价格大战等许多经济现象。

5. 艺术

计算机艺术是科学与艺术相结合的一门新兴的交叉学科，它包括绘画、音乐、舞蹈、影视、广告、书法模拟、服装设计、图案设计、产品和建筑造型设计以及电子出版物等众多领域。

6. 其他领域

计算思维在工程学（电子、土木、机械、航空航天等）、社会科学、地质学、天文学、数学、医学、法律、娱乐、体育等学科方面也得到广泛的应用。

计算高阶项可以提高精度，进而降低重量、减少浪费并节省制造成本；波音777飞机完全是采用计算机模拟测试的，没有经过风洞测试；社交网络是MySpace和YouTube等发展壮大的原因之一；统计机器学习被用于推荐和声誉服务系统，例如Netflix和联名信用卡等。在计算学科中，排序问题、汉诺塔问题、国王的婚姻、旅行商问题等算法都是计算思维的典型问题。

计算思维代表着一种普遍的认识和一类普适的技能，渗透到每一个人的生活里，并且影响其他学科的发展，创造和形成了一系列新的学科分支。不仅是计算机科学家，每个人都应热心学习和运用这一基本技能。

1.4 计算机应用系统的计算模式

计算机应用系统中数据与应用（程序）的分布方式称为企业计算机应用系统的计算模式，有时也称为企业计算模式。自世界上第一台计算机诞生以来，计算机作为人类信息处理的工具已有半个多世纪，在这一发展过程中，计算机应用系统的模式发生了几次变革，它们分别是单主机计算模式、分布式客户/服务器计算模式（Client/Server，C/S）和浏览器/服务器计算模式（Browser/Server，B/S）。

1.4.1 单主机计算模式

1985年以前，计算机应用一般是单台计算机构成的单主机计算模式。主机计算模式又可细分为两个阶段：

（1）单主机计算模式的早期阶段，系统所用的操作系统为单用户操作系统，系统一般只有一个控制台，限单独应用，如劳资报表统计等。

（2）分时多用户操作系统的研制成功及计算机终端的普及，使早期的单机计算模式发展成为单主机—多终端的计算模式。在单主机—多终端的计算模式中，用户通过终端使用计算机，每个用户都感觉好像是在独自享用计算机的资源，但实际上主机是在分时轮流为每个终端用户服务。

单主机—多终端的计算模式在我国当时一般被称为“计算中心”，在单主机模式的阶段，计算机应用系统中已可实现多个应用（如物资管理和财务管理）的联系，但由于硬件结构的限制，只能将数据和应用（程序）集中放在主机上。因此，单主机—多终端计算模式有时也被称为“集中式的企业计算模式”。

1.4.2 传统局域网应用的分布式客户/服务器计算模式

20世纪80年代,个人计算机的发展和局域网技术逐渐趋于成熟,使用户可以通过计算机网络共享计算机资源,计算机之间通过网络可协同完成某些数据处理工作。虽然个人计算机的资源有限,但在网络技术的支持下,应用程序不仅可利用本机资源,还可通过网络方便地共享其他计算机的资源,在这种背景下形成了分布式客户/服务器(C/S)的计算模式。

在客户/服务器模式中,网络中的计算机被分为两大类:一是向其他计算机提供各种服务(主要有数据库服务、打印服务等)的计算机,统称为服务器;二是享受服务器所提供的服务的计算机,称为客户机。

客户机一般由微机承担,运行客户应用程序。应用程序被分散地安装在每台客户机上,这是C/S计算模式应用系统的重要特征。部门级和企业级的计算机,作为服务器运行服务器系统软件(如数据库服务器系统、文件服务器系统等),向客户机提供相应的服务。

在C/S计算模式中,客户端接收用户的请求,客户端向数据库服务器提出请求,数据库服务器将数据提交给客户端,客户端将数据进行计算(可能涉及运算、汇总、统计等)并将结果呈现给用户。在这种模式下,网络上传送的只是数据处理请求和少量的结果数据,网络负担较小。

对于较复杂的C/S计算模式的应用系统,数据库服务器一般情况下不只一个,而是按数据的逻辑归属和整个系统的地理安排可能有多个数据库服务器(如各子系统的数据库服务器及整个企业级数据库服务器等),企业的数据分布在不同的数据库服务器上,因此,C/S计算模式有时也称为分布式客户/服务器计算模式。

C/S计算模式是一种较成熟且应用广泛的企业计算模式,其客户端应用程序的开发工具也较多,这些开发工具分为两类:一类是针对某一种数据库管理系统的开发工具(如针对Oracle的Developer 2000),另一类是对大部分数据库系统都适用的前端开发工具(如Power Builder、Visual Basic、Visual C++、Delphi、C++ Builder、Java等)。

C/S计算模式的可管理性差,工作效率低。办公自动化、网络化的初衷就是为了提高工作效率和竞争力,所以C/S计算模式已不能适应今天更高速度、更大地域范围的数据运算和处理,由此产生了B/S计算模式。

1.4.3 面向应用的浏览器/服务器计算模式

浏览器/服务器(Browser/Server,B/S)计算模式是在C/S计算模式的基础上发展而来的。导致B/S计算模式产生的原动力来自不断增大的业务规模和不断复杂化的业务处理请求,解决这个问题的方法是在传统C/S计算模式的基础上,增加中间层(商业逻辑层)。由原来的两层结构(客户/服务器)变成三层结构C/B/S计算模式,具体结构为:浏览器/Web服务器/数据库服务器。

在三层应用结构中,客户端负责处理用户的输入和输出(出于效率的考虑,它可能在向上传输用户的输入前进行合法性验证)。客户端向中间层应用服务器提出请求,应用服务器

（商业逻辑层）负责建立数据库的连接，根据用户的请求生成访问数据库的 SQL 语句，并把结果返回给客户端。数据库层负责实际的数据库存储和检索，响应中间层的数据处理请求，并将结果返回给中间层。

B/S 计算模式的系统以服务器为核心，程序处理和数据存储基本上都在服务器端完成，用户无须安装专门的客户端软件，这样的"瘦"客户端，只要在网络中使用浏览器就可以进行事务处理，浏览器和服务器之间通过通信协议 TCP/IP 进行连接。浏览器发出数据请求，由 Web 服务器向后台取出数据并计算，然后将计算结果返回给浏览器。B/S 计算模式具有易于升级、便于维护、客户端使用难度低、可移植性强、服务器与浏览器可处于不同的操作系统平台等特点，同时也受到灵活性差、应用模式简单等问题的制约。在早期的 OA（办公自动化）系统中，B/S 计算模式是被广泛应用的系统模式，一些 MIS、ERP 系统也采取这种模式。B/S 计算模式系统主要的应用平台有 Windows Server 系列、Lotus Notes、Linux 等，其采用的主要技术手段有 Notes 编程、ASP、Java 等，同时使用 COM＋、ActiveX 控件等技术。

从技术发展趋势上看，B/S 最终将取代 C/S 计算模式。但同时，网络计算模式很可能是 B/S、C/S 同时存在的混合计算模式。在混合计算模式的应用中，处于 C/S 计算模式下的商用计算机根据应用层次的不同，体现出高端和低端的两极化发展趋势；而处于 B/S 计算模式下的商用计算，因为仅仅作为网络浏览器，已经不再是一个纯粹的 PC，而变成了一个专业化的计算工具。

1.5 新的计算模式

1.5.1 普适计算

普适计算又称普存计算或普及计算，强调和环境融为一体的计算。在普适计算的模式下，人们能够在任何时间、任何地点、以任何方式进行信息的获取与处理。

普适计算最早起源于 1988 年 Xerox PARC 实验室的一系列研究计划。在该计划中美国施乐（Xerox）公司 PARC 研究中心的 Mark Weiser 首先提出了普适计算的概念，1991 年 Mark Weiser 正式提出了普适计算（Ubiquitous Computing）。1999 年，IBM 也提出普适计算（IBM 称之为 Pervasive Computing）的概念，即无所不在的，随时随地可以进行计算的一种方式。跟 Weiser 一样，IBM 也特别强调计算资源普存于环境当中，人们可以随时随地获得需要的信息和服务。

普适计算所涉及的技术包括移动通信技术、小型计算设备制造技术、小型计算设备上的操作系统技术及软件技术等。

1. 特征

间断连接与轻量计算（即计算资源相对有限）是普适计算最重要的两个特征。普适计算的软件技术就是要实现在这种环境下的事务和数据处理。同时具有如下特性：

(1) 无所不在特性（Pervasive）：用户可以随地以各种接入手段进入同一信息世界。

(2) 嵌入特性（Embedded）：计算和通信能力存在于我们生活的世界中，用户能够感觉到它并作用于它。

(3) 游牧特性(Nomadic):用户和计算均可按需自由移动。

(4) 自适应特性(Adaptable):计算和通信服务可按用户需要和运行条件提供充分的灵活性和自主性。

(5) 永恒特性(Eternal):系统在开启以后再也不会死机或需要重启。

2. 方向

普适计算技术的主要应用方向有以下几个。

(1) 嵌入式技术:除笔记本电脑和台式计算机外的具有 CPU 且能进行一定数据计算的电器,计算设备的尺寸将缩小到毫米甚至纳米级。无线传感器网络将广泛普及,在环保、交通等领域发挥作用。人体传感器网络会大大促进健康监控以及人机交互等的发展。如手机、MP3、触觉显示等都是嵌入式技术研究的方向。

(2) 网络连接技术:建立一个充满计算和通信能力的环境,同时使这个环境与人们逐渐地融合在一起,在这个融合空间中人们可以随时随地、透明地获得数字化服务。在普适计算环境下,整个世界是一个网络的世界,数不清的为不同目的服务的计算和通信设备都连接在网络中,在不同的服务环境中自由移动,如 3G、ADSL 等网络连接技术。

(3) 基于 Web 的软件服务构架:各种小型、便宜、网络化的处理设备广泛分布在日常生活的各个场所,计算设备将不只依赖命令行、图形界面进行人机交互,而是更依赖"自然"的交互方式,通过传统的 B/S 构架,提供各种服务。

3. 挑战

普适计算面临的挑战有以下几点。

1) 移动性问题

在普适计算时代,大量的嵌入式和移动信息工具将广泛连接到网络中,并且越来越多的通信设备需要在移动条件下接入网络。移动设备的移动性给 IPv4 协议中域名地址的唯一性带来麻烦。普适计算环境下需要按地理位置动态改变移动设备名,IPv4 协议无法有效解决这个问题,为适应普适计算的需要,网络协议必须修改或增强。作为 IPv6 的重要组成部分,移动连接特性可以有效地解决设备移动性问题。我国构建的 4G 网络可以更好地提供数据传输,例如我国的物联网联盟这方面发展得就很好,有很多倡议。

2) 融合性问题

普适计算环境下,世界将是一个无线、有线与互联网三者合一的网络世界,有线网络和无线网络间的透明链接是一个需要解决的问题。无线通信技术发展日新月异,如 3G,GSM,GPRS,WAP,Bluetooth,IEEE 802.11i 等层出不穷,加上移动通信设备的进一步完善,使得无线的接入方式将占据越来越重要的位置,因此有线与无线通信技术的融合就变得必不可少。随着我国三大电信运营商(中国移动、中国联通和中国电信)通信设备技术的提高,移动电话广泛使用安卓系统,使得普适计算的融合性得到高速发展。

3) 安全性问题

普适计算环境下,物理空间与信息空间的高度融合、移动设备和基础设施之间自发的互操作会对个人隐私造成潜在的威胁;同时,移动计算多数情况下是在无线环境下进行的,移动节点需要不断地更新通信地址，这也会导致许多安全问题。这些安全问题的防范和解决对IPv4提出了新的要求。

普适计算把计算和信息融入人们的生活空间，使人们生活的物理世界与信息空间中的虚拟世界融合成为一个整体。人们生活在其中，可随时、随地得到信息访问和计算服务，从根本上改变了人们对信息技术的思考，也改变了人们整个生活和工作的方式。

普适计算是对计算模式的革新，对它的研究虽然才刚刚开始，但它已显示了巨大的生命力，并带来了深远的影响。普适计算的新思维极大地活跃了学术思想，推动了对新型计算模式的研究。在此方向上已出现了许多诸如平静计算（Calm Computing）、日常计算（Everyday Computing）、主动计算（Proactive Computing）等新研究方向。

1.5.2 网格计算

随着社会的发展，人们越来越需要数据处理能力更强大的计算机。超级计算机虽然已经成为复杂科学计算领域的主宰，是一台处理能力强大的“巨无霸”，但它造价极高，通常只有一些国家级的部门（如航天、气象等部门）才有能力配置这样的设备。于是，人们开始研究如何把一个需要非常巨大的计算能力才能解决的问题分成许多小的部分，然后把这些部分分配给许多计算机进行处理，最后把这些计算结果综合起来得到最终结果。这种造价低廉而数据处理能力超强的计算模式，被定义为网格计算（Grid Computing）。它是利用互联网把分散在不同地理位置的计算机组织成一个“虚拟的超级计算机”，其中每一台参与计算的计算机就是一个“节点”，而整个计算是由成千上万个“节点”组成的“一张网格”，所以这种计算方式叫网格计算。这样组织起来的“虚拟的超级计算机”有两个优势，一个是数据处理能力超强；另一个是能充分利用网上的闲置处理能力。

1. 网格计算的概念

1）网格的定义

网格（Grid）是一个基础体系结构，网格是把地理位置上分散的资源集成起来的一种基础设施。通过这种基础设施，用户不需要了解这个基础设施上资源的具体细节就可以使用自己需要的资源。分布式资源和通信网络是网格的物理基础，网格上的资源包括计算机、集群、计算机池、仪器、设备、传感器、存储设施、数据、软件等实体，另外，这些实体工作时需要的相关软件和数据也属于网格资源。

2）网格计算的目标

资源共享是网格的根本特征，消除资源孤岛是网格的目标。具体来讲，网格目标是整合分散的资源，使它们成为一个统一的集成（单一）资源。通过连接局域网/广域网/Internet，解决对于任何单一的超级计算机难以解决的问题，并同时保持解决多个较小问题的灵活性。网格把用通信手段连接起来的资源无缝地集成为一个有机的整体。它给用户提供一种基于国际互联网的新型计算平台，在这个平台上对来自客户的请求和提供资源的能力之间进行合理的匹配，为用户的请求选择合适的资源服务，可实现广域范围的资源共享。网格把分布的资源集成为一台能力巨大的超级计算机，提供计算资源、存储资源、数据资源、信息资源、知识资源、专家资源、设备资源的全面共享。

3）网格的分类

网格由于其分布范围广、功能强、用户群数量巨大，其功能也就比较丰富。

按照网格客体的不同层次，可将网格分为资源网格、信息网格和知识网格，如图 1-1 所示。网格的主要功能是从底层的数据和信息中发掘知识、处理知识、应用知识。处在不同层次上的用户可以在相应的层次上使用网格，从低到高的三个层次中，每一层都有与该层提供的功能相一致的用户接口。根据其自身的特点和应用范围，网格应用可以直接基于网格操作系统，也可以基于信息网格或知识网格。

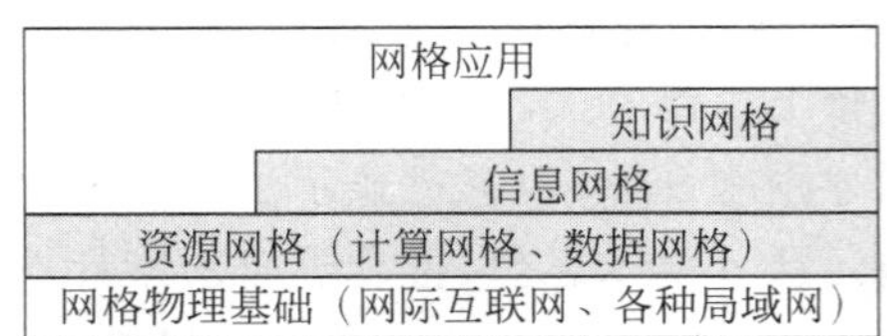

图 1-1　网格的层次分类结构

按照应用领域的不同，可将网格分为科学研究网格、游戏网格、制造网格、访问网格。美国的网格物理学网络(Grid Physics Network)和欧洲的数据网格都是科学研究网格。游戏是许多商业网站的重要内容，由于网格的出现，有了强大的计算能力和海量的存储资源，游戏网格对游戏的种类有新的支持，不仅会改善游戏的环境和游戏的性能，而且会扩大游戏的内容，增强游戏的手段。网格技术在制造领域中集成了产品生命周期内各个阶段相关设计制造资源、各种流程和知识等信息，是现代集成制造系统发展的平台和支撑环境。访问网格支持人与人之间交互资源，访问网格节点为分布式数据可视化和分布式环境协同工作等相关事件的研究提供了研究环境。

2. 网格体系结构

网格体系结构是关于如何构建网格的技术，它包括两个层次的内涵。一是要标识出网格系统由哪些部分组成，清晰地描述出各个部分的功能、目的和特点；二是要描述网格各个组成部分之间的关系，如何将各个部分有机地结合在一起，形成完整的网格系统，从而保证网格有效地运转，也就是将各个部分进行集成的方法。网格技术的权威伊安·福斯特(Ian Foster)将网格体系结构定义为“划分系统基本组件，指定系统组件的目的与功能，说明组件之间如何相互作用的技术”。显然，网格体系结构是网格的骨架，只有建立合理的网格体系结构，才能设计和构建好网格。

到目前为止，主流的网格体系结构主要有如下三个。

第一个是伊安·福斯特等人在早些时候提出五层沙漏体系结构。五层沙漏结构包括构造层(Fabric)、连接层(Connectivity)、资源层(Resource)、汇聚层(Collective)和应用层(Application)，如图 1-2 所示。类似于 OSI(开放系统互连)模型和 TCP/IP 模型。在五层沙漏结构中，资源层与连接层共同组成了瓶颈部分，使得该结构呈沙漏形状。其内在的含义就是各部分协议的数量是不同的，对于其最核心的部分，要能够实现上层各种协议向核心协议的映射，同时实现核心协议向下层各种协议的映射，核心协议在所有支持网格计算的地点都应该得到支持，因此核心协议的数量不应该太多，这样核心协议就形成了协议层次结构中的一个瓶颈。网格系统又可以分为三个基本层次：资源层、中间件层和应用层。

最底层为网格资源层，对应于构造层，其基本功能是控制局部资源，提供一套对各种资源控制的工具和接口。由运行不同操作系统、数据库管理系统的 PC、工作站、集群或大型机

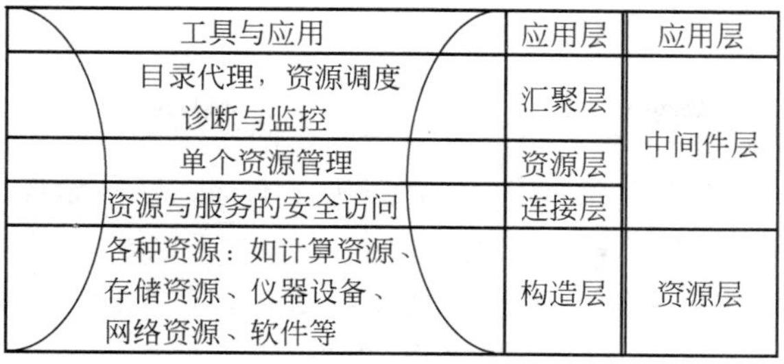

工具与应用	应用层	应用层
目录代理，资源调度 诊断与监控	汇聚层	中间件层
单个资源管理	资源层	
资源与服务的安全访问	连接层	
各种资源：如计算资源、 存储资源、仪器设备、 网络资源、软件等	构造层	资源层

图 1-2　五层沙漏结构

组成，是构成网格系统的硬件基础。也可以是存储系统、网络资源、传感器、贵重仪器、可视化设备等计算机资源，这些资源通过网络设备连接起来，实现了资源在物理上的连通，但从逻辑上看，这些资源仍然是孤立的，资源共享的问题仍然没有解决。因此，必须在资源层的基础上通过网格中间件层来完成广域计算机资源的有效共享。

网格中间件层对应于资源层、连接层和汇聚层，是指一系列工具和协议软件，其功能是实现相互通信，定义核心通信与认证协议，屏蔽网格资源层中计算机资源的分布、异构特性，向网格应用层提供透明、一致的使用接口。网格中间件层也称为网格操作系统(Grid Operating System)，它同时提供用户编程接口和相应的环境，以支持网格应用的开发。

网格应用层向网格用户提供各种应用工具和接口，是用户需求的具体体现。在网格操作系统的支持下，网格用户可以使用其提供的工具或环境开发各种应用系统。能否在网格系统上开发应用系统以解决各种大型计算问题是衡量网格系统优劣的关键。

第二个是在以 IBM 为代表的工业界的影响下，考虑到 Web 技术的发展与影响后，伊安·福斯特等结合五层沙漏体系结构和 Web Service 提出的开放网格服务体系结构(Open Grid Services Architecture，OGSA)。开放网格服务体系结构包括两大关键技术，即网格技术和 Web Service 技术。它是在五层沙漏体系结构的基础上，结合 Web Service 技术提出来的，解决了两个重要问题——标准服务接口的定义和协议的识别。以服务为中心是开放网格服务体系结构的基本思想，在开放网格服务体系结构中一切都是服务。这一结构的意义就在于它将网格从科学和工程计算为中心的学术研究领域，扩展到更广泛的以分布式系统服务集成为主要特征的社会经济活动领域。

第三个是由 Globus 联盟、IBM 公司和 HP 公司于 2004 年初共同提出的 WSRF 网格服务体系结构(Web Service Resource Framework，WSRF)。WSRF v1.2 规范已于 2006 年 4 月 3 日被批准为结构化信息标准促进组织标准。WSRF 采用了与网格服务完全不同的定义：资源是有状态的，服务是无状态的。为了充分兼容现有的 Web 服务，WSRF 使用 WSDL 1.1 定义开放网格服务基础设施 OGSI 中的各项能力，避免对扩展工具的要求，原有的网格服务已经演变成了 Web 服务和资源文档两部分。WSRF 推出的目的在于，定义出一个通用且开放的架构，利用 Web 服务对具有状态属性的资源进行存取，并包含描述状态属性的机制，另外也包含如何将机制延伸至 Web 服务中的方式。对于 WSRF 本身而言，由于其提出不久，其规范还有待在实践中得到进一步应用证明，并逐步得到完善。

3. 网格计算的关键技术

1) 编程技术

网格技术重点要解决的是对网格进行编程或在网格中进行程序设计。网格编程技术主要包括编程支持系统、面向对象编程技术、商品化技术等。网格编程支持系统首先要满足使应用程序的开发更加简单,使开发出来的程序在不同体系结构和不同配置的运行环境中方便移植,并具有很高的性能。为此,编程支持系统需具有程序设计语言、编译器、运行库以及相关的支持工具等。面向对象技术具体来说,首先,组件框架下的对象之间要能够交换数据和成员函数信息,网格系统对象组件可以是永久性的,也可以是临时性的。面向对象技术还必须解决效率、命名、永久对象和存储管理、对象共享进程和线程管理、对象分布与对象迁移、事件日志、容错、支持并行等问题。基于商品化技术集成利用已有的商品化技术,通过将这些技术的有机集成,从而为网格编程提供支持。

2) 中间件

网格中最关键的一层就是网络核心中间件,这层软件设施能够对分布式的各种资源进行有效管理,为整个网络提供高效、安全、可靠的服务。网络核心中间件是网格系统中连接上层应用和下层资源的纽带,它提供对网格的管理功能,目的是为用户提供具有统一编程接口的虚拟机器,支持复杂应用问题的求解和广域网上各类资源的共享。设计网格中间件要具备资源动态监测、屏蔽节点异构、优化资源选择和协同计算等功能。网格中间件包括资源监测组件、计算服务组件、网格安全组件、容错服务组件、信息服务组件和应用调度组件。网格中间件作为网格计算的核心,其主要任务是利用分布在整个互联网的异构资源,包括计算集群、存储设备、科学仪器等,通过构成一个同构的环境使得这些资源能够为分布于各地用户提供协同式的服务,以达到在整个广域网范围内的计算资源共享。

3) 核心服务技术

网格核心服务是连接网格底层和高层的纽带,是协调整个网格系统的中枢。这里主要有 4 个关键技术。

(1) 高吞吐率网格资源管理。实现全网格资源目录的统一,用户的账户管理。因为网格中的资源是随时变化的、异构的,所以动态地收集、处理网格中各种资源(尤其是服务器)的状态信息是统一调度管理的基础

(2) 数据收集、信息优化技术。提供目录和缓存技术,可以大大提高网格信息查询和浏览速度。用户、管理员和系统软件协同工作将零散的原始数据组织成一体化的信息和知识。

(3) 网格中作业调度技术。网格调度必须通过协调网格中的资源,为网格中各种各样的应用提供及时、高效、准确的服务。网格中的信息将被动态监测,网格中的作业将根据资源状况进行负载平衡,实现优化运行。

(4) 网格安全技术。网格的安全体系结构必须满足如下限制条件:单一登录点、信用凭证保护、可公开性、统一认证结构、支持安全组通信等。网格要求同时使用大量的资源、动态的资源请求、对多个管理域中资源的使用、复杂的通信结构以及严格的性能要求等。同样也可以通过 Internet 中的安全措施,如安全认证、身份鉴别、私钥加密、安全委托等来保证网格安全。在这些核心技术中重点要解决的软件问题,包括:性能与精度的不可预见性、实时资源管理与动态算法选择、支持程序环境的多样性与即插即用性、容忍延迟和节约带宽的新

算法设计以及支持长时间运算等。

4. 网格计算的应用与发展

网格作为一个集成的计算与资源环境，能够吸收各种计算资源，将它们转化成一种随处可得的、可靠的、标准的且相对经济的计算能力，其吸收的计算资源包括各种类型的计算机、网络通信能力、数据资料、仪器设备甚至有操作能力的人等各种相关资源。在科学计算领域，网格计算可以在以下几个方面得到广泛应用。

1）分布式超级计算

网格计算可以把分布式的超级计算机集中起来，协同解决复杂的大规模的问题。可以根据需要把要计算的数据分割成若干“小片”，而计算这些“小片”的软件可以是一个预先编制好的屏幕保护程序，不同节点的计算机可以根据自己的处理能力下载一个或多个数据片断和这个屏幕保护程序，只要节点的计算机的用户不使用计算机，屏保程序就会工作，这样这台计算机的闲置计算能力就被充分地调动起来了。这种“蚂蚁搬山”式的分布式计算的处理能力十分强大，它使大量闲置的计算机资源得到有效的组织，提高了资源的利用效率，节省了大量的重复投资，使用户的需求能够得到及时满足。

2）高吞吐率计算

网格技术能够十分有效地提高计算的吞吐率，它利用CPU的周期窃取技术，将大量空闲的计算机的计算资源集中起来，提供给对时间不太敏感的问题，作为计算资源的重要来源。

3）数据密集型计算

数据密集型问题的求解往往会产生很大的通信和计算需求，需要网格能力才可以解决。如今网格在药物分子设计、计算力学、计算材料学、生物学、核物理反应、航空航天、气象等众多领域得到广泛的需求。例如，飞机和汽车等复杂产品的生产要求对产品设计、产品组装和产品生命周期管理进行计算密集型模拟。

4）基于广泛信息共享的人与人交互

网格的出现更加突破了人与人之间地理界线的限制，使科技工作者之间的交流更加方便，从某种程度上可以说实现人与人之间的智慧共享、更广泛的资源贸易。随着大型机性能的提高和微型计算机的更加普及，其资源的闲置问题也越来越突出，网格技术能够有效地组织这些闲置的资源，使得有大量计算需求的用户能够获得这些资源，同时资源提供者的应用也不会受到太大的干扰。需要计算能力的用户可以不必购买大的计算机，只要根据自己任务的需求，向网格购买计算能力就可以满足计算需求。

“蓝色巨人”IBM正在构筑一项名为Grid Computing的计划，旨在通过因特网向每一台个人计算机提供超级的处理能力。IBM公司副总裁、这项计划的总设计师欧文·伯杰说，网格计算是一种整合计算机资源的新手段，它通过因特网把分散在各地的个人计算机连接起来，不仅可使每台个人计算机通过充分利用相互间闲置的计算机能源，来提升各自的计算机处理能力，还可使成千上万的用户在大范围的网络上共享计算机处理功能、文件以及应用软件。正如网络技术总是从科学开发领域转向企业商务领域一样，我们也希望看到网格计算能取得这样的进展。

另一个业界巨头SUN公司也推出新软件促进网络计算的发展。2001年11月，SUN

公司推出了 SUN Grid Engine 企业版软件提升它的网络技术计算水平。该软件自推出以来,SUN Grid Engine 企业版软件的用户已经增长了 20 倍。目前全球有 118 000 多台 CPU 都是采用 SUN Grid Engine 软件管理的。据 *Forbes ASAP* 预测,网格技术将带来因特网的新生。除此之外,一批围绕网格计算的软件公司也正逐渐壮大和为人所知并成为受到关注的新商机,如 Entropia、Avaki、Noemix、Data Synapse 等。有业界专家预测,如果网格技术能促使市场按预期的 17%年增长率持续成长的话,那么 2020 年将会形成一个年产值 20 万亿美元的大产业,将可能成为未来网络市场发展的热点。现在,网格计算主要被各大学和研究实验室用于高性能计算的项目。这些项目要求巨大的计算能力,或需要接入大量数据。

1.5.3 云计算

云计算(Cloud Computing)是一个新兴的术语。2006 年 3 月,亚马逊(Amazon)推出弹性计算云(Elastic Compute Cloud,EC2)服务;2006 年 8 月 9 日,Google 首席执行官埃里克·施密特(Eric Emerson schmidt)提出"云计算"的概念,自此云计算的迅速发展跨越了学术和科技界,融入社会上许多行业,引起了广泛的关注。2012 年云计算已经被公认为是普遍性的信息技术,云计算被认为是继个人计算机、互联网之后电子信息领域的第三次 IT 革命。如今,云计算作为网络技术中的一个流行用语,已经成为政府与企业大力发展的产业。

1. 云计算的基本概念

1) 云计算定义

Google 首席执行官埃里克·施密特(Eric Emerson Schmidt)认为:云计算是把计算和数据分布在大量的分布式计算机上,这使计算力和存储获得了很强的可扩展能力,并方便了用户通过多种接入方式(如计算机、手机等)接入网络获得应用和服务。其重要特征是开放式的,不会有一个企业能控制和垄断它。

IBM 公司认为:云计算是一种计算风格,其基础是用公共或私有网络实现服务、软件及处理能力的交付。云计算的重点是用户体验,而核心是将计算服务的交付与底层技术相分离。云计算也是一种实现基础设施共享的方式,利用资源池将公共或私有网络连接在一起为用户提供 IT 服务。

目前广为接受的是美国国家标准与技术研究院(NIST)定义:云计算是一种按使用量付费的模式,这种模式提供可用的、便捷的、按需的网络访问,进入可配置的计算资源共享池(资源包括网络、服务器、存储、应用软件、服务等),这些资源能够被快速提供,只需投入很少的管理工作,或与服务供应商进行很少的交互。

云计算是基于互联网的相关服务的增加、使用和交付模式,通常涉及通过互联网来提供动态易扩展且经常是虚拟化的资源。云计算本质上就是一种共享服务,这种服务可以是和 IT、软件、互联网相关的,也可以是任意其他的服务。它提供定制化的按需使用服务,将海量的信息资源进行整合,并通过网络的方式将这些资源分配给需要的用户,与此同时,可以对资源进行动态分配并进行灵活扩充。云计算预示着我们存储信息和运行应用程序的方式将发生重大变化。程序和数据不再运行和存放在个人台式计算机上,相反,一切都托管到

“云”中一个云状的、可通过因特网访问的、由个人计算机和服务器构成的集合。云计算示意图如图1-3所示。

2）云计算的特征

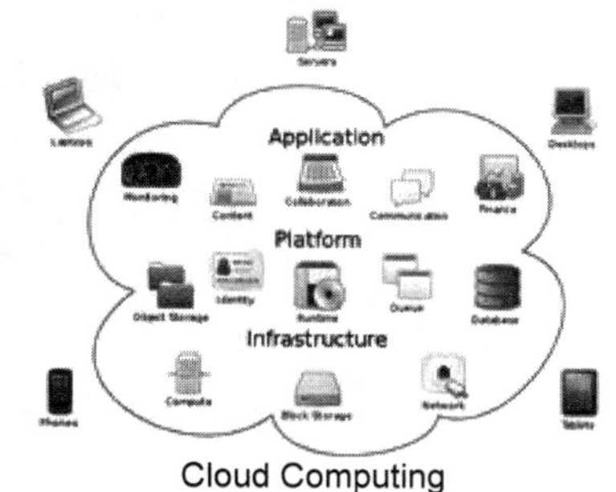

图1-3　云计算示意图

(1) 超大规模。“云”具有相当的规模，Google云计算已经拥有100多万台服务器，Amazon、IBM、微软、Yahoo等的“云”均拥有几十万台服务器。企业私有云一般拥有数百上千台服务器。“云”能赋予用户前所未有的计算能力。

(2) 虚拟化。云计算支持用户在任意位置、使用各种终端获取应用服务。所请求的资源来自“云”，而不是固定的有形的实体。应用在“云”中某处运行，但实际上用户无须了解、也不用担心应用运行的具体位置。只需要一台笔记本或者一部手机，就可以通过网络服务来实现我们需要的一切，甚至包括超级计算这样的任务。

(3) 高可靠性。“云”使用了数据多副本容错、计算节点同构可互换等措施来保障服务的高可靠性，使用云计算比使用本地计算机可靠。

(4) 通用性。云计算不针对特定的应用，在“云”的支撑下可以构造出千变万化的应用，同一个“云”可以同时支撑不同的应用运行。

(5) 高可扩展性。“云”的规模可以动态伸缩，满足应用和用户规模增长的需要。

(6) 按需服务。“云”是一个庞大的资源池，按需购买；“云”可以像自来水、电、煤气那样计费。

(7) 极其廉价。由于“云”的特殊容错措施可以采用极其廉价的节点来构成“云”，“云”的自动化集中式管理使大量企业无须负担日益高昂的数据中心管理成本，“云”的通用性使资源的利用率较之传统系统大幅提升，因此用户可以充分享受“云”的低成本优势，经常只要花费几百美元、几天时间就能完成以前需要数万美元、数月时间才能完成的任务。

云计算可以彻底改变人们未来的生活，但同时也要重视环境问题，这样才能真正为人类进步做贡献，而不是简单的技术提升。

(8) 潜在的危险性。云计算服务除了提供计算服务外，还必然提供存储服务。但是云计算服务当前垄断在私人机构（企业）手中，而他们仅仅能够提供商业信用。对于政府机构、商业机构（特别像银行这样持有敏感数据的商业机构）对于选择云计算服务应保持足够的警惕。一旦商业用户大规模使用私人机构提供的云计算服务，无论其技术优势有多强，都不可避免地让这些私人机构以“数据（信息）”的重要性挟制整个社会。对于信息社会而言，“信息”是至关重要的。另一方面，云计算中的数据对于数据所有者以外的其他云计算用户是保密的，但是对于提供云计算的商业机构而言确实毫无秘密可言。所有这些潜在的危险，是商业机构和政府机构选择云计算服务，特别是国外机构提供的云计算服务时，不得不考虑的一个重要的前提。

3）云计算的分类

按照云的部署模式和服务对象将云计算划分为公共云、私有云和混合云三大主要类型。

(1) 公共云。当云计算按其服务方式提供给公众用户时，称其为公共云。公共云由云提供商运行，为最终用户提供各种IT资源（应用程序、软件运行环境、物理基础设施等），最终用户只要为其使用的资源付费。

(2) 私有云或称专属云。企业和社团组织不对公众开放,为本企业或社团组织提供云服务(IT 资源)的数据中心称为私有云。私有云的用户完全拥有整个云中心设施。

私有云在企业和社团组织防火墙之内,由企业管理,不对外开放。与传统的数据中心相比,云数据中心可以支持动态灵活的基础设施,降低 IT 架构的复杂度,使各种 IT 资源得以整合、标准化,并且可以通过自动化部署提供策略驱动的服务水平管理,使 IT 资源更加容易地满足业务需求变化。相对公共云而言,私有云的用户完全拥有云中心的整个设施(如中间件、服务器、网络和磁盘阵列等),可以控制哪些应用程序在哪里运行,并且可以决定允许哪些用户使用云计算服务。由于私有云的服务对象是企业内部员工,可以减少公共云中必须考虑的诸多限制,如带宽、安全和法律法规的遵从性等问题。重要的是,通过用户范围控制和网络限制等手段,私有云可以提供更多的安全和私密等专属性的保证。

(3) 混合云。混合云是把公共云和私有云结合到一起的方式,用户通过可控的方式部分拥有或部分与他人共享。企业可利用公共云的成本优势,将非关键的应用部分运行在公共云上;同时将安全性要求更高的应用通过内部的私有云提供服务。

4) 云计算的标准化

云计算产业是一个非常庞大的产业链条和生态圈,云计算中心将会连接着成千上万个终端,包括计算机、手机、上网本和电视等,只要接入网络,就可以访问云上的应用和数据。云计算标准化研究工作主要内容包括:云计算的互操作和集成,包括不同云之间的互操作性,如私有云和公有云之间、公有云和公有云之间、私有云和私有云之间的互操作性和集成接口标准等;云计算服务接口,主要包括云计算与业务层面的交换标准,如在业务层面如何调用和使用云服务;云计算不同层面之间的接口,主要包括架构层、平台层和应用软件层之间的接口标准;云计算架构与管理,主要包括设计、规划、架构、建模、部署、管理、监控、运营支持、质量管理和服务水平协议等标准;云计算安全与隐私,与用户安全性、数据的完整性、可用性、保密性、私密性、合规性审计相关的标准。

2. 云计算的技术架构

从技术的角度看,业界通常按照云的服务层次和服务类型进行分类,云计算可以认为包括以下几个层次的服务:基础设施即服务(Infrastructure as a Service,IaaS)——作为一种服务提供的基础设施;平台即服务(Platform as a Service,PaaS)——作为一种服务提供的平台;以及软件即服务(Software as a Service,SaaS)——作为一种服务提供的软件,如图 1-4 所示。

图 1-4　云计算服务架构

1）基础设施即服务

IaaS为用户提供按需付费的弹性基础服务，其核心技术是虚拟化，它将硬件设备等基础资源，包括计算、存储和网络等，封装成服务供用户使用。典型的如亚马逊的弹性计算云EC2(Elastic compute cloud)和简单存储服务S3(Simple Storage Service)。相较于传统的用户自行购置硬件的使用方式，IaaS允许用户按需使用硬件资源，并且按量计费。从服务使用者的角度看，IaaS的服务器规模巨大，用户能够申请的资源几乎是无限的；从服务提供者的角度看，IaaS同时为多个用户提供服务，因而具有更高的资源利用率。

2）平台即服务

PaaS面向广大互联网应用开发者，它将一个完整的应用开发平台，包括应用设计、应用开发、应用测试和应用托管，都作为一种服务提供给客户。在这种服务模式中，客户不需要购买硬件和软件，只需要利用PaaS平台就能够创建、测试和部署应用和服务。典型的PaaS如Google App Engine、Microsoft Windows Azure。PaaS负责资源的动态扩展、容错管理和节点间的配合，但与此同时，用户的自主权降低，必须使用特定的编程环境并遵照特定的编程模型。例如，Google App Engine只允许使用Python和Java语言、基于称作Django的Web应用框架、调用Google App Engine SDK来开发在线应用服务。

3）软件即服务

SaaS是指将某些特定应用软件功能封装成服务，如Salesforce公司提供的在线客户关系管理CRM服务。SaaS既不像IaaS那样提供计算或存储资源类型的服务，也不像PaaS那样提供运行用户自定义应用程序的环境，它只提供某些专门用途的服务调用。例如，Salesforce.com推出的Force.com平台提供了对SaaS构架的完整支持，包括对象、表单和工作流的快速配置等，这样开发人员就可以很快地创建并发布SaaS服务。

需要说明的是，云计算的三个层次在技术上没有必然的联系，SaaS可以在IaaS上实现，也可以在PaaS上实现，还可以独立实现；同样PaaS可以在IaaS上实现，也可以独立实现。从技术发展的趋势和实践的角度看，这三个层次的关系将会越来越密切，在有些情况下并没有清晰的分界。

3. 云计算的关键技术

1）虚拟化技术

虚拟化技术将物理设备的具体技术特性加以封装隐藏，对外提供统一的逻辑接口，从而屏蔽了物理设备因多样化而带来的差异。通过虚拟化技术可提高资源的利用率，并能根据用户业务需求的变化，快速灵活地进行资源配置和部署。虚拟化技术包括：计算虚拟化、存储虚拟化、网络虚拟化、应用虚拟化等。

2）分布式编程模型与计算

分布式编程模型实现了在后台自动地将用户的程序分解为高效的分布式计算或并行计算模式，并在后台具体执行计算工作，包括相关的任务调度。为使用户能更轻松地享受云计算带来的服务，让用户能利用该编程模型编写简单的程序来实现特定的目的，分布式编程模型必须十分简单，而且这些功能对用户和编程人员是透明的。

3）海量数据分布式存储技术

云计算系统需要同时满足大量用户的需求，并行地为大量用户提供服务。因此，云计算的数据存储技术必须具有高吞吐率和高传输率的特点。云计算系统由大量服务器组成,同时为大量用户服务,因此云计算系统采用分布式存储的方式存储数据。

4) 海量数据管理技术

云计算需要对分布式存储的海量数据进行处理和分析,因此云计算的数据管理技术必须具备高效管理大量分布式数据的能力。目前云计算的数据管理技术中最著名的是 Google 的 Big Table 数据管理技术。与此同时,Hadoop 开发团队正在开发类似 Big Table 的开源数据管理模块。

5) 虚拟资源的管理与调度

云计算系统的平台管理技术能够使大量的虚拟化资源协同工作,方便地进行业务部署和开通,快速发现和恢复系统故障,通过自动化、智能化手段实现大规模系统的可靠运行。

4. 云计算相关的安全技术

云计算模式会带来一系列的安全问题,包括用户隐私的保护、用户数据的备份、云计算基础设施的防护等,这些问题都需要更强的技术手段,乃至法律手段去解决。

5. 云计算的应用领域与展望

1) 云计算应用领域

随着云计算技术产品、解决方案的不断成熟,云计算理念的迅速推广普及,云计算必将成为未来重要行业领域的主流 IT 应用模式,为重点行业用户的信息化建设与 IT 运维管理工作奠定核心基础。

(1) 医药医疗领域。以“云信息平台”为核心的信息化集中应用模式将逐步取代各系统分散为主体的应用模式,进而提高医药企业的内部信息共享能力与医疗信息公共平台的整体服务能力。

(2) 制造领域。云计算将在制造企业供应链信息化建设方面得到广泛应用,特别是通过对各类业务系统的有机整合,形成企业云供应链信息平台,加速企业内部“研发—采购—生产—库存—销售”信息一体化进程,进而提升制造企业竞争实力。

(3) 金融与能源领域。利用“云计算”模式,搭建基于 IaaS 的物理集成平台,对各类服务器基础设施应用进行集成,形成能够高度复用与统一管理的 IT 资源池,对外提供统一硬件资源服务,同时在信息系统整合方面,建立基于 PaaS 的系统整合平台,实现各异构系统间的互联互通。因此,云计算模式将成为金融、能源等大型企业信息化整合的“关键武器”。

(4) 电子政务领域。通过云计算技术来构建高效运营的技术平台,其中包括:利用虚拟化技术建立公共平台服务器集群,利用 PaaS 技术构建公共服务系统等方面,进而实现公共服务平台内部可靠、稳定的运行,提高平台不间断服务能力。

(5) 教育科研领域。云计算将为高校与科研单位提供实效化的研发平台。云计算将在高校与科研领域得到广泛的应用普及,各高校和科研单位将根据自身研究领域与技术需求建立云计算平台,并对原来各下属研究所的服务器与存储资源加以有机整合,提供高效可复用的云计算平台,为科研与教学工作提供强大的计算机资源,进而大大提高研发工作效率。

2) 云计算展望

云计算能够提供可靠的基础软硬件、丰富的网络资源、低成本的构建和管理能力,能够有效加速信息基础设施建设，解决政府、大型企事业单位目前面临的IT机房建设和信息系统运维难、人工成本和能源消耗巨大等问题。构建更大规模的生态系统，云计算产业具有极大的产业带动力量，在云计算的驱动下，新的业态和新的商业模式将层出不穷，各种融合式创新将不断涌现，从而推动整体IT业产值的大幅提升。云计算将会按以下的趋势发展。

(1) 私有云将首先发展起来。大型企业对数据的安全性有较高的要求，它们更倾向于选择私有云方案。由于公有云受安全、性能、标准、客户认知等多种因素制约，在大型企业中的市场占有率还不能超越私有云。因此，私有云系统的部署量还将持续增加，私有云在IT消费市场所占的比例也将持续增加。

(2) 混合云架构将成为企业IT趋势。私有云只为企业内部服务，而公有云则是可以为所有人提供服务的云计算系统。混合云将公有云和私有云有机地融合在一起，为企业提供更加灵活的云计算解决方案。而混合云是一种更具优势的基础架构，它将系统的内部处理能力与外部服务资源灵活地结合在一起，并保证了低成本。随着服务提供商的增加与客户认知度的增强，混合云将成为企业IT架构的主导。

(3) 云计算概念逐渐平民化。几年前，由于一些大企业对于云计算概念的渲染，导致很多人对于云计算的态度一直停留在“仰望”的阶段，但是未来其发展一定是平民化的。

1.5.4 人工智能

人工智能作为计算机科学的另一个领域，和其他以人的操控为主的应用不同，它旨在寻求建造自主的机器——无须人为干预就能完成复杂任务的机器。这个目标要求计算机能够感知和推理，虽然这对于人脑来说是天生的，但属于常识行为范畴的这两种能力对于机器来说却是有困难的。尽管该领域仍然处于发展的初期阶段，但它已经产生了一些令人惊讶的结果。例如，机器象棋大师，用来学习和推理的计算机，协调一致完成一个共同目标的多个机器等。

1. 什么是人工智能

广义地讲，人工智能(Artificial Intelligence，AI)是关于人造物的智能行为，而智能行为包括知觉、推理、学习、交流和在复杂环境中的行为。人工智能领域十分广阔，并且与其他学科相融合，如心理学、神经学、数学、语言学以及电子与机械工程等学科。人工智能的一个长期目标是发明出可以像人类一样或者能更好地完成以上行为的机器；另一个目标是理解这种智能行为是否存在于机器、人类或其他动物中。

人工智能的发展历史是和计算机科学技术的发展史联系在一起的，它借助于计算机建造智能系统，完成诸如知识表示、自动推理和搜索方法、机器学习和知识获取、知识处理系统、自然语言理解、计算机视觉、智能机器人、自动程序设计等智能活动。它的最终目标是构造智能机。

2. 人工智能的研究途径

目前研究人工智能有两条主要途径：一条是要从大脑的神经元模型着手研究，理解大脑信息处理过程的机理。心理学家、生理学家们认为，大脑是智能活动的物质基础，要揭示人类智能的奥秘,就必须弄清大脑的结构,搞清大脑神经元的工作和信息处理过程就能解决人工智能。不过,由于人脑神经元数目庞大,达到上百亿个,现阶段要进行人脑的物理模拟实验还很困难,因而从这个途径完成这个任务极其艰巨。尽管如此,这一学派希望创立“信息处理的智能理论”作为实现人工智能的长远研究目标,这个观点是值得重视的;另一条途径是计算机科学家们提出的从模拟人脑功能的角度来实现人工智能,也就是通过计算机程序的运行,从效果上达到和人们智能行为活动过程相类似的结果作为研究目标,这个学派只局限于以解决“建造智能机器或系统为工程目标的有关原理和技术”为实现人工智能的近期目标,观点比较实际,目前引起较多人的关注。

3. 人工智能主要研究内容

当前人工智能这门学科还处于快速发展中,其主要研究内容主要集中于知识的模型化和表示方法、启发式搜索理论、各种推理方法(演绎推理、规划、常识性推理、归纳推理等)、人工智能系统结构和语言等。在这些课题上取得的新成果将进一步推动人工智能的发展。人工智能的研究和发展也需要结合具体应用领域来进行。下面就来介绍几个主要的应用领域。

(1) 模式识别。模式识别是人工智能最早的研究领域之一,是利用计算机对物体、图像、语音、字符等信息模式进行自动识别的科学。模式识别过程包括对需要识别的事物进行采样、信息数字化、数据特征提取、特征选择、识别准则以及分类识别等主要步骤。模式识别常用的方法有统计决策法与句法方法、监督分类法与非监督分类法、参数法和非参数法等。

(2) 问题求解。人工智能中的问题求解是指通过搜索的方法寻找问题求解操作的一个合适序列,以满足问题的要求。问题求解的最主要方法之一是状态空间法。状态空间法可以描述为在问题求解状态空间中,寻找一条从初始状态出发到达目标状态的路径。问题求解程序一般由三个部分组成:

①数据库:包含与具体任务有关的信息,这些信息描述了问题的状态和约束条件。②操作规则:数据库中的知识是叙述性知识,而操作规则是过程性知识。系统中的操作规则都由条件和动作两部分组成,条件给定了操作的适应性先决条件,动作描述了由于操作而引起的状态中某些分量的变化。③控制策略:确定求解过程中应该采用哪一条适用的规则。问题求解的状态空间法通常是一种搜索技术,如深度优先法、广度优先法、爬山法、回溯策略、图搜索策略、启发式搜索策略等。

(3) 自然语言处理。自然语言是人类之间信息交流的主要媒介,由于人类有很强的理解自然语言的能力,因此互相间的信息交流显得轻松自如。然而目前计算机系统和人类之间的交互几乎还只能使用严格限制的各种非自然语言,如果人们能用自己的语言同计算机打交道,而不必为使用计算机而去学习程序设计语言,这对计算机的广泛应用无疑具有深远意义。对自然语言理解的研究可以更好地了解人类大脑是如何工作的。语言是人类思维不可分割的一部分,人类的记忆、推理、意识都是与语言是如何工作的这一问题密切相连的。人工智能工作者在对自然语言理解的研究过程中,将注意力集中在语言的功能上,即把语言看作是一个智能生物同另一个智能生物的通信过程。书写程序是为了在计算机上完成专门的任务。在书写和利用这种程序在计算机上实验的过程中,人们可能会形成和发展与人类语言处理相关的理论基础性概念及技术。目前人工智能研究中,在理解有限范围的自然语言对话和理解用自然语言表达的小段文章或故事方面的程序系统已有一些进展，但由于理解自然语言涉及对上下文背景知识的处理以及根据这些知识进行推理的一些技术，因此实现功能较强的理解系统仍是一个比较艰巨的任务。

(4) 自动定理证明。数学领域中对臆测的定理寻求一个证明，一直被认为是一项需要智能才能完成的任务。证明定理时，不仅需要有根据假设进行演绎的能力，而且需要有某些直觉的技巧。例如，数学家在求证一个定理时，会熟练地运用他丰富的专业知识，猜测应当先证明哪一个引理，精确判断出已有的哪些定理将起作用，并把主问题分解为若干子问题，分别独立进行求解。因此人工智能研究中机器定理证明很早就受到注视，并取得不少成果。自动定理证明在人工智能的研究中是一个极其重要的领域。如基于谓词演算的推理自动化研究，使我们更清楚地理解某些推理的细节。许多非数学领域的问题，如医疗诊断、信息检索、规划制定和难题求解，都可以像定理证明问题那样形式化处理，从而转化为一个定理证明问题。因此，自动定理证明在人工智能研究中起着重要作用。自动定理证明的方法通常有自动演绎法、决策过程法和定理证明器。

(5) 自动程序设计。自动程序设计的任务是设计一个程序系统，它接收关于所设计程序要求实现某个目标的非常高级的描述作为其输入，然后自动生成一个能完成这个目标的具体程序。编制和调试一个复杂的计算机程序是件费时的烦琐工作。一方面，错误的程序比比皆是，而完美、无懈可击的程序却极其少有；另一方面，程序出错带来的后果是极其严重的，有时甚至是不能容忍的，计算机不允许程序存在错误，程序的失误这就造成了程序设计的困境。为了摆脱这种状况，就要从软件开发技术方面寻找出路。可以说，自动程序设计是从人工智能方面解决此问题的一种方法。自动程序设计所涉及的基本问题与定理证明、机器人学有关，要用到人工智能方法来实现，它也是软件工程和人工智能相结合的课题。

自动编制一个程序来获得某种指定结果的任务，同论证一个给定的程序将获得某种指定结果的任务是紧密相关的，前者称为程序综合，后者称为程序验证。许多自动程序设计系统将产生一个输出程序的验证作为额外的收益。自动程序设计研究的重大贡献之一是把程序调试的概念作为问题求解的策略来使用。实践已经发现，对程序设计或机器人控制问题，先产生一个代价不太高的有错误的解，然后再进行修改的做法，比起坚持要求第一次得到的解就完全没有缺陷的做法，通常效率要高得多。

(6) 专家系统。专家系统是一种智能的计算机程序系统，它包含某个专门领域中经事先总结并按某种格式表示的专家知识库，拥有类似于专家解决实际问题的推理能力。系统能对输入信息进行处理，并运用知识进行推理，做出决策和判断，其解决问题的水平理论上可以达到专家的水准，因此能起到专家的作用或成为专家的助手。专家系统的开发和研究是人工智能研究中面向实际应用的课题，受到人们的极大重视。专家系统自提出以来已经产生了巨大的经济和社会效益，其应用领域已经扩展到数学、物理、化学、医学、地质、气象、农业、法律、教育、交通运输、机械、艺术等学科，甚至还渗透到政治、经济、军事等重要决策部分。

专家系统具有很好的启发性、透明性和灵活性。目前专家系统主要采用基于规则的演绎技术，开发专家系统的关键问题是知识表示、应用和获取技术，困难在于许多领域中专家的知识往往是琐碎的、不精确的或不确定的，因此目前研究仍集中在这一核心课题。此外对专家系统开发工具的研制发展也很迅速，这对扩大专家系统应用范围，加快专家系统的开发过程，起到了积极的作用。

（7）机器感知。机器感知是指通过传感器（如摄像机、麦克风、声呐等）的输入信号而对世界产生不同感官认知的能力。现在计算机系统已经能够通过摄像机“看见”周围的东西，通过麦克风“听见”外界的声音。这里计算机的视觉和听觉都是感知问题，都涉及对复杂的输入数据进行处理，有效的处理方法要求具有“理解”的能力，这要求有大量的感知事物的基础知识。

在人工智能中研究的感知过程通常包含一组复杂的操作过程，整个感知问题的要点是建立一个精炼的表示来取代难以处理的、极其庞大的、未经加工的输入数据，这种最终表示的性质和质量取决于感知系统的目标。在视觉问题中，感知一幅景物的主要困难是候选描述的数量太多。有一种策略是对不同层次的描述做出假设，然后再测试这些假设，这种假设—测试的策略给解决这一问题提供了一种方法，它可应用于感知过程的不同层次上。此外假设的建立过程还要求具备大量有关感知对象的知识。感知问题除了涉及信号处理技术外，还涉及知识表示和推理模型等一些人工智能技术。

（8）机器人学。我们可以把机器人定义为一种可以编程序的多功能操作装置。机器人可以代替人从事有害环境中的危险工作，可以提高人们的工作质量和效率。随着工业自动化和计算机技术发展，从20世纪60年代开始机器人已经大量进入生产和实际应用的阶段，而且随着自动装配、海洋开发、空间探索等领域的发展，对机器的智能水平提出了更高的要求。

机器人学（Robotics）就是研究具有智能行为并且物理上自主的智能体的一门学科。机器人学与人工智能紧密相关，它涉及人工智能的所有研究范围，机器人学的发展需要人工智能的理论指导，机器人学的发展依赖于人工智能技术的发展，反过来机器人是人工智能技术最大的测试平台和应用场所，机器人学的发展为人工智能的发展提供新的动力。

除了人工智能之外，机器人学和机械和电子工程也有非常紧密的联系。机器人需要使用机械装置来操作或者移动物体从而实现与外界的交互。在机器人学的早期发展中，机器人主要指工业机器人，机器人学研究主要和操作器械联系在一起，特别是关于带有肘、腕、手或工具的机械臂的研究。这些研究不单涉及装置的操作，而且涉及如何维护和应用有关它们的定位和定向的知识。随着技术的发展，现在的机械臂已经变得非常灵巧，使用基于力反馈的触觉系统，它们已经可以握住鸡蛋和纸杯。

机器人的移动性和智能性是机器人学研究的两个重点。随着更加轻便、计算能力更强大的计算机的出现，机器人的移动能力也随之不断提高。移动性的增强让我们看到了大量创新设计的机器人。现在，机器人可以像鱼一样在水里游泳，像鸟一样在天空飞翔，像蝗虫一样在地面跳跃，或者像蛇一样蜿蜒爬行。当然，我们看到的更多的还是带有轮子的机器人，它们因设计和建造都相对比较容易而广受欢迎，不过它们的行动往往会受到地形的限制。为了解决这个问题，人们开始结合使用轮子和导轨使机器人能爬楼梯或翻越障碍。美国国家航空航天局的火星探路者号就是使用特殊设计的轮子在火星的岩石层上行走。要让机器人像人一样用两条腿行走，必须不断地监控和调整机器人的身体姿态防止它跌倒，这是一个非常复杂的过程。

机器人在操控和移动能力方面取得了巨大的进步，但是在另一方面，机器人的智能或者自主性还需要进一步提高。现有很多机器人都必须按照严格设计的方案运行或者依靠人的操作来实现。要提高机器人的自主性，必须克服这种对人的依赖。这个问题涉及一个自主机器人需要知道关于其所处环境的哪些知识，以及需要预先计划其行为到什么程度。一种直接的解决方法是在设计机器人时,把它所处环境的详细记录,包括目标物体的详细清单以及它们的对应位置都存储在机器人里,通过这些信息来制定详细的行动计划。这个方向的研究在很大程度上依靠知识表示和知识存储的进展以及推理和规划技术的改进。另一个方法是开发反应型机器人,与其耗费大量的精力在记录复杂的记录和构建详细行动计划上,不如让机器人应用简单的规则与外界交互,随机应变。按照人类的经验,在计划长途旅行时,一般都不会预先制定非常详细的计划,我们只要事先选择好主要路线,对于一些细节问题,比如在哪儿吃饭,到哪儿加油,走哪些出口,可以到时候再考虑。同样,让一个机器人通过一条复杂的路径,从一个地方到达另外一个地方,也不必预先设计非常详细的计划,可以让机器人边走边看,当碰到障碍物时,应用简单的规则避开障碍即可。当然,没有哪一种方法可以对所有问题都行之有效。真正的自主机器人应该会使用多层推理和规划策略,应用高级技术来设定和实现主要目标,而用低级的反应系统完成相对次要目标。

机器人学研究领域的另一个例子是进化机器人学,在这个领域进化理论被广泛应用于开发低级反应规则和高级推理。适者生存理论被用到了机器人设备的开发上,经过若干代的进化学习,这些设备能够自己获得平衡或移动的方法。关于这个领域的许多研究不同之处在于机器人的内部控制系统及其形体的物理结构。例如,要把一个四腿爬行机器人的控制系统换成一个双腿走路的机器人,可以在控制系统中应用进化技术,得到一个能行走的机器人。在其他应用中,进化技术也被应用在机器人的物理形体上,让传感器发现执行特定任务的最佳位置。更具有挑战性的研究是寻求软件控制系统与形态结构同时进化的途径。

机器人学的进步和应用,是20世纪人工智能和自动控制最有说服力的成就之一,要列出机器人学研究带来的所有令人难忘的成果是一项艰巨的任务。不过,当前的机器人与科幻电影和小说中的超能机器人相差甚远,尽管如此,在执行特定任务上机器人已经取得了重大的成功。机器人的出现和大量应用必将促进科技和生产的发展,丰富人类文明生活。

除了上述领域之外,人工智能还被广泛应用于数据库智能检索、博弈、组合调度问题、机器学习、数据挖掘等。

1.5.5 物联网

物联网是新一代信息技术的重要组成部分,它是通过各种信息传感设备,实时采集任何需要监控、连接、互动的物体或过程等各种需要的信息,与互联网结合形成的一个巨大网络。其目的是实现物与物、物与人,所有的物品与网络的连接,方便识别、管理和控制。

1. 物联网的概念

物联网(The Internet of Things)的定义是通过射频识别(RFID)、红外感应器、全球定位系统、激光扫描器等信息传感设备,按约定的协议,把任何物品与互联网连接起来,进行信息交换和通信,以实现智能化识别、定位、跟踪、监控和管理的一种网络。物联网就是“物物相连的互联网”。其包含两层意思:第一,通过装置在物体上的各种信息传感设备赋予物体智能,并通过接口与互联网相连而形成一个物品与物品相连的巨大的分布式协同网络;第二,物理世界与信息世界的无缝连接。

物联网前景非常广阔,它将极大地改变人们目前的生活方式。在这个物物相连的世界中,物品(商品)能够彼此进行"交流",而无须人的干预。物联网利用射频自动识别(RFID)技术,通过计算机互联网实现物品(商品)的自动识别和信息的互联与共享。可以说,物联网描绘的是充满智能化的世界,在物联网的世界里,物物相连、天罗地网。

物联网产业链可以细分为标识、感知、处理和信息传送四个环节,每个环节的关键技术分别为RFID、传感器、智能芯片和电信运营商的无线传输网络。EPOSS在*Internet of Things in 2020*报告中分析预测,未来物联网的发展将经历四个阶段,2010年之前RFID被广泛应用于物流、零售和制药领域,2010—2015年物体互连,2015—2020年物体进入半智能化,2020年之后物体进入全智能化。

2. 物联网体系架构及关键技术

物联网是物理世界与信息空间的深度融合系统,涉及众多的技术领域和应用行业,需要对互联网中设备实体的功能、行为和角色进行梳理,从各种物联网的应用中总结出元件、组件、模块和功能的共性和区别,建立一种科学的物联网体系结构,以促进物联网标准的统一制定。物联网应该具备三个特征,一是全面感知,即利用RFID、传感器、二维码等随时随地获取物体的信息;二是可靠传递,通过各种电信网络与互联网的融合,将物体的信息实时准确地传递出去;三是智能处理,利用云计算、模糊识别等各种智能计算技术,对海量数据和信息进行分析和处理,对物体实施智能化的控制。

按照物联网数据的产生、传输和处理的流动方向,将物联网的体系结构分为三层,从下到上依次是感知层、网络层和应用层。感知层相当于人体的皮肤和五官、网络层相当于人体的神经中枢和大脑、应用层相当于人的社会分工。

感知层是物联网的皮肤和五官——识别物体,采集信息。感知层是实现物联网全面感知的基础,感知层包括二维码标签和识读器、RFID标签和读写器、摄像头、GPS、传感器、终端、传感器网络等,主要是识别物体,采集信息,与人体结构中皮肤和五官的作用相似。

网络层是物联网的神经中枢和大脑——信息传递和处理。网络层包括通信与互联网的融合网络、网络管理中心、信息中心和智能处理中心等。网络层将感知层获取的信息进行传递和处理以提升对信息的传输和运营能力,类似于人体结构中的神经中枢和大脑。

应用层是物联网的"社会分工"——与行业需求结合,实现广泛智能化。应用层是物联网与行业专业技术的深度融合,与行业需求结合,实现行业智能化,这类似于人的社会分工,最终构成人类社会。物联网体系架构如图1-5所示。

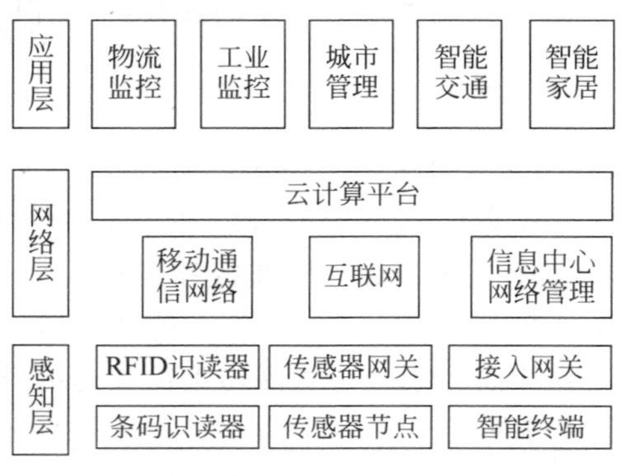

图1-5 物联网体系架构

1）感知层技术

感知层是物联网发展和应用的基础，RFID技术、传感和控制技术、短距离无线通信技术是感知层涉及的主要技术。其中又包括芯片研发、通信协议研究、RFID材料、智能节点供电等细分技术。感知层包括传感器等数据采集设备以及数据接入到网关之前的传感器网络。张贴在设备上的RFID标签和用来识别RFID信息的扫描仪、感应器等都属于物联网的感知层。在这一类物联网中被检测的信息是RFID标签内容，高速公路不停车收费系统、超市仓储管理系统等都是基于这一类结构的物联网。

用于战场环境信息收集的智能微尘(Smart Dust)网络，感知层由智能传感节点和接入网关组成，智能节点感知信息(温度、湿度、图像等)，并自行组网传递到上层网关接入点，由网关将收集到的感应信息通过网络层提交到后台处理。环境监控、污染监控等应用是基于这一类结构的物联网。

2）网络层技术

物联网的网络层将建立在现有的移动通信网和互联网基础上。物联网通过各种接入设备与移动通信网和互联网相连。各种通信网络与互联网形成的融合网络，被普遍认为是最成熟的部分。除网络传输之外，网络层还包括网络的管理中心和信息中心，以提升对信息的传输和运营能力。网络层是物联网成为普遍服务的基础设施，有待突破的方向是向下与感知层的结合，向上与应用层的结合。

网络层也包括信息存储查询、网络管理等功能。网络层中的感知数据管理与处理技术是实现以数据为中心的物联网的核心技术。感知数据管理与处理技术包括传感网数据的存储、查询、分析、挖掘、理解以及基于感知数据决策和行为的理论和技术。

3）应用层技术

应用层的关键问题在于信息的社会化共享和开发利用以及信息安全的保障。云计算平台作为海量感知数据的存储、分析平台，将是物联网网络层的重要组成部分，也是应用层众多应用的基础。数据挖掘技术也是应用层众多应用的推力。物联网应用层利用经过分析处理的感知数据，为用户提供丰富的特定服务。

将物联网技术与行业专业技术相结合，实现广泛智能化应用的解决方案集，提供物物互联的丰富应用。应用层是物联网发展的目的，软件开发、智能控制技术将会为用户提供丰富多彩的物联网应用。物联网通过应用层最终实现信息技术与行业的深度融合，对国民经济和社会发展具有广泛影响。

3. 物联网的应用

物联网的应用可分为监控型(物流监控、污染监控)、查询型(智能检索、远程抄表)、控制型(智能交通、智能家居、路灯控制)、扫描型(手机钱包、高速公路不停车收费)等。物联网应用涉及国民经济和人类社会生活的方方面面，因此“物联网”被称为是继计算机和互联网之后的第三次信息技术革命。信息时代，物联网无处不在。物联网的应用领域主要有以下几方面的内容。

1）城市管理

(1) 智能交通(公路、桥梁、公交、停车场等)。物联网技术可以自动检测并报告公路、桥梁的“健康状况”，还可以避免过载的车辆经过桥梁，也能够根据光线强度对路灯进行自动开关控制。在交通控制方面,可以通过检测设备,在道路拥堵或特殊情况时,系统自动调配红绿灯,并可以向车主预告拥堵路段、推荐行驶最佳路线。物联网技术构建的智能公交系统通过综合运用网络通信、GIS(地理信息)、GPS(定位)及电子控制等手段,集智能运营调度、电子站牌发布、IC 收费、ERP(快速公交系统)管理等于一体。通过该系统可以详细掌握每辆公交车每天的运行状况。另外,在公交候车站台上通过定位系统可以准确显示下一趟公交车需要等候的时间;还可以通过公交查询系统,查询最佳的公交换乘方案。

(2) 智能建筑。通过感应技术,建筑物内照明灯能自动调节光亮度,实现节能环保,建筑物的运作状况也能通过物联网及时发送给管理者。同时,建筑物与 GPS 系统实时相连接,在电子地图上准确、及时地反映出建筑物空间地理位置、安全状况、人流量等信息。

(3) 文物保护和数字博物馆。数字博物馆采用物联网技术,通过对文物保存环境的温度、湿度、光照、降尘和有害气体等进行长期监测和控制,建立长期的藏品环境参数数据库,研究文物藏品与环境影响因素之间的关系,创造最佳的文物保存环境,实现对文物蜕变损坏的有效控制。

(4) 古迹、古树实时监测。通过物联网采集古迹、古树的年龄、气候、损毁等状态信息,及时作出数据分析和保护措施。在古迹保护上实时监测并有选择地将有代表性的景点图像传递到互联网上,让景区对全世界做现场直播,达到扩大知名度和广泛吸引游客的目的。另外,还可以实时建立景区内部的电子导游采统。

(5) 数字图书馆和数字档案馆。使用 RFID 设备的图书馆/档案馆,从文献的采访、分编、加工到流通、典藏和读者证卡,RFID 标签和阅读器已经完全取代了原有的条码、磁条等传统设备。将 RFID 技术与图书馆数字化系统相结合,实现架位标识、文献定位导航、智能分拣等。应用物联网技术的自助图书馆,借书和还书都是自助的。借书时只要把身份证或借书卡插进读卡器里,再把要借的书在扫描器上放一下就可以了。还书过程更简单,只要把书投进还书口,传送设备就自动把书送到书库。同样,通过扫描装置工作人员也能迅速知道书的类别和位置以进行分拣。

2) 数字家庭

如果简单地将家庭里的消费电子产品连接起来,那么只是一个多功能遥控器控制所有终端,仅仅实现了电视与计算机、手机的连接,这不是发展数字家庭产业的初衷。只有在连接家庭设备的同时,通过物联网与外部的服务连接起来,才能真正实现服务与设备互动。有了物联网,就可以在办公室指挥家庭电器的操作运行,在下班回家的途中,家里的饭菜已经煮熟,洗澡的热水已经烧好;个性化电视节目将会准点播放;家庭设施能够自动报修;冰箱里的食物能够自动补货。

3) 定位导航

物联网与卫星定位技术、GSM/GPRS/CDMA 移动通信技术、GIS(地理信息系统)相结合,能够在互联网和移动通信网络覆盖范围内使用 GPS 技术,使用和维护成本大大降低,并能实现端到端的多向互动。

4) 现代物流管理

通过在物流商品中植入传感芯片(节点),供应链上的购买、生产制造、包装/装卸、堆栈、运输、配送/分销、出售、服务每一个环节都能无误地被感知和掌握。这些感知信息与后台的 GIS/GPS 数据库无缝结合,成为强大的物流信息网络。

5）食品安全控制

食品安全是国计民生的重中之重。通过标签识别和物联网技术，可以随时随地对食品生产过程进行实时监控，对食品质量进行联动跟踪，对食品安全事故进行有效预防，极大地提高食品安全的管理水平。

6）零售

RFID取代零售业的传统条码系统(Barcode)，使物品识别的穿透性(主要指穿透金属和液体)、远距离以及商品的防盗和跟踪有了极大改进。

7）数字医疗

以RFID为代表的自动识别技术可以帮助医院实现对病人不间断地监控、会诊和共享医疗记录，以及对医疗器械的追踪等。物联网将这种服务扩展至全世界范围。RFID技术与医院信息系统(HIS)及药品物流系统的融合，是医疗信息化的必然趋势。

8）防入侵系统

通过成千上万个覆盖地面、栅栏和低空探测的传感节点，防止入侵者的翻越、偷渡、恐怖袭击等攻击性入侵。

1.5.6 大数据技术

人们生活在数据爆炸的时代，2013年被媒体称为“大数据元年”。随着大量数据的不断产生，对大数据的处理需求越来越急迫。数据已经成为与自然资源和人力资源一样重要的战略资源，它巨大的能量必将改变这个世界的面貌。如何有效地组织和使用大数据不仅关系到经济的发展，还关系到生产生活的方式、学习以及创新的方法等。目前，几乎所有世界级的互联网企业都将业务触角延伸至大数据产业，无论社交平台逐鹿、电商价格大战还是门户网站竞争，都有它的影子。大数据，正由技术热词变成一股社会浪潮，影响社会生活的方方面面。

1. 什么是大数据

1）大数据的定义

关于大量数据及其挑战的讨论在20世纪末就已经开始了，但是，一直到2008年才由Infineta Systems公司的Haseeb Budhani提出了“大数据”(Big Data)这一名词。

O’Reilly Radar公司首席分析师Edd Dumbill认为：大数据因为量太大或者变化太快等原因而超出了传统数据库系统处理能力范围的数据，想要挖掘其中蕴含的价值，必须采用不同的方法。

麦肯锡公司2011年对大数据有如下定义：大数据是其体量超出了传统数据库软件工具的采集、存储、管理和分析能力的数据。

Gartner公司分析师道格·兰尼认为：大数据具有量大、变化快和多样性高的特点，需要新型的处理方式进行决策支持、科学探索和优化处理。

以上几个定义的共同点是大数据因为其特征使得传统的数据处理系统无能为力，需要新型的理论、硬件、软件处理技术。

2）大数据的特性

2001年，META Group(即现在的Gartner咨询公司)的分析师道格·兰尼使用了3V

特性来定义大数据：Volume(大量)，Velocity(高速)，Variety(多样)，后来有人在3V的基础上又加了一个Value(价值)，形成了4V。2013年3月，IBM公司在北京发布了白皮书《分析：大致据在现实世界中的应用》又提出了一个新的特性：Veracity(真实)，于是大数据的4V特性就变成了5V特性。

(1) Volume(大量)。Volume指的是大数据量大的特性，不仅量大而且增长速度快。根据2012年的统计，每天互联网络上的信息量足以刻满1.68亿张DVD；每天发出2940亿封电子邮件，足够美国邮政系统处理两年；每天有1.72亿人花47亿分钟访问脸谱(Facebook)网站；每天有5.32亿个头像更新；每天向脸谱网站上传2.5亿张照片；每天向TouTube上传86.4万小时的视频。

到2012年为止，人类生产的所有印刷材料的数据量是200PB(1PB=1024TB)，全人类历史上说过的所有话的数据量大约是5EB(1EB=1024PB)。而国际数据公司(IDC)的研究结果表明，2008年全球产生的数据量为0.49ZB(1ZB=1024EB)，2009年为0.8ZB，2010年为1.2ZB，2011年为1.82ZB，相当于全球每人产生200GB以上的数据，而预计2020年产生的数据量高达35.2ZB，这些数据可以填满1.1万亿个32GB容量的iPad，如果当砖头使用，可以修建40座中国长城。IDC最新“数字宇宙”研究结果显示，全世界的信息量每两年以超过翻番的速度增长，其增长速度超过摩尔定律。

(2) Velocity(高速)。Velocity主要是指数据的流动性很大，变化迅速，需要极强的处理能力以便能够随时响应数据的变化。在很多应用场景中，数据的价值在于其时效性。比如电商的数据，假如今天数据的分析结果要等到明天才能得到，那么将会使电商很难做类似补货这样的决策，从而导致这些数据失去了分析的意义；通过分析几万台游戏服务器的海量日志来发掘系统的异常，如果异常发生几个小时后才能得到分析结果，那么必将有大量游戏玩家受到影响，造成不好的用户体验。

(3) Variety(多样)。Variety指的是数据的多样性，这种多样性包括类型多样以及来源多样。数据类型繁多、复杂多变是大数据的重要特性。随着移动互联网络与传感器的飞速发展，非结构化数据大量涌现，其没有统一的结构属性，难以用表结构来表示，增加了数据存储和处理的难度。而时下在网络上流动着的数据大部分是非结构化数据，人们上网不只是看看新闻、发送文字邮件，还会上传下载照片、视频等非结构化数据；遍及工作和生活中各个角落的传感器也在不断地产生各种半结构化、非结构化数据，这些结构复杂、种类多样及规模巨大的半结构化、非结构化数据逐渐成为主流数据。在数据激增的同时，随着社交网络、多媒体技术和生物技术等的发展，新的数据类型层出不穷(如空间数据、文本、图片、音频、视频、时空序列、基因序列、蛋白质质谱等)，已经很难用一种或几种规定的模式来表征日趋复杂、多样的数据形式，这样的数据已经不能用传统的数据库表格来整齐地排列和表示，给大数据处理带来了巨大的挑战。

(4) Value(价值)。价值是决定大数据应用的根本属性，没有价值就没有大数据问题。大浪淘沙而又弥足珍贵，正是大数据的价值特征。数据堆放在磁盘上面是没有任何意义的，必须通过分析和挖掘来发现隐藏在数据中的规律与事实，通过利用分析的结果才能够创造价值。

(5) Veracity(真实)。只有准确的数据才会准确地反映真实世界，数据越准确，通过数据获取的关于真实世界的信息也就越准确。如果数据本身的正确性出现问题，则对数据的后续处理都是空谈。因此，在大数据应用问题中，需要尽力保障数据的准确性，同时，应进行数据质量维护和修复方面的研究。

2. 大数据的技术架构

要容纳大量数据，IT基础架构必须能够以经济的方式存储比以往更大量、类型更多的数据，另外还必须考虑数据变化的速度以及网络的传输速度。因此，大数据基础架构必须有分布计算能力，以便能在接近用户的位置进行数据分析，减少跨越网络所引起的延迟。云计算模式对大数据的成功至关重要，云模型在从大数据中提取有用价值的同时也能提供一种灵活的选择，以实现大数据分析所需的效率、可扩展性、数据便携性和经济性。仅仅存储和提供数据还不够，必须以新的方式合成、分析和关联数据，才能提供有用价值。可以对毫不相干的数据源进行不同类型数据的比较和模式匹配，这使得大数据分析能以新视角挖掘传统数据，并带来传统上未曾分析过的数据洞察力。大数据的4层堆栈式技术架构如图1-6所示。

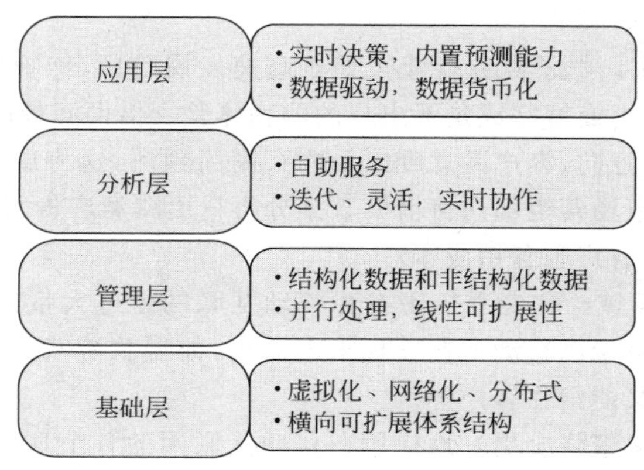

图1-6　4层堆栈式大数据技术架构

① 基础层：第一层作为整个大数据技术架构基础的最底层，也是基础层。要实现大数据规模的应用，企业需要一个高度自动化的、可横向扩展的存储和计算平台。这个基础设施需要从以前的存储孤岛发展为具有共享能力的高容量存储池。容量、性能和吞吐量必须可以线性扩展。

② 管理层：要支持在多源数据上做深层次的分析，大数据技术架构中需要一个管理平台，使结构化和非结构化数据管理融为一体，具备实时传送和查询、计算功能。本层既包括数据的存储和管理，也涉及数据的计算。并行化和分布式是大数据管理平台所必须考虑的要素。

③ 分析层：大数据应用需要大数据分析。分析层提供基于统计学的数据挖掘和机器学习算法，用于分析和解释数据集，帮助企业获得对数据价值深入的领悟。可扩展性强、使用灵活的大数据分析平台更可成为数据科学家的利器，起到事半功倍的效果。

④ 应用层：大数据的价值体现在帮助企业进行决策和为终端用户提供服务的应用。不同的新型商业需求驱动了大数据的应用。另一方面，大数据应用为企业提供的竞争优势使得企业更加重视大数据的价值。新型大数据应用对大数据技术不断提出新的要求，大数

据技术也因此在不断地发展变化中日趋成熟。

3. 大数据的应用与挑战

大数据蕴含的价值不断推动着大数据技术和应用研究的创新，而技术和应用的进步反过来也进一步促进了大数据的应用。当前，大数据在国民经济和社会生活的各个方面都得到了广泛的应用。大数据在孕育出前所未有的机遇的同时，其在安全、隐私等领域所带来的挑战也是前所未有的。

1) 大数据的应用

(1) 金融领域。金融的电子化在中国已经走向成熟，也已经积累了大量的客户数据，这些客户数据对金融分析工作带来挑战与机遇。客户经营的策略将成为金融业转型的重点，各大银行将从过去的跑马圈地时代过渡到以客户为中心的时代。借助大数据分析平台，金融业将可以实现对客户信用度批量的评分模型开发、风险客户的提前预警、客户价值分群策略的针对性精准营销以及客户挽留等以往很难实现的应用，还可帮助银行发现有价值的客户。

(2) 电子商务领域。电子商务行业正处于高速发展阶段，传统的实体店购物方式在缩减，人们更多地通过网上商城完成足不出户的购物体验。借助海量的电商客户数据，可以了解客户购买行为、购买意向、客户满意度以及购买商品预测，这将成为商家应用大数据盈利的推动力。而电商的市场营销部门将借助数据分析得出哪类广告营销策略能够实现利润的最大化，从而为企业节省广告营销成本。

(3) 移动互联网领域。智能手机正在为移动互联网创造大量的用户数据，对智能手机终端用户行为的研究将帮助移动行业发现未来商机，如哪款游戏人们更喜欢玩？哪类套餐既能实现盈利最大化又能留住客户等。

移动互联网搜索引擎将会更好地应用在移动互联网的各个环节，这也是一种必然。据有关数据表示，Google宣布进军移动搜索领域，并没有让国内创业者们感到恐惧。在他们看来，中国的移动搜索行业有自己的游戏规则，而且国内手机用户的巨大市场肯定有自己的生存空间。

移动互联网软件给更多的应用软件企业带来了机遇。大数据时代造就了一大批的互联网企业，而未来，大数据时代在移动互联网领域也将能成就一大批的互联网企业，而从PC应用软件到移动设备应用软件，将是一种发展的趋势，也会有更多的企业去涉足移动互联网软件，无论是游戏行业还是服务行业，都会带来一定的发展。

(4) 物联网领域。物联网领域的很多数据都来自于各类传感器，未来通过大数据分析平台对传感器数据信息进行分析，可以提前发现传感器终端设备是否运行正常，以及预测设备有可能出现故障的大体时间。智能电网将利用大数据分析用电损耗，让电力部门采取措施，节省能耗；汽车诊断连接器的信息传输到智能数据分析平台可以帮助保险公司了解驾驶人的驾驶习惯，从而帮助保险公司找出风险客户，作出相应的决策。

(5) 医疗领域。大数据将帮助医疗人员分析病因，找出病变的位置，还能通过智能决策平台给出合理的治疗方案。输入医学影像数据到自动分析平台可以确定病变的位置。在放射治疗时，辐射范围越小，患者接受的辐射量就越小，病人受到的损害就越小，而利用大数据分析方法则可以缩小辐射范围，从而降低病人受到的辐射伤害。医生利用大数据可以从电子病例和电子健康档案数据中发现病人的相似度，通过比较类似患者的病情，分析出有效的治疗手段。

(6) 社交媒体领域。大数据、云计算、社交媒体和移动互联网的结合催生出新的生活方式和商业模式。大数据给社交媒体更多的机遇和选择。基于微博、微信等社交媒体网络的数据挖掘和数据分析，可以深入分析用户行为、广告投放位置和用户喜好等。

(7) 环境领域。环境污染日益严重，未来人们可以借助传感器实时收集环境指标，通过大数据分析进行环境污染源和污染程度预测，从而提前采取措施，减少污染扩散的程度。

借助大数据采集技术，将收集到大量关于各项环境质量指标的信息，传输到中心数据库进行数据分析，直接指导下一步环境治理方案的制订，并实时监测环境治理效果，动态更新治理方案。通过数据开放，将实用的环境治理数据和案例以极富创意的方式传播给公众，通过一种鼓励社会参与的模式提升环境保护的效果与效率。

(8) 交通领域。大数据对实现智慧城市建设意义重大。随着摄像头和传感器在交通领域的应用，通过大数据技术对所采集的视频信号、图像信号等进行实时分析，可以实现数据可视化，并据此监控交通运行情况，发现交通拥堵路线，随时疏导交通，提前预警。

通过上面的介绍可以预见，大数据在未来将给人们的工作和生活带来巨大的影响，其应用领域将更加广泛，只有抓住大数据带来的机遇，才能更好地把握未来。

2) 大数据带来的威胁

大数据促进了国家社会的发展，提高了相关部门在处理医疗、就业、经济生产、自然灾害和资源管理等关键领域问题的决策效率。然而，大数据处理技术仍然不完善，存在隐私泄露、挖掘结果可信度不高和数据垄断等威胁。

(1) 隐私泄露。大数据时代的到来，毫无疑问会给人们带来空前便利，享受着最新的信息存储和利用方式，人们甚至可以足不出户而洞察天下。然而，大数据爆发带来的隐私问题随着“棱镜门”事件的出现逐渐突显出来。人们面临的数据安全威胁并不仅限于个人隐私泄漏，还在于基于大数据对人们状态和行为的预测。但是，目前用户数据的收集、存储、管理与使用等均缺乏规范，更缺乏监管，主要依靠企业的自律。用户无法确定自己隐私信息的用途。而在商业化场景中，用户应有权决定自己的信息如何被利用，实现用户可控的隐私保护。

(2) 可信度低。关于大数据的一个普遍的观点是：数据自己可以说明一切，数据自身就是事实。但实际情况是，如果不仔细甄别，数据也会欺骗，就像人们有时会被自己的双眼欺骗一样。大数据可信性的威胁之一是伪造或刻意制造的数据，而错误的数据往往会导致错误的结论。大数据可信性的威胁之二是数据在传播中的逐步失真。原因之一是人工干预的数据采集过程可能引入误差，由于失误导致数据失真与偏差，最终会影响数据分析结果的准确性。此外，数据失真还有数据版本变更的因素。在传播过程中，现实情况发生了变化，早期采集的数据已经不能反映真实情况。

(3) 数据垄断。大数据在积累的同时也出现了数据垄断的困境。一些企业为了维护自身的利益而拒绝信息的流动，这不仅浪费了数据资源，而且会阻碍创新的实现。进入大数据时代，数据的掌握者们是否会平等地交换数据，促进数据分析的标准化，在数据公开的同时如何与知识产权的保护相结合，不仅涉及政府的政策，也与企业的未来规划息息相关。

本章小结

本章介绍了计算机和微型计算机的发展史、信息技术基础、计算思维的基础知识以及计算机新技术。通过学习,可以掌握计算机的特点、分类以及发展趋势,了解并掌握计算机在信息社会的应用以及IT新技术。

本章内容复习

一、选择题

1. 早期计算机的主要应用是(　　)。
   A. 科学计算　　B. 信息处理　　C. 实时控制　　D. 辅助设计
2. CAM属于(　　)应用。
   A. 计算机辅助教育　　B. 计算机辅助设计
   C. 计算机辅助制造　　D. 计算机辅助测试
3. 大规模和超大规模集成电路芯片组成的计算机属于(　　)产品。
   A. 第一代　　B. 第二代　　C. 第三代　　D. 第四代
4. 计算机能够按照人的意图自动地运行,主要是因为采用了(　　)。
   A. 二进制　　B. 电子设备　　C. 高级语言　　D. 存储程序
5. 下列关于计算思维的说法中,正确的是(　　)。
   A. 计算机的发明导致了计算思维的诞生
   B. 计算思维的本质是计算
   C. 计算思维是计算机的思维方式
   D. 计算思维是人类求解问题的一条途径

二、判断题

1. 第三代计算机的逻辑部件采用的是小规模集成电路。(　　)
2. 信息技术就是计算机技术。(　　)
3. 在计算机内部,信息表示的方式是二进制数。(　　)
4. 计算机硬件系统一直沿用“冯·诺依曼体系结构”。(　　)
5. 计算思维就是计算机的思维。(　　)

三、填空题

1. 世界上第一台电子计算机诞生于________年,名字叫做________。
2. 世界上第一个通用微处理器________在________年问世,被称为第一代微处理器。
3. 未来计算机将朝着________、________、________、________和________等方向发展。
4. 信息技术主要包括________、________、________和________。

5. 大数据的5大特性,包括________、________、________、________和________。

四、简答题

1. 冯·诺依曼体系结构的主要内容和思想是什么?
2. 计算机发展分为几个阶段?各阶段的主要特征是什么?
3. 如何理解计算思维?
4. 什么是信息?什么是信息技术?
5. 简述云计算的主要特征。
6. 简述人工智能主要研究哪些内容。
7. 简述物联网应该具备三个特征。
8. 简述网格计算的目标。

网上资料查找

1. 请从互联网上查找未来计算机的发展方向。
2. 请从互联网上查找有关计算思维的应用。
3. 在互联网上检索有关云计算技术发展的最新研究成果,并写出综述。
4. 在互联网上检索有关物联网的应用实例。
5. 在互联网上检索有关大数据的应用实例。

第2章 计算机系统组成

到目前为止,人们使用的计算机都是由硬件系统和软件系统组成的,计算机内部采用二进制来表示指令和数据,是根据“存储程序和程序控制”的原理实现自动工作的。

2.1 计算机系统基础知识

2.1.1 计算机系统基本组成

一个完整的计算机系统由硬件系统和软件系统两大部分组成,如图2-1所示。硬件系统指客观存在的物理实体,由各种光电元件、机电元件及电子线路等设备的总称,是计算机系统的物质基础。软件系统是在计算机硬件上运行的各种程序及相关文档和数据的总称,是计算机系统的灵魂。没有软件的计算机称为“裸机”,不能供用户使用,而没有硬件对软件的物质支持,软件的功能无从谈起,两者相辅相成,缺一不可。

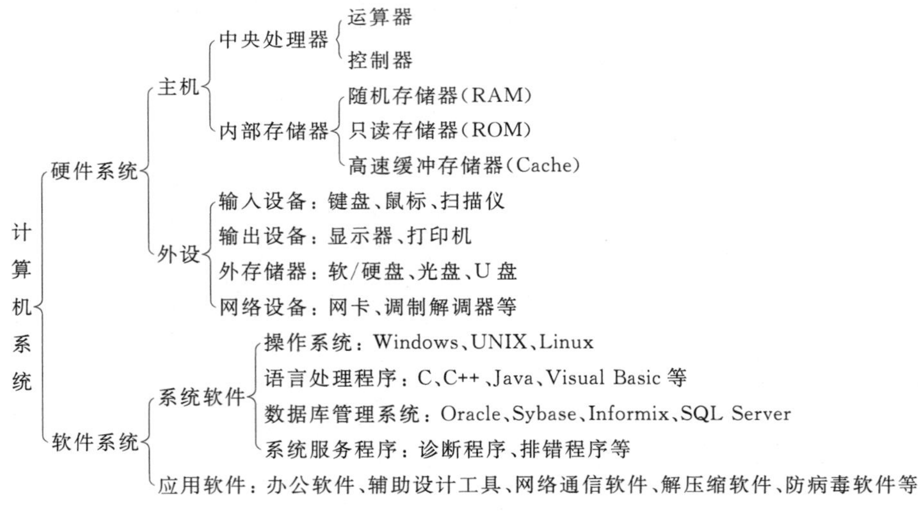

图2-1 计算机系统的组成

2.1.2 计算机系统的层次结构

作为一个完整的计算机系统,硬件和软件是按一定的层次关系组织起来的。最内层是出厂时的裸机,然后是系统软件中的操作系统,而操作系统的外层为其他应用工具软件,最外层是用户程序，如图 2-2 所示。操作系统向下控制硬件，向上支持软件，所有的其他软件都必须在操作系统的支持下运行，从而使对计算机的操作转化为对操作系统的使用，这种层次关系为软件开发、扩充和使用提供了强有力的手段，所以操作系统是系统软件的核心，是人机交互的接口。

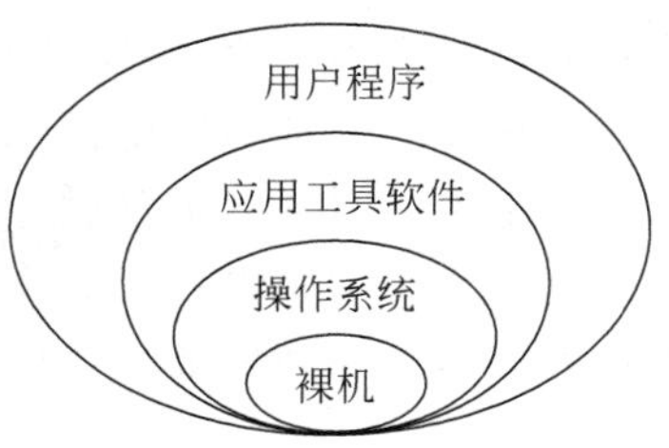

图 2-2 计算机系统的层次结构

2.1.3 计算机的基本工作原理

计算机又称为电脑，是模仿人脑进行工作的，其组成的 5 大部件（运算器、控制器、存储器、输入设备、输出设备）分别与人脑的各种功能器官对应。按计算思维的方法来引导，人脑处理事物的思路是接收信息、记忆、分析信息、计算决策、控制眼睛、动手完成结果。相对应地计算机中应有接收信息部件，即输入设备接收指令；记忆信息的部件，即存储设备存储信息；分析信息、计算决策、控制眼睛和手等部件，即中央处理器处理指令；完成最后结果的部件，即输出设备输出计算结果。

1. 存储程序和程序控制的基本原理

现在的计算机都是根据“存储程序和程序控制”的原理实现自动工作的，如图 2-3 所示，该原理最早由冯·诺依曼提出。其基本要点包括以下三方面：

（1）计算机应包括运算器、存储器、控制器、输入设备和输出设备这 5 大基本部件。

（2）计算机内部应采用二进制来表示指令和数据。

（3）将编好的程序送入内存储器中，然后启动计算机工作，计算机无须人工干预就能自动逐条取出指令和执行指令。

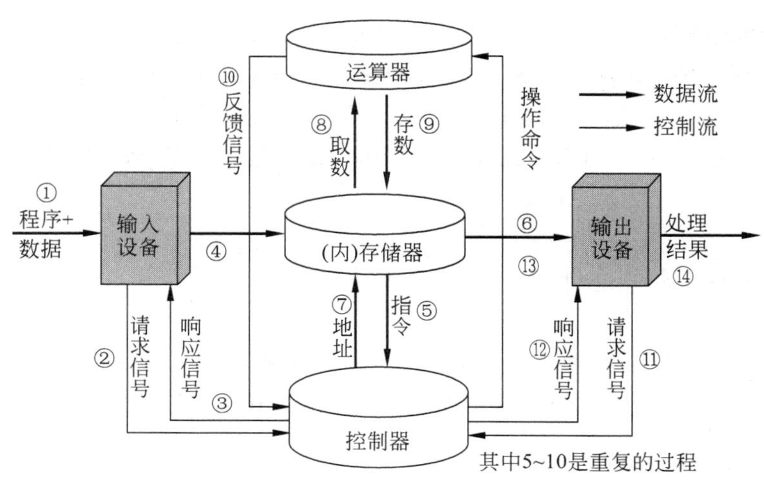

图 2-3 计算机的基本工作原理

2. 指令、程序及执行过程

计算机根据人们预定的安排，自动地进行数据的快速计算和加工处理。人们预定的安排是通过一连串指令(操作者的命令)来表达的,这个指令序列就称为程序。一个指令规定计算机执行一个基本操作,一个程序规定计算机完成一个完整的任务。一种计算机所能识别的一组不同指令的集合,称为该种计算机的指令集合或指令系统。一条指令由操作码和操作数组成。操作码规定了计算机要执行的基本操作,操作数是该指令要运算或者传送的数据或数据的存储地址。计算机的工作过程就是执行指令的过程,一般分为三个阶段。

1) 取指令

计算机根据程序计数器的内容,将要执行的指令从内存单元中取出,并送到 CPU 的指定寄存器中。

2) 分析指令

CPU 对取出的指令通过译码器进行分析译码,判断指令要完成的操作。

3) 执行指令

CPU 根据指令分析的结果,向各部件发出完成该操作的控制信号,相关部件进行工作,完成指令规定的操作,并为执行下一条指令做好准备。

一条指令执行完后,程序计数器加 1,继续取出下一条指令,然后重复上述过程。计算机就是这样不断地取出指令、分析指令、执行指令,按照事先存储在计算机中的指令组成的程序来完成各项操作的,这就是程序的执行过程。计算机指令执行流程如图 2-4 所示。

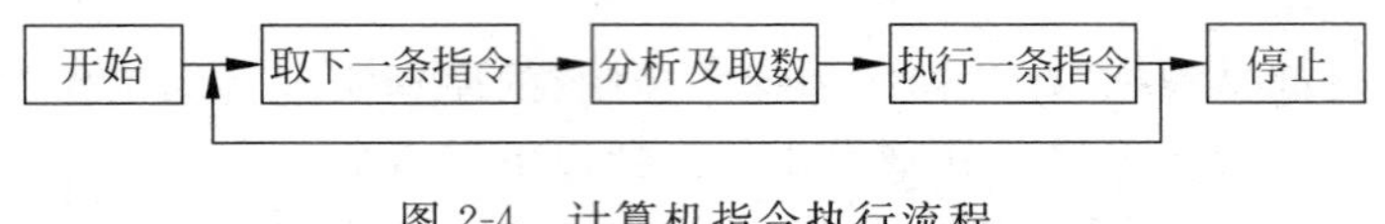

图 2-4 计算机指令执行流程

2.2 数据在计算机中的表示

数据是指能够输入计算机并被计算机处理的数字、字母和符号的集合。在计算机内部,数据是以二进制形式存储和运算的,它的特点是逢 2 进 1。计算机采用二进制,是因为只需表示 0 和 1,技术上容易实现,如电压电平的高与低、开关的接通与断开; 0 和 1 两个数在传输和处理时不易出错、可靠性高; 二进制的 0 和 1 正好与逻辑量"假"和"真"相对应,易于进行逻辑运算。

2.2.1 数值数据的进位计数制及相互转换

由于二进制的数码是 0 和 1 且比较小,因此二进制数书写时位数较多,难以记忆和识别。为了便于书写和记忆,常用八进制数或十六进制数作为二进制数的助记符形式。

1. 数的进位计数制

所谓进位计数制,是指利用固定的数字符号和统一的规则来计数的方法。任何一种进位计数制都要按照进位的原则进行计数,逢基数进 1,可以采用位权表示法。下面介绍几个与进制有关的概念。

数码: 一组用来表示某种数制的符号。例如,十进制的数码是 0、1、2、3、4、5、6、7、8、9,

二进制的数码是0和1。

基数：某进位计数制可以使用的数码个数。例如，十进制的基数是10，二进制的基数是2。

数位：数码在一个数中所处的位置。

权：权是基数的幂，位权表示数码在不同位置上基数的若干次幂。

任何一种进位计数制表示的数都可以写成按位权展开的多项式之和。例如，十进制数472.12可以表示为：$(472.12)_{10}=4\times10^2+7\times10^1+2\times10^0+1\times10^{-1}+2\times10^{-2}$

二进制数101.01可以表示为：$(101.01)_2=1\times2^2+0\times2^1+1\times2^0+0\times2^{-1}+1\times2^{-2}$

八进制数321表示为：$(321)_8=3\times8^2+2\times8^1+1\times8^0$

十六进制数ABCD表示为：$(ABCD)_{16}=10\times16^3+11\times16^2+12\times16^1+13\times16^0$

位权表示法的原则是每个数字都要乘以基数的幂次，而该幂次是由每个数所在的位置所决定的。排列方式是以小数点为界，整数部分自右向左依次为0次方、1次方、2次方、……，小数部分自左向右依次为−1次方、−2次方、−3次方、……。

计算机常用的进制有十进制、二进制、八进制和十六进制，其特点如表2-1所示。

表2-1 常用进制

进制	十进制	二进制	八进制	十六进制
运算法则	逢10进1	逢2进1	逢8进1	逢16进1
基数	10	2	8	16
数码	0,1,…,9	0,1	0,1,…,7	0,1,…,9,A,B,…,F
位权	10^i	2^i	8^i	16^i
表示符号	D	B	O	H

由于十六进制数码中10～15为两位数，因此用字母符号A、B、C、D、E、F来分别代表数码10、11、12、13、14、15。

2. 数制的转换

1）十进制数转换成非十进制数

十进制数转换成非十进制数可分为整数部分和小数部分进行。

（1）十进制整数转换成非十进制整数。

十进制整数转换成非十进制整数采用“除数取余法”：把十进制整数逐次用任意进制数的基数去除，一直到商是0为止，然后将所得到的余数由下而上读取即可。

【例2.1】 把十进制整数67转换成二进制数。

解：

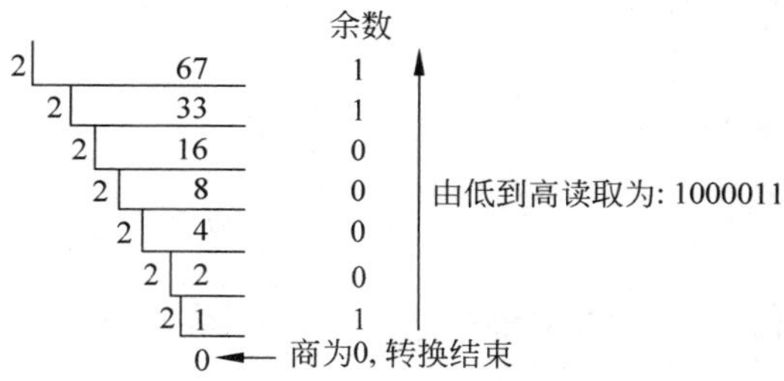

结果：$(67)_{10}=(1000011)_2$。

【例 2.2】 把十进制整数 67 转换成八进制数。

解：

```
                      余数
8| 67                  3   ↑
  8| 8                 0   |由低到高读取为:103
    8| 1               1   |
       0  ←—— 商为0,转换结束
```

结果：$(67)_{10}=(103)_8$。

(2) 十进制小数转换成非十进制小数。

十进制小数转换成非十进制小数采用"进位法"：把十进制小数不断用其他进制的基数去乘，每乘完一步后，将整数部分与小数部分分开，小数部分再乘基数，直到小数部分值等于0或满足精度为止，最后将每步乘积得到的整数部分由上而下排列组成转换完成后的小数部分。

【例 2.3】 把十进制小数 0.625 转换成二进制小数。

解：

```
 0.625
×   2
 [1].250     整数=1  |
×   2                |
 [0].500     整数=0  |
×   2                |
 [1].000     整数=1  ↓ 小数值等于0,转换结束
```

结果：$(0.625)_{10}=(0.101)_2$。

通常，一个非十进制小数能够完全准确地转换成十进制数，但有时一个十进制小数不一定能准确转换成非十进制小数。例如，十进制小数 0.1 就不能完全准确地转换成二进制小数。在这种情况下，可以根据精度要求转换到小数点后某位为止，取其近似值即可。

2) 非十进制数转换成十进制数

非十进制数转换成十进制数采用"位权法"，即把各非十进制数按权展开，然后求和。转换方式用如下公式表示：

$$(F)_{10}=a_1\times X^{n-1}+a_2\times X^{n-2}+\cdots+a_{n-1}\times X^1+a_n\times X^0+a_{n+1}\times X^{-1}+\cdots$$

式中：$a_1,a_2,\cdots,a_{n-1},a_n,a_{n+1}$ 为系数，X 为基数，n 为项数。

【例 2.4】 把二进制数 1000011.0101 转换成十进制数。

解：$(1000011.0101)_2$

$=1\times2^6+0\times2^5+0\times2^4+0\times2^3+0\times2^2+1\times2^1+1\times2^0+0\times2^{-1}+1\times2^{-2}+0\times2^{-3}+1\times2^{-4}$

$=64+0+0+0+0+2+1+0+0.25+0+0.0625$

$=67+0.3125$

$=(67.3125)_{10}$

结果：$(1000011.0101)_2=(67.3125)_{10}$。

【例 2.5】 把八进制数 1234 转换成十进制数。

解：$(1234)_8$

$=1\times 8^3+2\times 8^2+3\times 8^1+4\times 8^0$

$=512+128+24+4$

$=(668)_{10}$

结果：$(1234)_8=(668)_{10}$。

3）二进制数与八、十六进制数之间的转换

(1) 常用数制的对应关系。

由于二进制数的阅读与书写很不方便，为此，在阅读与书写时又通常用十六进制数或八进制数来表示，这是因为十六进制数和八进制数与二进制数之间有着非常简单的对应关系，如表 2-2 所示给出了常用记数制的对照。

表 2-2 常用记数制对照表

十进制	二进制	八进制	十六进制
0	0	0	0
1	1	1	1
2	10	2	2
3	11	3	3
4	100	4	4
5	101	5	5
6	110	6	6
7	111	7	7
8	1000	10	8
9	1001	11	9
10	1010	12	A
11	1011	13	B
12	1100	14	C
13	1101	15	D
14	1110	16	E
15	1111	17	F

(2) 二进制数与八进制数的转换。

二进制数与八进制数的转换可以采用“分组法”进行。把二进制数转换为八进制数时，以小数点为界，将整数部分从低向高每 3 位分为一组(最后一组若不足 3 位，在最左端高位添 0 补足 3 位)，小数部分从高向低，每 3 位分一组(最低一组若不足 3 位，在最右端添 0 补足 3 位)，将各组的 3 位二进制数按 2^2、2^1、2^0 权展开后相加，得到 1 位八进制数，由此完成了转换。

将八进制数转换成二进制数是上述过程的逆过程，就是将每位八进制数分别用对应的 3 位二进制数表示。

【例 2.6】 把二进制数 110101100011.010001 转换成八进制数。

解：$\underline{110}\quad\underline{101}\quad\underline{100}\quad\underline{011}\,.\,\underline{010}\quad\underline{001}$

$\;\;\;6\quad\;\;5\quad\;\;4\quad\;\;3\;.\;\;2\quad\;\;1$

结果：$(110101100011.010001)_2=(6543.21)_8$。

【例 2.7】 把八进制数 6543.21 转换成二进制数。

解：

6	5	4	3	.	2	1
110	101	100	011	.	010	001

结果：$(6543.21)_8=(110101100011.010001)_2$。

(3) 二进制数与十六进制数的转换。

由于 $2^4=16$，所以每一位十六进制数对应四位二进制数，也用分组法完成其转换。

二进制数转换为十六进制数时，以小数点为界，将整数部分从低向高每 4 位分为一组（最后一组若不足 4 位，在最左端高位添 0 补足 4 位），小数部分从高向低，每 4 位分一组（最低一组若不足 4 位，在最右端添 0 补足 4 位），将各组的 4 位二进制数按 2^3、2^2、2^1、2^0 权展开后相加，得到 1 个十六进制数，由此完成了转换。

【例 2.8】 把十六进制数 F8E5.DA3 转换为二进制数。

解：

F	8	E	5	.	D	A	3
1111	1000	1110	0101	.	1101	1010	0011

结果：$(F8E5.DA3)_{16}=(1111100011100101.110110100011)_2$。

【例 2.9】 把二进制数$(1010101011.011)_2$ 转换成十六进制数。

解：

0010	1010	1011	.	0110
2	A	B	.	6

结果：$(1010101011.011)_2=(2AB.6)_{16}$。

八进制数与十六进制数之间的转换可以通过二进制数或十进制数做中间环节进行。

3. 二进制运算

二进制运算主要包括算术运算和逻辑运算。

1) 二进制算术运算

二进制算术运算与十进制运算类似，其运算规则更为简单，同样可以进行四则运算。

二进制求和法则如下：

$$0+0=0 \qquad 0+1=1 \qquad 1+0=1 \qquad 1+1=10(\text{逢 2 进 1})$$

二进制求差法则如下：

$$0-0=0 \qquad 1-0=1 \qquad 0-1=1(\text{借 1 当 2}) \qquad 1-1=0$$

二进制求积法则如下：

$$0\times0=0 \qquad 0\times1=0 \qquad 1\times0=0 \qquad 1\times1=1$$

二进制求商法则如下：

$$0\div1=0 \qquad 1\div0(\text{无意义}) \qquad 1\div1=1$$

在进行两数相加时，首先写出被加数和加数，两个十进制数字的加法也是用这种方法来计算的。然后，按照由低位到高位的顺序，根据二进制求和法则把两个数逐位相加即可。

【例 2.10】 求两个二进制数 1010101、10101 的和。

解：

$$\begin{array}{r} 1010101 \\ +\quad 10101 \\ \hline 1101010 \end{array}$$

结果：1010101＋10101＝1101010。

【例 2.11】 求两个二进制数 1010101、11101 的差。

解：

$$\begin{array}{r} 1010101 \\ -\quad 11101 \\ \hline 0111000 \end{array}$$

结果：1010101－11101＝111000。

2）二进制逻辑运算

逻辑是指条件与结论之间的关系。因此，逻辑运算是指对因果关系进行分析的一种运算，运算结果不表示数值的大小，而是表示条件成立与否的逻辑量。

计算机中的逻辑关系是一种二值逻辑，二值逻辑用二进制的 0 与 1 表示非常容易，如“条件成立”与“不成立”、“真”与“假”、“是”与“否”等。若干位二进制数组成的逻辑数据，位与位之间无“位权”的内在联系，对两个逻辑数据进行运算时，每位之间相互独立，运算是按位进行的，不存在算术运算中的进位与借位，运算结果也是逻辑数据。

逻辑运算有 3 种基本的逻辑关系：与、或、非。其他复杂的逻辑关系都可由这三种基本关系组合而成。

（1）逻辑“与”。

做一件事情取决于多种因素，只有当所有条件都成立时才去做，否则就不做，这种因果关系称为逻辑“与”。用来表达和推演逻辑“与”关系的运算称为“与”运算，在不同的软件中用不同的符号表示，如 AND、∧、∩等。

“与”运算规则：

$$0\cap 0=0 \qquad 0\cap 1=0 \qquad 1\cap 0=0 \qquad 1\cap 1=1$$

【例 2.12】 设 X＝10101010，Y＝10011101，求 X∩Y＝？

解：

$$\begin{array}{r} 10101010 \\ \cap)\ 10011101 \\ \hline 10001000 \end{array}$$

结果：X∩Y＝10001000。

（2）逻辑“或”。

做一件事情取决于多种因素，只要其中有一个因素得到满足就去做，这种因果关系称为逻辑“或”。“或”运算通常用符号 OR、∨、∪等来表示。

“或”运算规则：

$$0\cup 0=0 \qquad 0\cup 1=1 \qquad 1\cup 0=1 \qquad 1\cup 1=1$$

【例 2.13】 设 X＝10101010，Y＝10011101，求 X∪Y＝？

解：

$$\begin{array}{r} 10101010 \\ \cup)\ 10011101 \\ \hline 10111111 \end{array}$$

结果：X∪Y＝10111111。

(3) 逻辑“非”。

逻辑“非”实现逻辑否定,即求“反”运算,“假”变“真”、“真”变“假”。逻辑“非”常在逻辑变量的上面加一横线,如非 A 写成 $\overline{A}$。“非”运算也通常也用符号 NOT 来表示。

“非”运算规则:

$$\overline{1}=0 \qquad \overline{0}=1$$

对某二进制数进行“非”运算,实际上就是对它的各位按位求反。

【例 2.14】 设 X=10101010,求 $\overline{X}$=?

解:X=1 0 1 0 1 0 1 0　　$\overline{X}$=0 1 0 1 0 1 0 1　　(将 X 的各位 1、0 求反)

逻辑值又称为真值,有“真”(T)和“假”(F),或者用 1 和 0 表示。三种基本逻辑关系真值表如表 2-3 所示,符号“ ”表示“非”运算,符号“∩”表示“与”运算,符号“∪”表示“或”运算。

表 2-3 逻辑运算真值表

a	b	$\overline{a}$	a∩b	a∪b
T	T	F	T	T
T	F	F	F	T
F	T	T	F	T
F	F	T	F	F

2.2.2 数值数据在计算机中的编码表示

计算机现在能处理多种数据类型。数值型数据指数学中实数范围内的数,非数值型数据是指输入到计算机中的符号信息,它们没有量的含义,例如字符 0~9、大写字母 A~Z 或小写字母 a~z、汉字、图形、声音等。

这些数据信息在计算机内部也必须以二进制编码的形式表示。就数值来讲是有正有负,在数学中用符号“+”和“-”表示正数和负数,但在计算机中数的正、负号要由 0 和 1 来表示,即数字符号数字化。

1. 无符号二进制数

无符号二进制数只限于正整数的表示。因为无须表示正负数的符号位,所以计算机可以使用所有位来表示数值。为了解决认读上的问题,多位数编码多采用从低位开始以 4 位二进制数为一个单位来进行,也就是采用十六进制数方式编码。

如果采用从低位开始的以 3 位二进制数为一个单位进行编码,该方法采用的就是八进制。

2. 机器数与真值

在数学中,是将“+”或“-”符号放在数的绝对值之前来区分该数的正负的,而在计算机内部却使用符号位,用二进制数字 0 表示正数,用二进制数字 1 表示负数,放在数的最左边。人们把这种符号被数值化了的数称为机器数,而把原来的用正负符号和绝对值来表示的数值称为机器数的真值。例如，真值为＋0.101010，机器数也为0.101010；真值为－0.101010，机器数为1.101010。

3. 数的原码、反码和补码表示

在计算机中，对有符号的机器数常用原码、反码和补码三种方式表示，其主要目的是解决减法运算的问题。

原码是二进制定点表示法，即最高位为符号位，0表示正，1表示负，其余位表示数值的大小。

正数的反码与原码相同，负数的反码是对其原码按位取反，但符号位除外。

正数的补码与原码相同；负数的补码是在其反码的末位加上1。

所以正数的原码、反码和补码的形式完全相同，负数则各自有不同的表示形式。

1）原码

正数的符号位用0表示，负数的符号位用1表示，有效值部分用二进制绝对值表示，这种表示法称为原码。显然，原码表示与机器数表示形式一致。这种数的表示方法对0会出现两种表示方法，即＋0为000…00和－0为100…00。

例如：X＝＋33，y＝－33，则：

$$(X)_{原}=0\ 1\ 0\ 0\ 0\ 0\ 1$$

$$(Y)_{原}=\underline{1}\ \underline{1\ 0\ 0\ 0\ 0\ 1}$$

符号位 绝对值

为运算方便，在计算机中通常将减法运算转换为加法运算(两个异号数相加实际上也就是同号数相减)，由此引入了反码和补码的概念。

2）反码表示

正数的反码和原码相同，负数的反码是对该数的原码除符号位外各位按位取反，即“0”变“1”，“1”变“0”。0的表示有＋0和－0两种情况。

【例2.15】 求－7的反码(假定用4位表示)。

解：根据反码产生方法，－7因为是负数，则符号位为1，其余3位为－7的绝对值＋7的原码111，所以－7的原码为1111；除符号位外，其余3位111按位取反后为000，加上符号位的1，所以－7的反码为1000。

结果：反码$(-7)_{10}=(1000)_2$

【例2.16】 求33、－33的反码。

解：X＝ ＋33

Y＝ －33

因为$(33)_{10}=(100001)_2$，

所以$(X)_{原}=0100001$　$(X)_{反}=0100001$

$(Y)_{原}=1100001$　$(Y)_{反}=1011110$

很容易就可以看出来，反码的反码就是原码。

3) 补码表示

用反码加1表示负数就是补码表示。在此情况下没有正0和负0的区别,即0的表示只有一种形式。

【例2.17】 求−7的补码(假定用4位表示)。

解:−7的反码由例2.15已经得出,为1000,根据补码的产生方法

$$\begin{array}{r} 1\,0\,0\,0 \\ +)\quad\quad 1 \\ \hline 1\,0\,0\,1 \end{array}$$

结果:$(-7)_{10}$的补码是$(1001)_2$。

4. 定点数与浮点数

计算机在解决数值中小数点的表示时,不是采用某个二进制位来表示小数点的方式,而是用隐含规定小数点的位置来表示。

根据小数点的位置是否固定,数的表示方法可分为定点数和浮点数两种类型。

定点数又分为定点整数和定点小数。将小数点位置固定在数值的最右端称为定点整数,将小数点位置固定在数值的最左端称为定点小数。如果最左位定义为符号位,则定点小数的小数点位于符号位之后,数值部分之前。例如0110,当默认为定点整数时,其值为+110;当默认为定点小数时,其值为+0.110。

由于计算机中的初始数值、中间结果或最后结果可能在很大范围内变动,如果计算机用定点整数或定点小数表示数值,则数据不是容易溢出(超出计算机能表示的范围)就是容易丢失精度,采用浮点小数表示可以解决这类问题。

1) 定点数

所谓定点数是指小数点位置固定不变的数。在计算机中,通常用定点数来表示整数与纯小数,分别称为定点整数与定点小数。

(1) 定点整数。定点整数是指小数点隐含固定在整个数值的最后,符号位右边的所有的位数表示的是一个整数。

(2) 定点小数。定点小数是指小数点隐含固定在数值的某一个位置上的小数。通常将小数点固定在最高数据位的左边。

可见,定点数可以表示纯小数和整数。定点整数和定点小数在计算机中的表示形式没有什么区别,小数点完全按事先的约定而隐含在不同位置,定点数格式如图2-5所示。

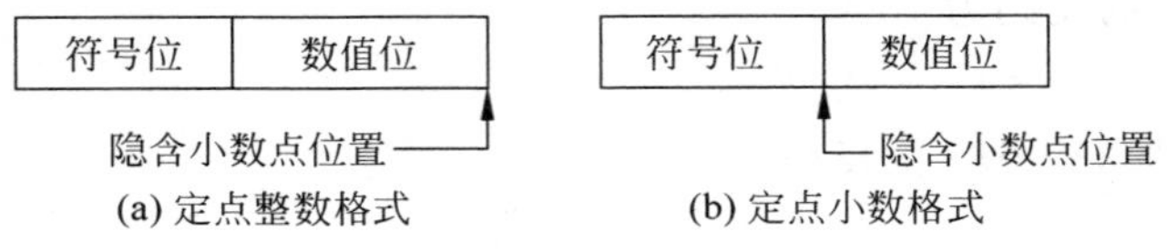

图2-5 定点数格式

2) 浮点数

在计算机中,定点数通常只用于表示整数或纯小数,它的小数位是固定的,对于小数点位置不固定的数,一般用浮点数表示。

浮点数是指小数点位置不固定的数,它既有整数部分又有小数部分。在计算机中通常

把浮点数分成阶码(也称为指数)和尾数两部分来表示,其中阶码用二进制定点整数表示,尾数用二进制定点小数表示,阶码的长度决定数的范围,尾数的长度决定数的精度。为保证不丢失有效数字,通常还对尾数进行规格化处理,即保证尾数的最高位为1,实际数值通过阶码进行调整。采用浮点数最大的特点是比定点数表示的数值范围大。

比如,一个既有整数部分又有小数部分的十进制数 D 可以表示成如下形式:

$$D = R \times 10^N$$

其中 R 为一个纯小数,N 为一个整数。

比如十进制数123.456可以表示成 0.123456×10^3,十进制小数0.00123456可以表示成 0.123456×10^{-2}。纯小数 R 的小数点后第一位一般为非0数字。

同样,对于一个既有整数部分又有小数部分的二进制数 B 也可以表示成如下形式:

$$B = R \times 2^N$$

其中 R 为一个二进制定点小数,称为 B 的尾数;N 为一个二进制定点整数,称为 B 的阶码,它反映了二进制数 B 的小数点的实际位置。为了使有限的二进制位数能表示出最多的数字位数,定点小数 R 的小数点后的第一位(即符号位的后面一位)一般为非0数字(即为1)。

5. 数据的单位与存储形式

在计算机内部,数据是以二进制形式存储和运算的,数据的存储单位有位、字节和字。

1) 位(bit)

位是计算机存储设备的最小单位,简写为b,音译为比特,表示二进制中的一位。一个二进制位只能表示 2^1 种状态,即只能存放二进制数0或1。

2) 字节(Byte)

字节是计算机处理数据的基本单位,8个二进制位称为一个字节(byte),简写为B,音译为拜特,1byte=8bit。一个英文字符的编码通常用一个字节来存储,一个汉字的机内编码通常用两个字节来存储。将 2^{10} 字节,即1024字节称为千字节,记为1KB;2^{20} 字节称为兆字节,记为1MB;2^{30} 字节称为吉字节,记为1GB;2^{40} 字节称为太字节,记为1TB;2^{50} 字节称为拍字节,记为1PB;2^{60} 字节称为艾字节,记为1EB,则

$$1\text{EB} = 2^{10}\text{PB} = 2^{20}\text{TB} = 2^{30}\text{GB} = 2^{40}\text{MB} = 2^{50}\text{KB} = 2^{60}\text{B}$$

通常所说的内存容量是4GB,表示该机的主存容量为4GB,也就是说有4GB个存储单元,每个单元包含8位二进制数。

3) 字(Word)

字是计算机进行数据处理和数据存储的一组二进制数,它由若干个字节组成。

4) 字长(Word Length)

CPU在单位时间内一次处理的二进制位数称为字长,字长是衡量计算机性能的一个重要标志。对计算机硬件来说,字长是CPU与I/O设备和存储器之间传送数据的基本单位,是数据总线的宽度(即数据总线上一次可同时传送数据的位数)。从字长角度分析,286属于16位机,386和486属于32位机,Pentium机属于64位机,显然,字长越长,一次处理的数字位数越多,速度也就越快。

2.2.3 非数值数据在计算机中的编码表示

计算机除了能处理数值数据外,也能识别各种符号、字符,如英文字母、汉字、运算符号等。这些数据在计算机中有特定的二进制编码,即非数值数据的编码。

1. 字符编码

目前在微型计算机中普遍使用的字符编码是 ASCII 码(美国信息交换标准代码)。这种字符编码每个字符采用 7 位二进制数进行编码,其最高位为 0,是奇偶校验位。2^7 可以表示 128 种符号,其中有 96 个可打印字符,包括常用的字母、数字、标点符号等,另外还有 32 个控制字符。ASCII 码字符编码见表 2-4。

表 2-4 ASCII 码字符编码表

高 4 位 低 4 位	0000	0001	0010	0011	0100	0101	0110	0111
0000	NUL	DLE	空格	0	@	P	`	p
0001	SOH	DC1	!	0	A	Q	a	q
0010	STX	DC2	"	2	B	R	b	r
0011	ETX	DC3	#	3	C	S	c	s
0100	EOT	DC4	S	4	D	T	d	t
0101	ENQ	NAK	%	5	E	U	e	u
0110	ACK	SYN	&	6	F	V	f	v
0111	BEL	ETB	'	7	G	W	g	w
1000	BS	CAN	(	8	H	X	h	x
1001	HT	EM	)	9	I	Y	i	y
1010	LF	SUB	*	:	J	Z	j	z
1011	VT	ESC	+	;	K	[	k	{
1100	FF	FS	.	<	L	\	l	|
1101	CR	GS	—	=	M	]	m	}
1110	SO	RS	、	>	N	^	n	～
1111	SI	US	/	?	O	_	o	DEL

在 ASCII 编码表中,每种符号唯一地对应着一个编码。要确定某个字符的 ASCII 码,先在表中找到该字符位置,然后将高 4 位与低 4 位编码组合起来,即是所查字符的 ASCII 码。例如,大写字符"A"的 ASCII 编码是 01000001(41H),对应的十进制数为 65;小写字符"a"的 ASCII 编码是 01100001(61H),对应的十进制数为 97。数字 0~9、字母 A~Z 和 a~z 在表中都是顺序排列的,而且具有小写字母比大写字母的编码值大 32 的规律。这里需要记住几个常用的编码,例如,数字字符"0",对应的十进制数为 48,字母"A"对应的十进制数为 65,"a"对应的十进制数为 97。掌握了这几个字符的编码,就很容易写出后续字母、数字的 ASCII 编码。

2. 汉字编码

汉字的计算机输入是中华古老文明与计算机技术的完美结合。计算机在处理汉字信息时也要将其转化为二进制代码，所以需要对汉字进行编码。

可以抽象地将计算机处理的所有文字信息（汉语词组、英文单词、数字、符号等）看成由一些基本字符和符号组成的字符串，每个基本字符编制成一组二进制代码，计算机对文字信息的处理就是对其代码进行操作。汉字的输入、转换和存储方法与其他符号是相似的，但由于汉字数量多，不能用为西文输入设计的键盘直接输入，所以必须先把它们分别用以下编码转换后存放到计算机中再进行处理操作。汉字编码可分为输入码、内码和字形码三大类。输入码解决汉字的输入和识别问题，内码是由输入码转化而来的，只有内码才能在计算机内部进行加工处理和存储，字形码完成汉字的显示和打印输出。一个汉字从输入到输出，需要经过在键盘上根据输入码输入，计算机将其自动翻译成机内码进行存储和传输，最后根据字形码显示或打印出来这几个过程。

1）汉字输入码

（1）数字编码。数字编码就是用数字串代表一个汉字的输入，常用的是国标区位码，简称区位码。如GB2312标准将常用的6763个汉字和700多种符号分成94个区，每区存放94个汉字或符号。实际上是把汉字表示成二维表的形式，区码和位码各用两位十进制数字表示，因此，输入一个汉字需要按键四次。例如，汉字“中”字位于第54区48位，区位码是5448。这种方法无重码，但记忆困难。

（2）拼音编码。拼音编码是以汉语拼音为基础的输入法，常用的有智能ABC、微软拼音、搜狗拼音、全拼、郑码等输入法。拼音法简单易学，但是有重码，降低输入速度。

（3）字形编码。字形编码是以汉字的形状确定的编码，如五笔字型、表形输入法等。这种方法无重码，输入速度较快，适合专业人员使用。

2）汉字交换码

1981年，国家标准局公布了GB2312—80标准汉字字符集，规定了在不同的汉字系统中进行汉字交换时使用的编码，简称国标码。它是将区位码按一定的规则进行转换而得到的二进制代码。在国标码中，一个汉字用两个字节表示，每个字节也只用其中的七位。

区位码转换为国标码的方法为：先将十进制区码和位码转换为十六进制的区码和位码，这样就得到了一个与国标码有一个相对位置差的代码，再将这个代码的第一个字节和第二个字节分别加上20H，就得到国标码。

例如，“中”字的区位码为5448D，国标码为5650H，它是经过下面的转换得到的。

$$(5448)_D \rightarrow (3630)_H \rightarrow (+2020)_H \rightarrow (5650)_H$$

3）汉字机内码

汉字机内码是汉字在机器内部的表示形式，是计算机内部存储、处理、传输汉字的代码。不同的汉字输入法在进入计算机系统后，由操作系统的“输入码转换模块”统一转换成机内码存储。由于国标码中用于表示一个汉字的两个字节，每个字节只用其中的七位，其最高位也是0。为了避免ASCII码和国标码同时使用时产生二义性问题，大部分汉字系统一般采用将国标码每个字节高位置“1”作为汉字机内码。

例如，“中”字的国标码为5650H，机内码为D6D0H，它是经过下面的转换得到的。

二进制：01010110　01010000＝5650H　国标码

二进制：11010110　11010000＝D6D0H　机内码（最高位置1）

或5650H＋8080H＝D6D0H，得到机内码为D6D0H。

4) 汉字字形码

汉字的字形码通常有两种表示方式,即点阵和矢量表示方式。

(1) 点阵方式:点阵字形码是用点阵表示的汉字字形代码,也称为字模码,是汉字的输出形式,见图 2-6。

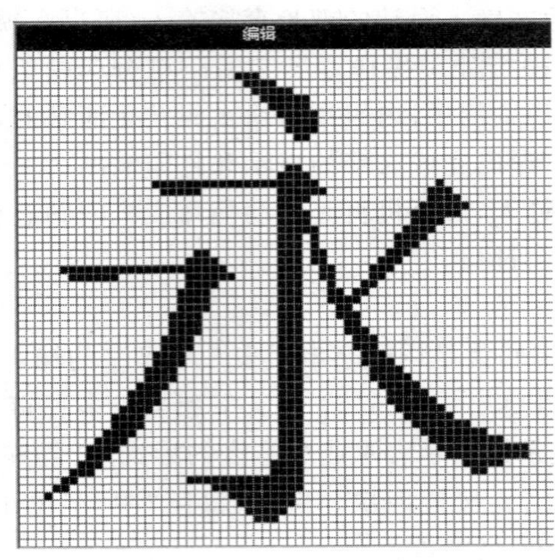

图 2-6 点阵编辑示意图

常用 16×16、24×24、32×32、48×48 或更高二进制位来存储。存储一个 16×16 点阵的汉字需要 32 字节,24×24 要占用 72 个字节。点阵越多,汉字的质量越高,占用的存储空间就越大。这种方法编码、存储方式简单,无须转换直接输出,但放大后产生效果差。

(2) 矢量方式:矢量字形码是对每一个汉字轮廓特征的信息描述,如一个笔画的起始、终止坐标,半径、弧度等。

使用矢量表示方式可以得到高质量的汉字输出,与最终文字显示的大小和分辨率无关。

2.2.4 其他信息的编码表示

计算机除了要存储和处理数值、字符外,还要处理图形、图像、音频、视频、动画等多媒体信息。这些信息虽然表示形式不同,但进入到计算机中也要转换为二进制形式表示。

1. 音频信息

声音是一种连续变化的模拟信号,必须要将声音的模拟信号转换为数字信号,计算机才能够进行处理。按照固定的时间间隔对声波的振幅进行采样,记录所得到的值序列并将其转化为二进制序列,即可得到声波的数字化表示。

2. 图像信息

与汉字的字形表示相似,图形图像在计算机中的表示也有位图和矢量图两种方式。位图是由点阵构成的位图图像,矢量图是由数学描述形成的矢量图形,不同的图像采用不同的处理方式。

(1) 位图:位图通常是将图像表示成一组点,每一个点称为一个像素,每个像素的显示被编码，整个图像就是这些像素的集合。计算机中的许多设备（如显示器和打印机），都是根据像素进行操作的。在位图中像素的编码方式随着应用的不同而不同，分为黑白图像和彩色图像。

(2) 矢量图：矢量表示方法是把图像分解为几何结构（如曲线和直线）的组合，通过数学公式定义这些几何结构。这些数学公式是重构图像的指令，计算机存储这些指令，需要生成图像的时候，只要输入图像的尺寸，计算机就能够按照这些指令生成图像。

3. 视频信息

视频是图像的动态形式。视频信息实际上是由许多幅单一的静态画面所构成的。每一幅画面为一帧，这些帧是以一定的速度连续播放的，于是就形成了动态视频。

视频信号数字化的原理与音频信息数字化相似，以一定的频率对单帧视频信号进行采样、量化、编码等，实现模/数转换、彩色空间变换和编码压缩等。

2.3 微型计算机硬件系统

微型计算机是以微处理器为核心，配上由大规模集成电路制成的存储器、输入输出接口电路及系统总线所组成的小型计算机，又称为微机、电脑、个人计算机或 PC（Personal Computer），普通用户日常所见到和接触的大多是微型计算机。微机发展到现在，其零部件都有很大的变化，但其工作原理却没有变。微型计算机系统分为硬件系统和软件系统，其中硬件系统主要包括 CPU、主板、存储器、输入输出设备等，各部分之间通过总线连接，实现信息交换。下面简单地介绍组成微机的各个零部件。

2.3.1 中央处理器

中央处理器（Central Processing Unit，CPU），也称微处理器（Microprocessor），是计算机系统的核心部件，是用大规模集成电路或超大规模集成电路制造的，主要由运算器、控制器和寄存器组成。

运算器也称为算术逻辑部件，是完成各种算术运算和逻辑运算的装置，能进行加、减、乘、除等数学运算，也能做比较、判断、查找、逻辑运算等。它主要由算术逻辑单元和寄存器组成。其基本功能是在控制器的控制下，由存储器中取得数据，进行算术运算和逻辑运算，并把结果送到存储器中。计算机中的任何处理都是在运算器中进行的。

控制器是计算机的指挥控制中心，负责决定执行程序的顺序，给出执行指令时机器各部件需要的操作控制命令。它由程序计数器、指令寄存器、指令译码器、时序产生器和操作控制器组成。其基本功能是按照程序计数器所指出的指令地址从内存中取出一条指令，并对指令进行分析，根据指令的功能向有关部件发出控制命令，控制执行指令的操作，使计算机各部分自动、连续并协调动作，成为一个有机的整体，实现数据和程序的输入、运算并输出结果。它是发布命令的“决策机构”，即完成协调和指挥整个计算机系统的操作。

CPU 安插在主板的 CPU 插座上，负责系统的数值运算和逻辑运算，并将结果分送内存或其他部件，以控制计算机的整体运作。

CPU是一小块集成电路，如图2-7所示。目前，生产微机CPU的厂家主要有Intel（英特尔）和AMD（超微）。

图2-7 微处理器芯片

由于CPU工作温度很高，为了给CPU降温，都配备CPU风扇。CPU风扇分为风冷和水冷两种，如图2-8所示。风冷就是用风扇吹出的风把热量转移到散热片，从而达到降温的效果。风冷一般噪声比较大，维修起来不方便，容易受到灰尘的干扰，散热效果不是很明显，优点就在于价格便宜。水冷就是在机体内部装一个流通的水垫，通过水垫将内部的水流动，或是在外部装有一个水冷装置，运走热量从而达到降温的效果。水冷成本高，不适合一般用户使用，但其散热效果好，并且不会受到灰尘的干扰。

图2-8 CPU风扇

CPU的性能指标直接决定微型计算机的性能指标，它的性能指标主要包括主频、字长、高速缓存等。

1. 主频

主频（CPU Clock Speed）又称为时钟频率，单位是MHz（或GHz），表示在CPU内数字脉冲信号振荡的速度。主频越高，CPU在一个时钟周期里所能完成的指令数就越多，CPU的运算速度也就越快。CPU主频的高低与CPU的外频和倍频系数有关，其计算公式为：

CPU主频＝外频×倍频系数

外频是CPU与主板之间同步运行的速度，目前，绝大部分计算机系统中外频也是内存与主板之间同步运行的速度，因此，CPU的外频直接影响内存的访问速度。外频速度越高，CPU可以同时接收更多的来自外围设备的数据，从而使整个系统的速度进一步提高。人们通常所说超频，主要是指超CPU的外频。

倍频系数是CPU的运行频率与整个系统外频之间的倍数。在相同的外频下，倍频越高，CPU的频率也越高。通常，CPU的外频在5～8倍时，其性能能够得到比较充分的发挥。

实际应用中，主频只代表CPU技术指标的一部分，并不能代表CPU的实际运算能力的全部，CPU的实际运算能力还与CPU工作流水线和总线等其他方面的性能指标有关。

2. 字长

计算机系统中，CPU 在单位时间内能处理的二进制数的位数称为字长。如果一个 CPU 单位时间内能处理的字长为 32 位数据，通常称这个 CPU 为 32 位 CPU。同理，字长为 64 位的 CPU 一次可以处理 64 位数据，即 8 字节，如 Intel Core i7 是 64 位 CPU。

3. 高速缓存

高速缓冲存储器(Cache)是一种速度比内存更快的存储器，CPU 读数据时直接访问 Cache，只有在 Cache 中没有找到所需数据时，CPU 才去访问内存。Cache 相当于内存和 CPU 之间的缓冲区，实现内存和 CPU 的速度匹配，当前一般都构建在 CPU 芯片内部。

4. 制造工艺

CPU 制造工艺指在硅材料上生产 CPU 时，内部各元器材的连接线宽度，制造工艺的趋势是向密集度更高的方向发展。当前，CPU 的制造工艺一般用纳米表示，数值越小制作工艺越先进，CPU 可以达到的频率越高，集成的晶体管就更多。例如，Intel Core i7 3770 CPU 采用 22nm 的制造工艺。

5. 多核技术

多核技术是指单芯片多处理器，即一块芯片上包含多个“执行内核”，使处理器能够彻底、完全地并发执行程序的多个线程。多核处理器可以在处理器内部共享缓存，提高缓存利用率，还可以共享内存和系统总线结构，进而提高计算机的性能。

2.3.2 存储器

存储器是存放数据和各种程序的装置，是计算机的记忆部件。它用于存放计算机进行信息处理所必需的原始数据、中间结果、最后结果以及指示计算机进行工作的程序。计算机的存储器分为内部存储器(简称内存)和外部存储器(简称外存)两大类。

1. 内存储器

内存储器又称主存储器，它存取速度快，容量小，价格较高，可由 CPU 直接访问。内存是计算机各种信息存放和交换的中心，当前运行的程序和数据必须在内存中。内存以字节(8 位二进制)为存储单元，一个存储器包含若干个存储单元，每个存储单元有一个唯一的编号，称为存储单元的地址。CPU 根据存储单元地址从内存中读出数据或向内存写入数据。内存容量就是所有存储单元的总数，以字节为基本单位。

按存取方式，内存可分为只读存储器(Read Only Memory，ROM)和随机读写存储器(Random Access Memory，RAM)。

ROM 的特点是只能从中读出信息，不能随意写入信息，是一个永久性存储器，断电后信息不会丢失。ROM 主要用来存放固定不变的程序和数据，如机器的自检程序、磁盘引导程序、初始化程序、基本输入输出设备的驱动程序等。

RAM 存放用户数据和程序,断电后内容丢失,RAM 中的内容可随时读写。通常,微型计算机的内存容量配置是指 RAM,它是计算机性能的一个重要指标。目前,一般内存选配容量是在 2~8GB 之间。内存条插在主板的存储器插槽上,其外观如图 2-9 所示。

高速缓冲存储器又称缓存。由于 RAM 的读写速度比 CPU 慢得多,当 RAM 直接与 CPU 交换数据时,会出现速度不匹配现象。为了加快 CPU 的运行速度,在 CPU 与 RAM 之间增加了一级或者二级高速小容量存储器,即 L1 Cache(内部)和 L2 Cache(内外部、外部速度减半)。它存取速度快、容量小、造价高。把内存储器中频繁使用的数据放入高速缓存中,由 CPU 直接访问,从而提高整体的运行速度。

2. 外存储器

外存储器又称辅助存储器,用于存放 CPU 暂时不用的程序和数据,其特点是存储容量大,信息能永久保存,但相对内存储器存储速度慢。它不能由 CPU 直接访问,但可直接与内存成批交换信息。目前,常用的外存储器有硬盘、光盘和可移动外存。图 2-10 所示为微机存储系统的层次结构。

图 2-9 内存条

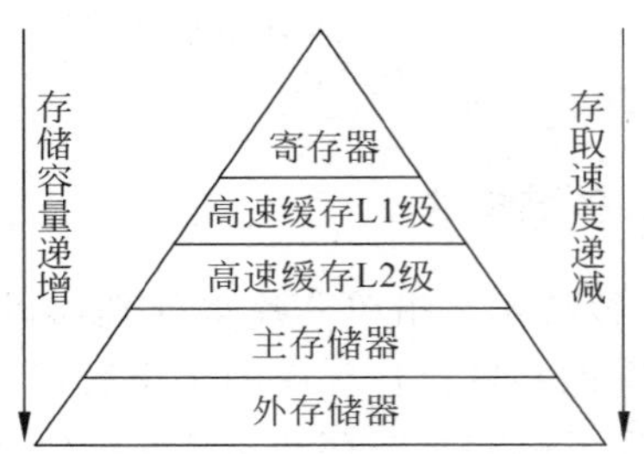

图 2-10 微机存储系统的层次结构

1) 硬盘

硬盘存储器(Hard Disk Driver,HDD)简称硬盘,是微机的主要外部存储设备,用于存放计算机操作系统、各种应用程序和数据文件。硬盘大部分组件都密封在一个金属外壳内,如图 2-11 所示。

图 2-11 硬盘

硬盘由多个盘片构成,每一个盘片都有两个盘面,一般每个盘面都可以存储数据。磁盘在格式化时被划分成许多同心圆,这些同心圆轨迹称为磁道。所有盘面上的同一磁道构成一个圆柱,通常称为柱面。将每个磁道分成若干个弧段,每个弧段称为一个扇区,每个扇区的容量均为 512B。因此,硬盘的容量可用如下式计算:硬盘容量=磁头数×柱面数×扇区数×每扇区字节数。

硬盘在使用前要经过分区和格式化。分区是将硬盘空间划分成若干个逻辑磁盘，每个磁盘可以单独管理，单独格式化。一个逻辑磁盘出现问题不会影响其他逻辑盘。格式化是在硬盘上划分磁道、扇区，并建立存储文件的根目录。格式化时，逻辑盘上的文件会被删除，格式化前应做好备份。拿硬盘时要注意轻拿轻放，不要磕碰或者与其他坚硬物体相碰，不能用手触摸硬盘背面的电路板，否则，“静电”可能会伤到硬盘上的电子元件。

硬盘的参数有容量、平均寻道时间、转速和接口等。硬盘容量的大小和硬盘驱动器的速度也是衡量计算机的性能指标之一。目前，微机上主要使用SATA接口类型的硬盘。

2）光盘

高密度光盘(Compact Disk，CD)简称光盘，是广泛使用的外存储器。光盘按读写限制分为只读光盘、只写一次光盘和可擦写光盘，前两种属于不可擦除的，如CD-ROM(Compact Disk-Read Only Memory)是只读光盘，CD-R(Compact Disk-Recordable)是只写一次光盘。光盘按物理格式划分，通常分为数字视盘(Digital Video Disk，DVD)光盘和CD光盘，目前，单面DVD光盘容量为4.7GB，双面DVD光盘容量为8.5GB，CD光盘的容量一般为650MB。

蓝光光盘(Blue-ray Disk，BD)是DVD光盘的下一代光盘格式，单层的蓝光光盘的容量为25GB，双层容量为50GB。目前，已有技术将单层容量提高到33.4GB。蓝光刻录机是指基于蓝光DVD技术标准的刻录机。

光驱又称为光盘驱动器，用来读取光盘中的信息，通常操作系统及应用软件的安装需要依靠光驱完成。刻录机又称为光盘刻录机，其外观与光驱相似，但除了具有光驱的全部功能外，还可以在光盘上写入或擦写数据。目前，DVD刻录机已成为市场主流，如图2-12所示。

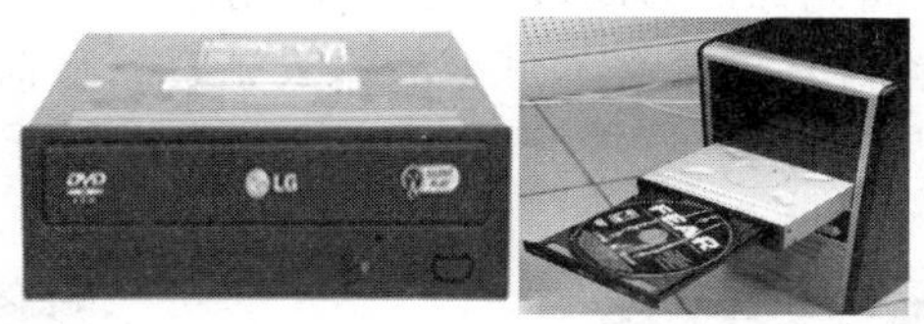

图2-12 光盘及光驱

3）可移动外存

常见的可移动外存储设备有闪存卡、U盘和移动硬盘，如图2-13所示。

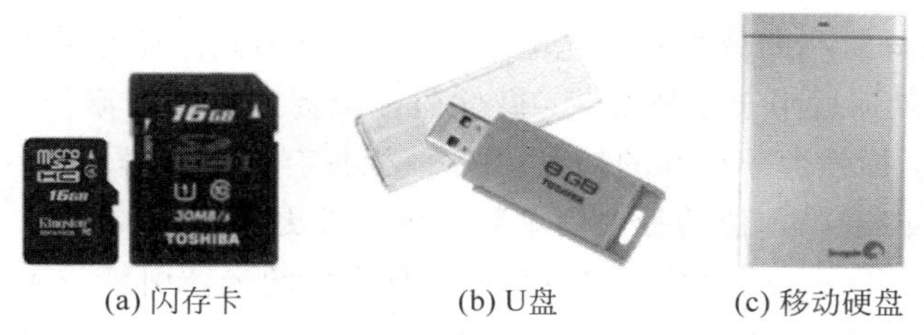

(a) 闪存卡　　(b) U盘　　(c) 移动硬盘

图2-13 可移动外存

(1) 闪存(Flash Memory)卡基于半导体技术，具有低功耗、高可靠性、高存储密度、高读写速度等特点，其种类繁多，有Compact Flash(CF)卡、索尼公司的Memory Stick(MS)卡和Scan Disk(SD)卡等。目前，基于闪存技术的闪存卡主要面向数码相机、智能手机等产品，可通过读卡器读取闪存卡上的信息。

(2) U盘又称为闪盘,是闪存芯片与USB芯片结合的产物,具有体积较小,便于携带,系统兼容性好等特点,目前,容量通常在4～64GB。

(3) 移动硬盘又称为USB硬盘,是一种容量更大的移动存储设备,容量可达几百GB到几TB。

2.3.3 输入输出设备

1. 输入设备

输入设备(Input)用来将用户输入的原始信息转换为计算机能够识别接受的形式并存入到内存中去的设备。常用的输入设备有键盘、鼠标、扫描仪等。

1) 键盘

键盘(Keyboard)是计算机系统的重要输入设备,也是计算机与外界交换信息的主要途径,通常有104键,分为主键盘区、数字键区、功能键区和编辑键区,如图2-14所示。

目前,键盘大多采用USB接口或无线方式与主机相连。随着用户层次的多样化,键盘具有如下特点:有多媒体功能键(如上网快捷键、音量开关键等);支持人体工程学,具有防水功能。

2) 鼠标

鼠标是增强键盘输入功能的重要设备,利用它可以快捷、准确、直观地使光标在屏幕上定位。对于屏幕上较远距离光标的移动,用鼠标远比用键盘移动光标方便,同时鼠标有较强的绘图能力,是视窗操作系统环境下必不可少的输入工具。目前,鼠标大多采用USB接口或无线方式与主机相连,如图2-14所示。

图2-14 键盘、鼠标

现在大多数高分辨率的鼠标都是光电鼠标,市面上的鼠标还有采用激光引擎、蓝影引擎和4G鼠标。激光鼠标适用于竞技游戏;微软蓝影鼠标则在拥有激光鼠标快速反应性能的同时,兼备了光电鼠标强大兼容性的特点;4G鼠标具有更高分辨率(Dots Per Inch,DPI,指鼠标每移动一英寸能准确定位的最大信息数),感应性更好。

蓝影引擎(Blue Track)是微软于2008年9月推出的最新引擎技术,是传统光学引擎与激光引擎相结合的技术,使用的是可见的蓝色光源。它可以适应的桌面非常广,如地毯、大理石桌面等,同时游戏反应速度强,称为"第三代鼠标引擎技术"。

3) 其他输入设备

其他输入设备有扫描仪、条形码阅读器、手写笔、摄像头等,如图2-15所示。扫描仪是图像和文字的输入设备,可以将图形、图像、文本或照片等直接输入到计算机中,扫描仪的主要技术指标有分辨率、灰度值或颜色值、扫描速度等。条形码阅读器是用来扫描条形码的装置,可以将不同宽度的黑白条纹转换成对应的编码输入到计算机中。

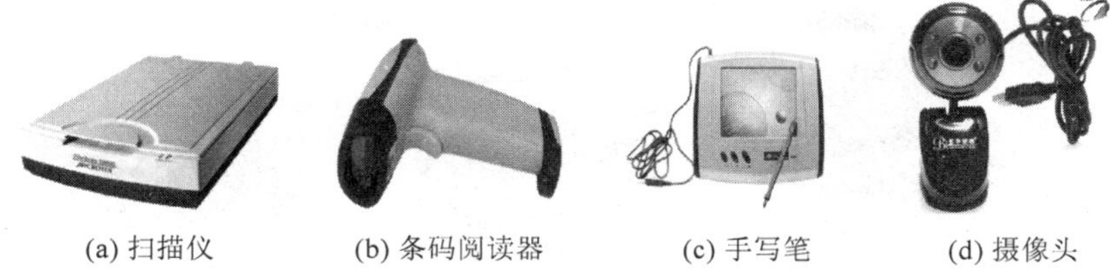

(a) 扫描仪　(b) 条码阅读器　(c) 手写笔　(d) 摄像头

图 2-15　其他输入设备

2. 输出设备

输出设备(Output)是计算机系统用以与外部世界沟通的部件,功能为将存储在计算机内部的信息转换成人们所能接受的形式。常用的输出设备有显示器、打印机和绘图仪等。

1) 显示器

显示器按工作原理分为阴极射线管显示器(CRT)、液晶显示器(LCD)、等离子显示器(PD)等,是计算机必备的输出设备,如图 2-16 所示。

显示器的主要技术指标包括以下几项。

(1) 屏幕尺寸:用屏幕对角线尺寸来度量,以英寸为单位,如 19 英寸、20 英寸等。

(2) 点距:显示器所显示的图像和文字都是由"点"组成的,即像素(Pixel)。点距就是屏幕上相邻两个像素点之间的距离。点距是决定图像清晰度的重要因素,点距越小,图像越清晰。

(3) 分辨率:是显示器屏幕上每行和每列所能显示的像素点数,用"横向点数×纵向点数"表示,如 1024×768、1920×1200 等。分辨率越高显示效果越清晰,高清晰度的图像在低分辨率的显示器上是无法全部显示的。

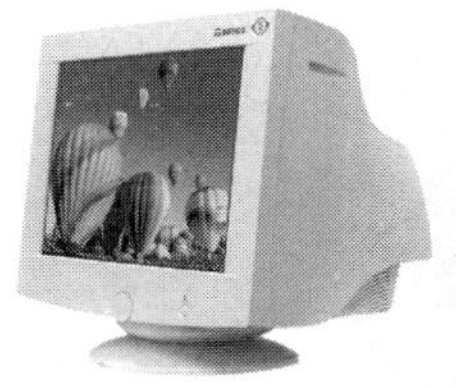  

图 2-16　显示器

显示器通过显卡与主机相连。显卡又称为显示适配器,它将 CPU 送来的影像数据处理为显示器可以接收的格式,再送到显示屏上形成影像,其外观如图 2-17 所示。为了加快显示速度,显卡中配有显示存储器,当前主流的显存容量为 1GB 或 2GB。

图 2-17　显卡

2）打印机

打印机是计算机常用的输出设备，目前，打印机主要通过 USB 接口与主机连接。其外观如图 2-18 所示。

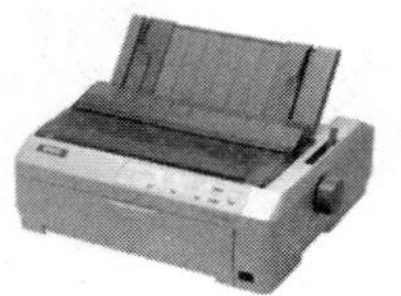
(a) 针式打印机

(b) 激光打印机

(c) 喷墨打印机

图 2-18　常见打印机

根据打印方式可将打印机分为击打式打印机和非击打式打印机。击打式打印机主要是针式打印机，又称为点阵打印机，其结构简单，打印的耗材费用低，特别是可以进行多层打印。目前，针式打印机主要应用在票据打印领域；非击打式打印机常用的有激光打印机和喷墨打印机。这类打印机的优点：分辨率高、无噪声、打印速度快、价格比较贵。喷墨打印机还能打印大幅画，用彩色喷墨打印机可以打印彩色图形。

3D 打印机是快速成型技术的一种机器，它以数字模型文件为基础，运用粉末状金属或塑料等可粘合材料，通过逐层打印的方式来构造物体。3D 打印机可以应用到需要模型和原型的任何行业，如国防科工、医疗卫生、建筑设计、家电电子、配件饰品等。目前，受价格、原材料、行业标准等因素影响，其发展存在一定瓶颈。

3）绘图仪

绘图仪是输出图形的主要设备。绘图仪能在绘图软件的支持下绘制出复杂、精确的图形，是各种计算机辅助设计(CAD)系统不可缺少的工具。

绘图仪的性能指标主要有绘图笔数、图纸尺寸、打印分辨率、打印速度、绘图语言等。其外观如图 2-19 所示。

图 2-19　绘图仪

3. 输入输出设备

同一设备既可以输入信息到计算机，又可以将计算机内信息输出，称为输入输出设备。常见的输入输出设备有磁盘、磁带、可读写光盘、触摸屏、通信设备等。

触摸屏是通过用户手指在屏幕上的触摸来模拟鼠标的操作，如手指的单击相当于鼠标的单击，如图 2-20 所示。近年来，伴随着智能手机、平板电脑等电子产品风靡全球，触摸屏市场进入了高速增长期。触摸屏按工作原理和传输信息的介质，分为电阻屏、电容屏、红外屏和超声屏，当前智能手机通常采用多点触控的电容屏。

图 2-20 触摸屏

可弯曲触摸屏是触摸屏的发展趋势，这种触摸屏可以任意的折叠弯曲，轻贴在普通的电脑屏幕上，就能让普通的电脑屏幕变身为触摸屏，可穿戴式设备如智能手表、头戴式智能眼镜等都需要可弯曲显示屏。

2.3.4 主板

主板又称为主机板（Main Board）、系统板（System Board）或母版（Mother Board），是微机最基本的也是最重要的部件之一。主板安装在计算机机箱内，它将计算机的各个部件紧密地联系在一起，是计算机稳定运行的重要保障之一。主板通常是长方形印制电路板，其上的 CPU、内存插槽、总线扩展槽、芯片组及 ROM BIOS 等。其外观如图 2-21 所示。

图 2-21 ATX 主板的组成结构

1. 主板的工艺

主板的平面是一块印刷电路板（Printed Circuit Board，PCB），它实际是由几层树脂材料粘合在一起的，内部采用铜箔走线。一般的 PCB 线路板有四层和六层，而一些要求较高的主板的线路板可达到 6～8 层或更多。4 层板分别是主信号层、接地层、电源层、次信号层。在电路板上面，是错落有致的电路布线和棱角分明的各个部件：芯片、插槽、电阻、电容等。芯片包括 BIOS 芯片，南北桥芯片，RAID 控制芯片等；插槽包括 CPU 插座，内存插槽，PCI 插槽，ISA 插槽等；接口包括 IDE 接口，软驱接口，COM 接口（串口），PS/2 接口，USB 接口,IEEE 1394 接口,LPT 接口(并口),MIDI 接口等。

2. 主板的结构

主板的结构架构如图 2-22 所示。

1) ATX 结构

由于 Baby AT(Advanced Technology)主板市场的不规范和 AT 主板结构过于陈旧,Intel 公司在 1995 年 1 月公布了扩展 AT 主板结构,即 ATX(AT extended)主板标准。1997 年 2 月推出了 ATX 2.01 版,它的布局是“横”板设计,外形在 Baby AT 的基础上旋转了 90°。这样做增加了主板引出端口的空间,使主板可以集成更多的扩展功能。ATX 采用 7 个 I/O 插槽,CPU 与 I/O 插槽、内存插槽位置更加合理,优化了软硬盘驱动器接口位置,提高了主板的兼容性与可扩充性,采用了增强的电源管理,真正实现电脑的软件开关机和绿色节能功能。

2) Micro ATX

MATX 结构主板是 Intel 公司在 1997 年提出的主板结构,它把扩展插槽减少为 3～4 只,DIMM 插槽为 2～3 个,从横向减小了主板宽度,比 ATX 标准主板结构更为紧凑。按照 Micro ATX 标准,板上还应该集成图形和音频处理功能。目前很多品牌机主板使用了 Micro ATX 标准,在 DIY 市场上也常能见到 Micro ATX 主板。

3) BTX

BTX(Balanced Technology Extended)是 Intel 公司提出的新型主板架构,是 ATX 结构的替代者。新架构的 BTX 对接口、总线、设备有新的要求,重要的是目前所有的杂乱无章,接线凌乱,充满噪音的 PC 将很快过时。当然,这种新架构仍然要提供某种程度的向后兼容,以便实现技术革命的顺利过渡。BTX 具有如下特点:支持 Low-profile,即窄板设计,系统结构将更加紧凑;针对散热和气流的运动,对主板的线路布局进行了优化设计;主板的安装将更加简便,机械性能也将经过最优化设计;提供了很好的兼容性。目前已经有数种 BTX 的派生版本推出,根据板型宽度的不同分为标准 BTX (325.12mm),MicroBTX (264.16mm)及 Low-profile 的 PicoBTX (203.20mm),以及未来针对服务器的 BTX。目前流行的新总线和接口,如 PCI Express 和串行 ATA 等,也将在 BTX 架构主板中得到很好的支持。新型 BTX 主板将通过预装的 SRM(支持及保持模块)优化散热系统,特别是对 CPU 而言。散热系统在 BTX 的术语中也被称为热模块,该模块包括散热器和气流通道。目前已经开发的热模块有两种类型,即 Full-size 及 Low-profile。

(a) ATX架构主板

(b) Micro ATX架构主板

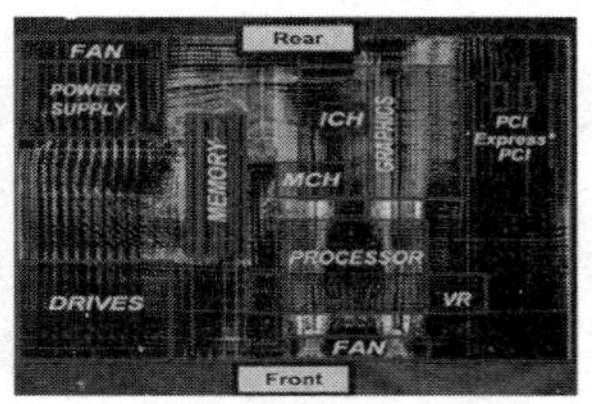

(c) BTX架构主板(未来趋势)

图 2-22 主板的结构

3. 主板的芯片组

芯片组是主板上最重要的部件，主板的功能主要取决于芯片组。芯片组负责管理CPU和内存、各种总线扩展以及外设的支持。主板的芯片组主要有南桥芯片、北桥芯片以及BIOS芯片，见图2-21。

(1) 南桥芯片(South Bridge)是主板芯片组的重要组成部分，一般位于主板上离CPU插槽较远的下方，PCI插槽的附近，这种布局是考虑到它所连接的I/O总线较多，离处理器远一点有利于布线。相对于北桥芯片来说，其数据处理量并不算大，所以南桥芯片一般都没有覆盖散热片。南桥芯片不与处理器直接相连，而是通过一定的方式与北桥芯片相连。

南桥芯片负责I/O总线之间的通信，如PCI总线、USB、LAN、ATA、SATA、音频控制器、键盘控制器、实时时钟控制器、高级电源管理等，这些技术一般来说比较稳定，所以不同芯片组中南桥芯片可能是一样的，不同的只是北桥芯片。南桥芯片的发展方向主要是集成更多的功能，如网卡、RAID、IEEE 1394、甚至WiFi无线网络等等。

(2) 北桥芯片(North Bridge)是主板芯片组中起主导作用的最重要的组成部分，也称为主桥(Host Bridge)。一般来说，芯片组的名称就是以北桥芯片的名称来命名的。北桥芯片负责与CPU的联系并控制内存、AGP数据在北桥内部传输，提供对CPU的类型和主频、系统的前端总线频率、内存的类型(SDRAM，DDR SDRAM以及RDRAM等)和最大容量、AGP插槽、ECC纠错等支持，整合型芯片组的北桥芯片还集成了显示核心。北桥芯片就是主板上离CPU最近的芯片，这主要是考虑到北桥芯片与处理器之间的通信最密切，为了提高通信性能而缩短传输距离。因为北桥芯片的数据处理量非常大，发热量也越来越大，所以现在的北桥芯片都覆盖着散热片来加强北桥芯片的散热，有些主板的北桥芯片还会配合风扇进行散热。

(3) BIOS芯片(CMOS芯片)负责主板通电后完成各部件自检、磁盘引导、初始化设置、基本输入输出设备的驱动等。只有当一切正常后才能启动操作系统。BIOS芯片记录了最基本的信息，是软件与硬件打交道的最基础的桥梁，没有它电脑就不能工作。目前常见的三种BIOS：Award、AMI、Phoenix。

4. CPU插座

CPU插座就是主板上安装处理器的地方，见图2-21。主流的CPU插座主要有Socket 370、Socket 478、Socket 423和Socket A几种。其中Socket 370支持的是Pentium Ⅲ及新赛扬，Cyrix Ⅲ等处理器；Socket 423用于早期Pentium 4处理器，而Socket 478则用于目前主流Pentium 4处理器。

Socket 5：方形多针脚ZIF(零插拔力：只要将插座上的拉杆轻轻扳起或按下，就可方便地安装和更换)插座，支持奔腾P54C和P54S处理器，320针脚。

Socket 7：方形多针脚ZIF插座，支持Intel的Pentium、Pentium MMX，AMD的K5、K6和K6-2，Cyrix的6x86、6x86MX、MII，IDT的Winchip C6等。

Socket 8：方形多针脚插座，专为奔腾pro CPU而设计的。

Super 7：它是Socket 7的升级版本，是AMD公司为K6-2、K6Ⅲ而相配备的。

Slot 1：Intel专为Pentium Ⅱ而设计的一种CPU插座，它是一狭长的242针脚的插槽，提供更大的内部传输带宽和 CPU 性能。

Slot 2：专用在奔腾至强系列，用于工作站和服务器等高端领域。

Socker 370：Inetl 为赛扬系列而设计的 CPU 插座，成本降低。支持 VRM8.1 规格，核心电压 2.0V 左右。

Socker 370 Ⅱ：Intel 为 Pentium Ⅲ Coppermine 和 Celeron Ⅱ设计的，支持 VRM8.4 规格，核心电压 1.6V 左右。

Slot A：AMD 公司为 K7 系列 CPU 定做的，外形与 Slot 1 相似。

Socket A：AMD 专用 CPU 插座，462 针脚。

Socker 423：Intel 专用在第一代 Pentium 4 处理器插座。

Socket 478：Willamette 内核 Pentium 4 专用 CPU 插座。

5. 总线

微机系统中各种芯片、各种板卡之间的连接是通过总线进行的，总线(Bus)是计算机系统各部件间信息传送的公共通道，总线结构是微型计算机硬件结构的最重要特点。根据总线内所传送的信息将总线分为三类：地址总线(Address Bus，AB)、数据总线(Data Bus，DB)、控制总线(Control Bus，CB)，如图 2-23 所示。

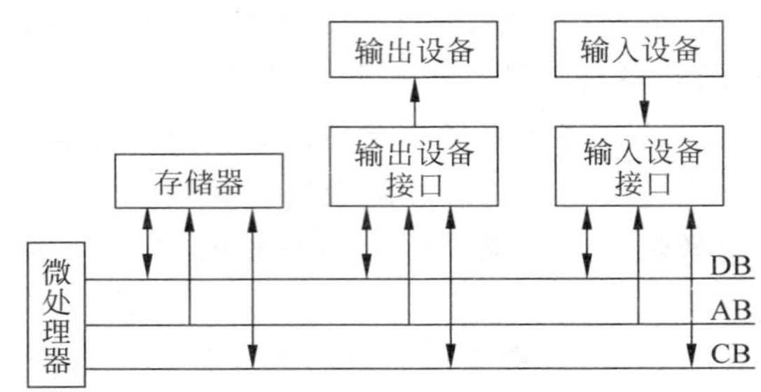

图 2-23　微型计算机总线结构图

(1) 地址总线 AB 用来传送地址信息。单向，CPU 输出到地址总线上的信息是寻找所需存储单元的地址或输入输出端口。CPU 能直接访问内存地址的范围取决于地址线的数目。如 16 位微处理器有 20 根地址线，可寻址 2^{20}=1MB 的存储空间。

(2) 数据总线 DB 用来传送数据信息。双向，数据信息可以由 CPU 传至内存或 I/O 设备，也可以由内存或 I/O 设备送至 CPU。数据总线的位数是 CPU 一次传输的数据量，决定了 CPU 的类型与档次。

(3) 控制总线 CB 用来传输 CPU、内存和 I/O 设备之间的各种控制信息，这些控制信息包括 I/O 接口的各种工作状态信息、I/O 接口对 CPU 提出的中断请求、CPU 对内存和 I/O 接口的读写信息、访问信息及其他各种功能控制信息，是总线中功能最强、最复杂的总线。

根据连接设备的不同，总线又可以分为内部总线、系统总线和外部总线。内部总线位于 CPU 芯片内部，用于运算器、各寄存器、控制器和 Cache 之间的数据传输；系统总线是连接系统主板与扩展插卡的总线；外部总线则是用于连接系统与外部设备的总线。

微型计算机中常见的系统总线标准有：ISA，EISA，VESA，PCI，AGP，PCI-E。主板上总线扩展槽按功能分为内存插槽、ISA，EISA，VESA，AGP，PCI，PCI-E 扩展槽插槽等，如图 2-21 所示。

1）PCI 总线

PCI(Peripheral Component Interconnect)总线是由 Intel 公司推出的一种局部总线。它定义了 32 位数据总线，且可扩展为 64 位。PCI 总线支持突发读写操作，最大传输速率可达 132MB/s，可同时支持多组外围设备。

2）AGP 总线

加速图形接口(Accelerate Graphical Port，AGP)是 Inter 公司于 1996 年 7 月正式推出的，是一种显示卡专用的局部总线。AGP 接口是基于 PCI 2.1 版规范并进行扩充修改而成的，工作频率为 66MHz。

(3）PCI-E 总线

PCI Express(简称 PCIe 或 PCI-E)是 PCI 总线的一种。它沿用了 PCI 编程概念及通信标准，但基于更快的序列通信系统。PCI-E 拥有更快的速率，几乎已取代全部内部总线，包括 AGP 和 PCI。

6. 计算机常用接口

随着主板的集成度越来越高，声卡、网卡等一般都集成到主板上，芯片数目越来越少，故障率逐步降低，速度及稳定性也随之提高。主板后外部设备 I/O 接口也不断增多，如图 2-24 所示。

图 2-24　主板后外部设备 I/O 接口

I/O 设备的适配器通常称为接口，是计算机与外部设备之间通过总线进行连接的逻辑部件。常用 I/O 接口有：软硬盘、键盘鼠标、打印机、USB(通用串行总线)、COM1/COM2 等。

1）USB 接口

USB(Universal Serial Bus)接口是现在应用最为广泛的接口，可以独立供电，使用通用串行总线接口技术。USB 接口的特点是传输速度快、支持热插拔、连接灵活。通过 USB 连接的设备有 U 盘、键盘、鼠标、摄像头、移动硬盘、外置光驱、USB 网卡、打印机、手机、数码相机等。USB 到现今为止，已经有三代连接标准，分别为：1996 年推出的第一代 USB 1.0/1.1 的最大传输速率为 12Mbps；2002 年推出的第二代 USB 2.0 的最大传输速率高达 480Mbps。而且 USB 1.0/1.1 与 USB 2.0 的接口是相互兼容的；2008 年推出的第三代 USB 3.0 最大传输速率达 4.8Gbps，向下兼容 USB 2.0。目前主板上带的 USB 3.0 插槽的主板已经非常常见了，价格也非常低了，只是采用 USB 3.0 的设备目前还非常少，目前相当部分的普通用户只能把 USB 3.0 插槽当作 USB 2.0 插槽来用。USB 3.0 接口通常采用蓝色的基座用以区别 USB 2.0。USB 接口使用特殊的 D 形 4 针插座，如图 2-25 所示。

(a) USB 2.0接口

(b) USB 3.0接口

图 2-25　USB 接口

2）硬盘接口

硬盘接口有 IDE 接口、SCSI 接口、SATA 接口等，目前，微机上主要使用 SATA 接口。串行高级技术附件(Serial Advanced Technology Attachment，SATA)是一种基于行业标准的串行硬件驱动器接口，采用串行方式传输数据，纠错能力强，可使硬盘超频，如图 2-21 所示。

3）其他外部接口

(1) PS/2 鼠标键盘接口：下面的靠近主板的蓝色口接键盘，上面的绿色口接鼠标，其接口插座如图 2-26(a)所示。

(2) IEEE 1394 接口

IEEE 1394(简称为 1394)。最早是由 Apple 公司开发的，最初称之为 FireWire(火线)，是一种与平台无关的串行通信协议。IEEE 于 1995 年正式制定该总线标准，由于 IEEE 1394 的数据传输速率相当快，十分适合视频影像的传输，所以多用来连接摄像机。IEEE 1394 接口有两种标准，一种是标准接口，一种是小型接口，其接口如图 2-26(b)所示。

(3) 并行口与串行口

并行口与串行口的区别是交换信息的方式不同。并行口能同时通过 8 条数据线传输信息，一次传输一个字节；而串行口只能用 1 条线传输一位数据，每次传输一个字节的一位。并行口速度明显高于串行口，但串行口可以用于比并行口更远距离的数据传输。并行口与串行口接口如图 2-26(c)所示。

(4) RJ-45 网络接口

主板上的板载网络接口几乎都是 RJ-45 接口，应用于以双绞线为传输介质的以太网当中，RJ-45 是 8 芯线，如图 2-26(d)所示。

(5) eSATA 接口

e-SATA 接口是一种外置的 SATA 规范，通俗地说，它是通过特殊设计的接口能够很方便的与普通 SATA 硬盘相连，但使用的依然是主板的 SATA2 总线资源，因此速度上不会受到 PCI 等传统总线带宽的束缚，速度比 USB 2.0 和 IEEE 1394 接口要快不少。只不过这种接口本身不供电，所以需要外接电源。这种接口主要用来外接硬盘。其接口插座如图 2-26(e)所示。

(6) 音频接口

目前主板上常见的音频接口有两种：如图 2-26(f)所示的 8 声道(6 个 3.5mm 插孔)和 6 声道(3 个 3.5mm 插孔)。

- 浅蓝色：音源输入端口。连接录音机、音响等音频输出端。

(a) PS/2接口 (b) IEEE 1394接口 (c) 并行口与串行口

(d) RJ-45网络接口 (e) eSATA接口 (f) 音频接口

(g) 光纤音频接口 (h) VGA接口 (i) DVI接口

(j) S端子 (k) HDMI接口 (l) USB PLUS接口

图 2-26 其他外部接口

- 草绿色：音频输出端口。连接耳机、音箱等音频接收设备。
- 粉红色：麦克风端口。连接到麦克风。
- 橙色：中置或重低音音箱端口。
- 黑色：后置环绕音箱端口。
- 灰色：侧边环绕音箱端口。

(7) 光纤音频接口是几乎所有的数字影音设备都具备的接头，主要用来接一些比较高档次的音箱产品。主板的光纤音频接口如图 2-26(g)所示。

(8) VGA 接口是一种 D 型接口，上面共有 15 针空，分成三排，每排五个。工作原理是首先将计算机内的数字信号转换为模拟信号，将信号发送到显示器，而显示器再将该模拟信号转换为数字信号。现在大部分显示器都带有 VGA 接口,用途十分广泛。VGA 接口如图 2-26(h)所示。

(9) DVI 接口。目前的 DVI 接口分为两种,一个是 DVI-D 接口,只能接收数字信号;另外一种则是 DVI-I 接口,可同时兼容模拟和数字信号。考虑到兼容性问题,目前在多数主板上一般只会采用 DVD-I 接口,这样可以通过转换接头连接到普通的 VGA 接口。这种 DVI 接口多见于 21.5 寸以上的显示器,小尺寸显示器不常见到。DVI 接口如图 2-26(i)所示。

(10) S 端子(简称 S-Video)是视频信号专用输出接口,如图 2-26(j)所示。

(11) HDMI(High Definition Multimedia InterFace,高清晰多媒体接口)可以同时传送音频和影音信号,由于音频和视频信号采用同一条电缆,非常适合用户组建 HTPC 平台,连接大尺寸的液晶电视。最新的主板和显示卡上已经开始配备 HDMI 接口插座,如图 2-26(k)所示。

(12) USB PLUS 接口。

由于 eSATA 接口本身并不供电,所以就出现了 USB PLUS 接口(eSATA 与 USB 2.0 的结合体)解决了 eSATA 没有提供供电的缺陷,这种接口常见于高端主板之上,USB PLUS 接口如图 2-26(l)所示。

2.4 计算机软件系统

2.4.1 软件与软件系统

计算机软件是指运行在计算机上的程序、运行程序所需的数据和相关文档的总称。

计算机软件系统包括系统软件和应用软件。

系统软件是指管理计算机资源、分配和协调计算机各部分工作、增强计算机的功能、使用户能方便地使用计算机而编制的程序。常用的系统软件有操作系统、计算机语言处理程序、数据库管理程序等。

应用软件是用户为了解决某些特定具体问题而开发和研制或外购的各种程序,通常涉及应用领域知识,并在系统软件的支持下运行,如文字处理、图形处理、动画设计、网络应用等软件。

随着计算机软硬件技术的不断发展,系统软件与应用软件的划分并不严格,如有些常用应用软件集成在操作系统中。

2.4.2 系统软件

系统软件是最靠近硬件的一层,是计算机系统必备的软件,其他软件一般都是经过系统软件发挥作用的。系统软件的功能主要是用来管理、监控和维护计算机的资源,以及用于开发应用软件。它主要包括操作系统、各种语言及其处理程序、系统支持和服务程序、数据库管理系统等各个方面的软件。

1. 操作系统

操作系统是计算机用户和计算机硬件之间起媒介作用的程序，其目的是提供用户运行程序的一种环境，使用户在此环境下能方便、有效地使用计算机的软硬件资源。它是系统软件的核心，是最基本的系统软件。操作系统直接运行在裸机之上，是对计算机硬件系统的第一次扩充。在操作系统的支持下，计算机才能运行其他的软件。从用户的角度看，操作系统加上计算机硬件系统形成一台虚拟机(通常广义上的计算机)，它为用户构成了一个方便、有效、友好的使用环境。因此可以说，操作系统是计算机硬件与其他软件的接口，也是用户和计算机的接口，如图 2-2 所示。

一般而言，引入操作系统有如下两个目的。一是操作系统将裸机改造成一台虚拟机，使用户能够无须了解许多有关硬件和软件的细节就能使用计算机，从而提高用户的工作效率。二是为了合理地使用系统内包含的各种软硬件资源，提高整个系统的使用效率和经济效益。

操作系统的出现是计算机软件发展史上的一个重大转折，也是计算机系统的一个重大转折。

1) 操作系统的发展

操作系统与其所运行的计算机体系结构联系非常密切，而电子器件的创新也推动了操作系统的飞速发展。

(1) 第一代(1945—1955 年)

这是计算机发展的萌芽阶段，没有操作系统，用户既是程序员又是操作员，使用的语言是机器语言，输入输出用的是纸带或卡片，用户独占全机。使用计算机的一般方式是程序员在机时表上预约一段时间，然后到机房中将他的插件接到计算机里，在接下来的几个小时里，完成运行的程序获得结果。这时的计算问题都只是简单的数字运算，如制作正弦、余弦以及对数表等。

(2) 第二代(1955—1965 年)

这个时期晶体管的发明极大地提高了计算机的可靠性，也出现了高级语言，如 FORTRAN 语言。但是这一阶段的计算机主要用于科学计算与工程计算，典型的操作系统是 FMS(FORTRAN Monitor System，FORTRAN 监控系统)和 IBSYS(IBM 为 7094 机配备的操作系统)。

由于这个时代的计算机很稀少，提高计算机的利用率就变得十分重要。因此，减少机时浪费的解决方法就是批处理系统。

在批处理下，很多用户的程序一个接一个地被存放在磁带上，用户本人并不在场。由操作员将程序卡片安装到卡片读入机，卡片读入机将批处理作业读到磁带上，操作员将输入磁带送到 7094 机，7094 机进行运算，运算完成后，操作员再将输出磁带送到打印机进行打印输出。实现这种功能的系统称为批处理操作系统，该系统由批处理监视器(Batch Monitor)和原有操作系统的库函数组成。

批处理操作系统的重要实例有 IBM 开发的 FORTRAN 监视系统 FMS，用于 IBM 709；IBM 开发的基于磁带的工作监控系统 IBSYS，用于 IBM7090 和 IBM7094；密歇根大学开发的 UMES(密歇根大学执行体系统)，用于 IBM7094。

虽然批处理操作系统无须人机交互过程，在一定程度上提高了计算机的效率。但是，CPU 和 I/O 设备的串行运行，使得程序进行 I/O 操作时，CPU 只能等待。即当计算机读写磁带的时候 CPU 是不工作的。由于 I/O 设备的运行速度相对于 CPU 来说实在太慢，这种让高速设备等待低速设备的状况大大降低运算效率。因此，出现了多道批处理操作系统，即将多个程序同时加载到计算机内存里，实现 CPU 和 I/O 设备重叠运行。

(3) 第三代(1965—1980 年)

多道批处理操作系统的出现使计算机的效率(主要是吞吐率)大大提高。不过这时人们又提出了另外一个问题：将程序制作在卡片上交给计算机管理员统一运行，这使得用户无法即时获得程序运行的结果。基于上述考虑，分时操作系统出现了。"分时"的基本思想是将 CPU 时间划分为许多小片，称为"时间片"(Time Slice)，轮流去为多个用户程序服务。由于 CPU 速度很快，这多个用户都感觉好像自己在独占计算机一样。

在分时操作系统下，任意时间可以运行多个程序，且用户直接与计算机交互，当场调试程序。这个模型带来一个直接的结果，就是机器不用等待用户，当用户想问题时机器就切换到别的程序，等用户想完了机器再切换回来，接受用户的输入。这样，计算机就在很多人之间来回转，大大提高了计算机的工作效率。

和前面几代的操作系统相比，分时操作系统要复杂得多。相比于多道批处理系统，最主要的变化是资源的公平管理。在多道批处理下，公平不公平没有人知道。大家交了工作后只管回家等结果，至于自己的程序排在谁前面、谁后面，或者占用了多少 CPU 时间是无关紧要的。现在，用户都坐在计算机显示终端前面，任何的不公平将立即感觉到。因此，公平地管理用户的 CPU 时间就变得非常重要。除此之外，池化(pooling)、互斥、进程通信等机制相继出现，使得分时操作系统的复杂性大为增加。分时操作系统最为有名的是 MULTICS 和 UNIX 操作系统。

(4) 第四代(20 世纪 80 年代)

随着人类技术的进步，计算机得到了广泛的应用。其中的一种应用称为进程控制系统，即使用计算机对某些工业进程进行监视，并在需要的时候采取行动。所有这些系统都具备一个特点：计算机对这些应用必须在规定时间内做出响应，不然就有可能发生事故或灾难。例如，工业装配线上，当一个部件从流水线上一个工作站流到下一个工作站时，这个工作站上的操作必须在规定时间内完成，否则，就有可能造成流水线瘫痪，影响企业的生产。为了满足这些应用对响应时间的要求，人们就开发了实时操作系统。

实时操作系统是指所有任务都在规定时间内完成的操作系统，即必须满足时序可预测性(Timing Predictability)。这里需要注意的是，实时系统并不是指反应很快的系统，而是指反应具有时序可预测性的系统。它通常用于工业过程控制、军事实时控制、金融等领域，包括实时控制、实时信息处理。它要求响应时间短，系统可靠性高。

(5) 第五代(20 世纪 90 年代至今)

在 20 世纪 80 年代后期，计算机工业获得了井喷式的发展。各种新计算机和新操作系统不断出现和发展，计算机和操作系统领域均进入到一个百花齐放、百家争鸣的时代。尤其重要的是工作站和个人计算机的出现，使计算机大为普及。这个时候的操作系统主要有：DOS、Windows、UNIX、Linux 和各种主机操作系统，如 VM、MVS、VMS 等。DOS、Windows、UNIX、Linux 通常为开放式操作系统，分别运行在计算机，VAX 和工作站上。

随着计算机硬件越来越便宜，个人计算机出现在人们的视野中。人们可以拥有自己的计算机，无须与别人分享。这个时候最有名的是DOS、Windows、苹果机操作系统（Mac OS）等。这个年代的另外一个特征是网络的出现，网络促使了网络操作系统和分布式操作系统的产生。对于网络操作系统来说，其任务是将多个计算机虚拟成一个计算机。传统的网络操作系统是在现有操作系统的基础上增加网络功能，而分布式操作系统则是从一开始就把对多台计算机的支持考虑进来。

2）操作系统的分类

经过多年的迅速发展，操作系统种类繁多，功能也相差很大，已经能够适应各种不同的应用和各种不同的硬件配置。操作系统有各种不同的分类标准。

按与用户对话的界面分类：可分为命令行界面操作系统（如MS DOS、Novell等）和图形用户界面操作系统（如Windows等）。

按系统的功能标准分类：可分为3种基本类型，即批处理系统、分时系统、实时系统。随着计算机体系结构的发展，又出现了许多种操作系统，如个人计算机操作系统、网络操作系统和智能手机操作系统。

下面简要介绍批处理系统、分时操作系统、实时操作系统、个人计算机操作系统、网络操作系统和智能手机操作系统。

（1）批处理系统

在批处理系统中，用户可以把作业一批批地输入系统。它的主要特点是允许用户将由程序、数据以及说明如何运行该作业的操作说明书组成的作业一批批地提交系统，然后不再与作业发生交互作用，直到作业运行完毕后，才能根据输出结果分析作业运行情况，确定是否需要适当修改再次上机。批处理系统现在已经不多见了。

（2）分时操作系统

分时操作系统的主要特点是将CPU的时间划分成时间片，轮流接收和处理各个用户从终端输入的命令。如果用户的某个处理要求时间较长，分配的一个时间片还不够用，它只能暂时停下来，等待下一次轮到时再继续运行。由于计算机运算的高速性能和并行工作的特点，使得每个用户感觉不到别人也在使用这台计算机，就好像他独占了这台计算机。典型的分时系统有UNIX、Linux等。

（3）实时操作系统

实时操作系统的主要特点是对信号的输入、计算和输出都能在一定的时间范围内完成。也就是说，计算机对输入信息要以足够快的速度进行处理，并在确定的时间内做出反应或进行控制。超出时间范围就失去了控制的时机，控制也就失去了意义。响应时间的长短，根据具体应用领域及应用对象对计算机系统的实时性要求不同而不同。根据具体应用领域的不同，又可以将实时系统分成两类：实时控制系统（如导弹发射系统、飞机自动导航系统）和实时信息处理系统（如机票订购系统、联机检索系统）。常用的实时系统有RDOS等。

（4）个人计算机操作系统

个人计算机操作系统是一种运行在个人计算机上的单用户多任务操作系统，主要特点是：计算机在某个时间内为单个用户服务；采用图形用户界面，界面友好；使用方便，用户无须专门学习，也能熟练操纵机器。目前常用的是Windows的Home和Professional版、Linux等。

(5) 网络操作系统

网络操作系统是在单机操作系统的基础上发展起来的,能够管理网络通信和网络上的共享资源,协调各个主机上任务的运行,并向用户提供统一、高效、方便易用的网络接口的一种操作系统。目前常用的有 Windows Server。

(6) 智能手机操作系统

智能手机操作系统运行在高端智能手机上。智能手机具有独立的操作系统、良好的用户界面,以及很强的应用扩展性,能方便随意地安装和删除应用程序。目前常用的智能手机操作系统有 Android(安卓)、iPhone OS、Symbian(塞班)、Windows Phone 系列和 Black Berry OS(黑莓)。

3) 设计操作系统的目标

设计操作系统的目的是为了用户操作计算机时更加方便,使计算机的运行效率更高,更方便地扩充计算机的功能以及为计算机程序提供良好的移植性。所以说,操作系统应具有方便性、有效性、可扩充性和开放性。

(1) 方便性

假如一台计算机没有安装操作系统,那么用户必须使用机器语言进行程序设计,因为计算机硬件只能识别 0 和 1 这样的机器代码,而这是大多数用户无法胜任的工作。安装了操作系统的计算机,用户可以通过操作系统提供的各种命令使用计算机系统。因此,从用户的观点看,操作系统向用户提供了一个方便的、良好的、一致的用户接口,弥补了硬件系统类型和机器命令的差别。

(2) 有效性

在计算机系统中包含有各类资源(如 CPU、内存、I/O 设备等),如何合理有效地组织这些资源是设计操作系统的主要目标之一。在未配置操作系统的计算机中,由于 CPU 运行速度远远高于 I/O 设备,使得 CPU 常常处于空闲状态而得不到充分利用;内外存中存放的数据也会由于缺少管理而处于无序状态,浪费存储空间。配置了操作系统,可以使 CPU 和 I/O 设备尽可能保持忙碌状态来提高运行效率,数据在内外存中的有序存放可以提高存储空间的利用率。因此,设置操作系统的目的就是充分、合理地使用计算机的各种软硬件资源,按照需要和一定规则对它们进行分配、控制和回收,以便高效地向用户提供各种性能优良的服务。

(3) 可扩充性

随着计算机技术的高速发展,计算机硬件和体系结构也随之得到迅速发展。这就要求操作系统的设计必须具有很好的扩充性以适应这种发展。即操作系统应采用模块化的结构,以便于增加新的功能模块和修改老的功能模块。目前的操作系统都采用模块化的结构,且大部分用 C 语言编写,而 C 语言具有方便、高效、程序代码紧凑等特点,更方便了对系统的阅读和修改。

(4) 开放性

操作系统的开放性就是实现应用程序的可移植性和互操作性。由于大部分操作系统程序都是用 C 语言编写,虽然在效率上 C 语言比汇编语言稍差,但具有很多汇编语言无法比拟的优点,它隐藏了具体机器的结构,即 C 语言程序不依赖于具体机器,从而使得操作系统易于移植到各种机器上。

操作系统最主要的目标是方便性和有效性。但过去由于计算机资源非常昂贵,因此主要强调有效性。近十几年来随着计算机技术的飞速发展,计算机硬件价格大幅度下降,因此更加重视方便性,尤其是微型计算机的普及。

4) 操作系统层次结构

从操作系统对硬件资源和软件资源进行控制和管理的角度看,操作系统分为系统层、管理层和应用层。内层为系统层,具有初级中断处理、外部设备驱动、CPU 调度以及实时进程控制和通信等功能。系统层外是管理层,功能包括存储管理、I/O 处理、文件存取、作业调度等。最外层是应用层,是接收并解释用户命令的接口,该接口允许用户与操作系统交互。某些操作系统的用户界面只允许输入命令行,而有些则通过选择菜单和图标来实现操作目的。操作系统控制着所有程序和应用软件的加载和执行,其层次结构如图 2-27 所示。

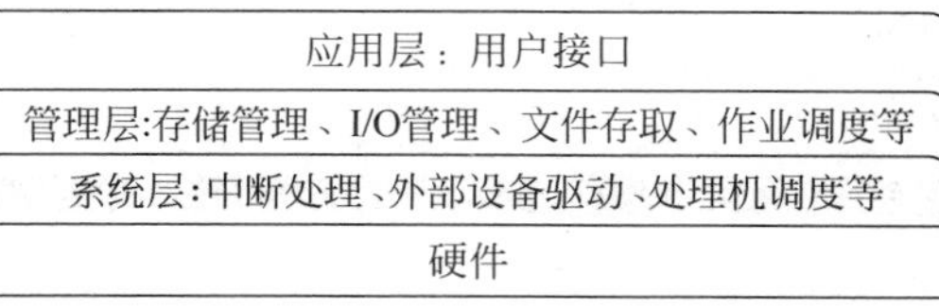

图 2-27 操作系统层次结构

5) 操作系统的功能

从资源管理的角度来看,操作系统主要用于对计算机的软硬件资源进行控制和管理,主要分为 CPU 管理、存储管理、设备管理、文件管理和用户接口管理等 5 部分。

(1) CPU 管理

CPU 管理,即如何分配 CPU 给不同的应用和用户,也可以说 CPU 管理就是所谓的进程管理。

① 进程。进程是 CPU 进行资源分配的单位,是一个正在执行的程序。或者说,进程是一个程序与其数据一道在计算机上顺序执行时所发生的活动。一个程序被加载到内存,系统就创建了一个进程,程序执行结束后,该进程也就消亡了。当一个程序(如 Windows 的"计算器"程序)同时被执行多次时,系统就创建了多个进程,尽管是同一个程序。

在任务管理器的"进程"选项卡中,用户可以查看到当前正在执行的进程。图 2-28 中共有 69 个进程正在运行,程序 calc. exe 被同时运行了 3 次,因而内存中有 3 个这样的进程。

进程在它的整个生命周期中有 3 个基本状态：就绪、运行和挂起,如图 2-29 所示。

- 就绪状态：进程已经获得了除 CPU 之外的所有资源,做好了运行的准备,一旦得到了 CPU 便立即执行,即转换到执行状态。
- 执行状态：进程已获得 CPU,其程序正在执行。在单 CPU 系统中,只能有一个进程处于执行状态,而在多 CPU 系统中,则可能有多个进程处于执行状态。
- 挂起状态：进程因等待某个事件而暂停执行时的状态,也称为"等待"状态或"睡眠"状态。

在运行期间,进程不断地从一个状态转换到另一个状态。处于执行状态的进程,因时间片用完就转换为就绪状态；因为需要访问某个资源,而该资源被别的进程占用,则由执行状态转换为挂起状态；处于挂起状态的进程发生了某个事件(需要的资源满足了)后就转换为

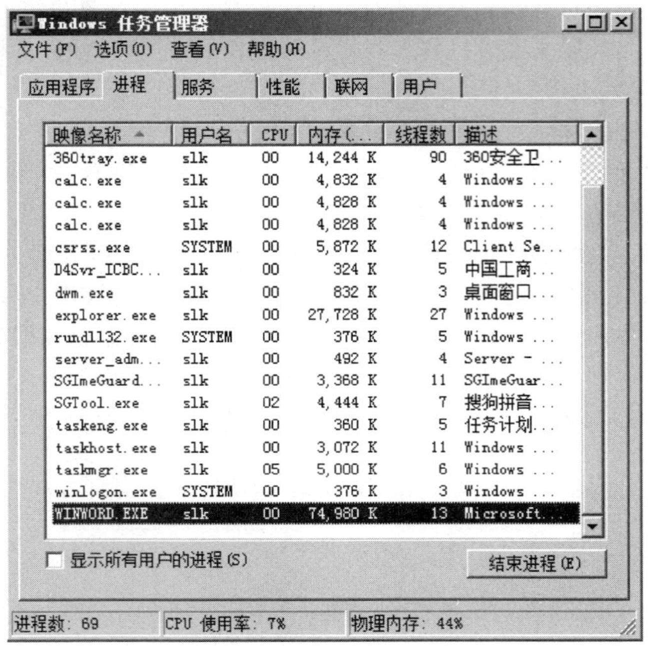

图 2-28 进程

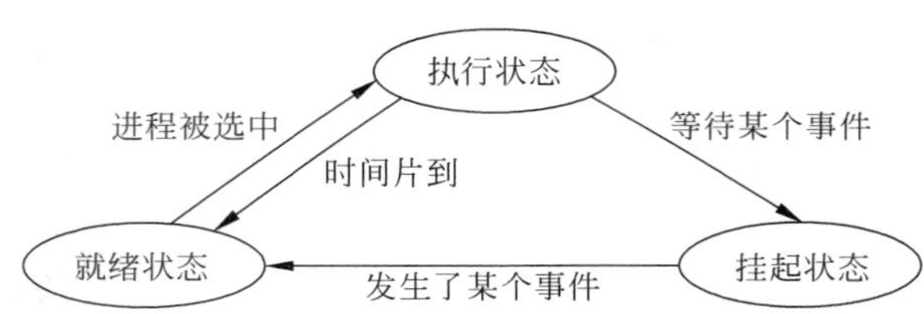

图 2-29 进程的状态及其转换

就绪状态；处于就绪状态的进程被分配了 CPU 后就转换为执行状态。

② 程序。程序以文件的形式存放在外储存器上，开始执行时就被操作系统从外存储器调入内存。

• 单道程序系统

在早期的计算机系统中，一旦某个程序开始运行，它就占用了整个系统的所有资源，直到该程序运行结束，这就是所谓的单道程序系统。单道程序系统中，任一时刻只允许一个程序在系统中执行，正在执行的程序控制了整个系统的资源，一个程序执行结束后才能执行下一个程序。因此，系统的资源利用率不高，大量的资源在许多时间内处于闲置状态。

• 多道程序系统

为了提高系统资源的利用率，后来的操作系统都允许同时有多个程序被加载到内存中执行，这样的操作系统称为多道程序系统。在多道程序系统中，从宏观上看，系统中多道程序是在并行执行；从微观上来看，任一时刻仅能执行一道程序，各程序是交替执行的。由于系统中同时有多道程序在运行，它们共享系统资源，提高了系统资源的利用率，因此操作系统必须承担资源管理的任务，要求能够对包括处理机在内的系统资源进行管理。

③ 程序和进程的主要区别。

- 程序是一个静态的概念，指的是存放在外存储器上的程序文件；进程是一个动态的概念，描述程序执行时的动态行为。进程由程序执行而产生，随执行过程结束而消亡，所以进程是有生命周期的。
- 程序可以脱离机器长期保存，即使不执行的程序也是存在的。而进程是执行着的程序，程序执行完毕进程也就不存在了，所以进程的生命是暂时的。
- 一个程序可多次执行并产生多个不同的进程。

进程管理的主要目的有三个：一是公平，即每个程序都有机会使用 CPU。二是非阻塞，即任何程序不能无休止地阻挠其他程序的正常推进；如果一个程序在运行过程中需要输入输出或别的什么事情而发生阻塞，这个阻塞不能妨碍别的程序继续前进。三是优先级，即某些程序比另外一些程序优先级高，如果优先级高的程序开始运行，则优先级低的程序就要让出资源。

④ 线程。随着硬件和软件技术的发展，为了更好地实现并发处理和共享资源，提高 CPU 的利用率，目前许多操作系统把进程再“细分”成线程(Threads)。一个进程细分成多个线程后，可以更好地共享资源。

在任务管理器的“进程”选项卡中，可以看到每一个进程所包含的线程数(执行“选择”→“查看列”命令设置“线程计数”)。图 2-28 中进程 explorer.exe 有 27 个线程，进程 WINWORD.EXE 有 13 个线程。

在 Windows 中，线程是 CPU 的分配单位。把线程作为 CPU 的分配单位的好处是：充分共享资源源，减少内存开销，提高并发性，切换速度相对较快。目前大部分的应用程序都是多线程的结构。

(2) 存储管理

存储管理，即如何分配存储空间给不同的应用和用户，主要包括对内存和外存的管理两部分。其主要功能是管理缓存、主存、磁盘、磁带等存储介质所形成的内存架构。为达到此目的，操作系统设计了虚拟内存的概念，即将物理内存(缓存和主存)扩充到外部存储介质(磁盘、光盘或磁带)上。这样内存的空间就大大增加了，能够运行程序的大小也大大增加了。存储管理的另一个目的是让很多程序共享同一个物理内存。这就需要对物理内存进行分割和保护，不让一个程序访问另一个程序所占的内存空间。

① 存储管理基本概念。

- 物理地址

内存是由若干个存储单元组成的，每个存储单元有一个编号，这种编号可唯一标识一个存储单元，称为内存地址(或物理地址)。内存地址从 0 开始编号，最大值取决于内存的大小和地址寄存器所能存储的最大值。

- 物理空间

内存物理地址的集合称为内存地址空间(或物理地址空间)，简称内存空间(或物理空间)。它是一维线性空间，其编址顺序为 0、1、2、3、…、$n-1$，n 的大小由实际组成存储器的存储单元个数决定。

- 逻辑地址

程序中由符号名组成的程序空间称为符号名空间，简称名空间。源程序经过汇编或编译后,形成目标程序,每个目标程序都是以0为基址顺序地为程序指令和数据进行编址,原来用符号名访问的单元就转换为用新的地址编号表示,这个地址编号称为逻辑地址。

• 逻辑地址空间

逻辑地址的集合形成一个地址取值范围,称为逻辑地址空间。在逻辑地址空间中每条指令的地址和指令中要访问的操作数地址统称为逻辑地址。

• 地址映射

用户在逻辑地址空间安排程序指令和数据,而用户程序要运行就必须将其装入内存,这就存在逻辑地址与物理地址的变换问题。逻辑地址转换为物理地址称为地址重定位。

② 存储管理策略。

• 内存分配策略

内存分配按分配时机的不同,可分为以下两种方式。

静态存储分配:指内存分配是各目标模块链接后,在作业运行之前,把整个作业一次性全部装入内存,并在作业的整个运行过程中,不允许作业再申请其他内存,或在内存中移动位置。也就是说,内存分配是在作业运行前一次性完成的。

动态存储分配:作业要求的基本内存空间是在作业装入内存时分配的,但在作业运行过程中,允许作业申请附加的内存空间,或是在内存中移动位置,即分配工作可以在作业运行前及运行过程中逐步完成。

• 地址重定位

地址重定位是建立用户程序的逻辑地址与物理地址之间的对应关系。按实现地址重定位的时机不同,地址重定位又分为两种:静态地址重定位和动态地址重定位。

• 虚拟存储器

计算机的内存是CPU可以直接存取的存储器。一个进程要在CPU上运行,就一定要占用一定的内存;否则就无法运行。内存的特点是速度快,但是容量相对较小。尽管目前的微机可以配置几个GB以上的内存,但是仍然不能满足实际的需要。为了解决这个问题,操作系统使用一部分硬盘空间模拟内存,即虚拟内存,为用户提供了一个比实际内存大得多的内存空间。用户面对的是一个内外存组成的一个统一整体。在计算机的运行过程中,当前使用的程序和数据保留在内存中,其他暂时不用的存放在外存中,操作系统根据需要负责进行内外存的交换。实现虚拟存储管理的方法有请求页式存储管理和请求段式存储管理。

虚拟内存的最大容量与CPU的寻址能力有关。如果CPU的地址线是20位的,则整个内存空间最多是2^{20}B=1MB;若CPU的地址线是32位的,则整个内存空间可以达到2^{32}B=4GB。

③ Windows存储管理。

• 内存管理

Windows 7操作系统的资源监视器提供了对计算机内存性能报告。选择"开始"→"程序"→"附件"→"系统工具"→"资源监视器"命令即可运行资源监视器程序。在资源监视器窗口选择"内存"标签,即会显示系统所有正在运行进程的内存占用情况。

• 外存储器管理

在Windows 7操作系统的"资源监视器"窗口中的"磁盘"选项卡,提供了查询、修改系统磁盘的功能。Windows 7附件提供的磁盘碎片整理工具"磁盘碎片整理程序",可以进行磁盘碎片整理。由于硬盘空间较大,所以整理硬盘要花一定的时间。整理完后系统给出提示窗口,用户可以通过"查看报告"了解磁盘整理的情况。

• 虚拟内存的设置

虚拟内存在 Windows 中又称为页面文件。在 Windows 安装时就创建了虚拟内存页面文件(pagefile. sys),其大小会根据实际情况自动调整。在 Windows 7 桌面的"计算机"图标上右击,在弹出的快捷菜单中选择"属性"命令,在弹出的"系统属性"窗口中选择"高级系统设置"→"高级"项,单击"设置"按钮弹出"性能选项"窗口,在其窗口中选择"高级"选项卡,再单击"更改"按钮,弹出"虚拟内存"窗口。在"虚拟内存"窗口中,选中"自定义大小"单选按钮,在"初始大小"和"最大值"文本框中输入合适的范围值,最后单击"确定"按钮完成设置操作。

虚拟内存的设置最好在"磁盘碎片整理"之后进行,这样虚拟内存就分在一个连续的、无碎片的存储空间上,可以更好地发挥作用。

(3) 设备管理

设备管理就是管理 I/O 设备,即如何分配 I/O 设备给应用和用户。设备管理的主要任务是完成用户提出的 I/O 请求,为用户分配 I/O 设备,并控制 I/O 操作的执行。其目的有两个:一是屏蔽不同设备的差异性,即用户用同样的方式访问不同的设备,从而降低编程的难度;二是提供并发访问,即将那些看上去并不具备共享特性的设备(如打印机)变得可以共享。设备管理的功能应具有缓冲管理、设备分配、设备处理以及设备独立性和虚拟设备等。

① 外部设备。从操作系统管理角度,设备有如下几种分类方式。

• 按信息交换单位分类

按信息交换的单位分为块设备和字符设备。块设备指以数据块为单位来组织和传送数据信息的设备,字符设备指以单个字符为单位来传送数据信息的设备。

• 按设备的从属关系分类

按设备的从属关系分为系统设备和用户设备。系统设备指操作系统生成时,登记在系统中的标准设备,未登记在系统中的设备称为非标准设备。

• 按资源分配的角度分类

按资源分配的角度分为独占设备、共享设备和虚拟设备。独占设备指在一段时间内只允许一个用户(进程)访问的设备,共享设备指在一段时间内允许多个进程同时访问的设备,虚拟设备指通过虚拟技术将一台独占设备变换为若干台供多个用户进程共享的逻辑设备。

② 设备管理。

• 设备管理的体系结构

设备管理的体系结构分为输入输出控制系统(I/O 软件)和设备驱动程序两层。

• 输入输出控制方式

输入输出控制是指对外部设备与主机之间 I/O 操作的控制。输入输出控制方式决定了 I/O 设备的工作方式和 I/O 设备与 CPU 之间的并行速度。常用的控制方式有程序直接控制、中断控制、DMA(即直接存取方式)和通道控制 4 种。为了解决 CPU 与外部设备之间速度不匹配问题,产生了缓冲技术。

• 设备的分配与调度

设备分配的总原则是,一方面要充分发挥设备的使用效率,另一方面要考虑设备的特性和安全性。设备分配策略与进程的调度相似,通常采用先来先服务(FCFS)和高优先级优先等。

独占设备每次只能分配给一个进程使用,这种使用特性隐含着死锁的必要条件,所以在考虑独占设备的分配时,一定要结合有关防止和避免死锁的安全算法。

虚拟设备技术称为假脱机(Simultaneous Peripheral Operation OnLine,SPOOL)系统,又叫 SPOOLing 系统。SPOOLing 系统可以把独占设备改造成为共享设备,从而提高了设备的利用率和系统效率。磁盘是典型的共享设备,磁盘调度策略主要有:先来先服务(FCFS)调度策略;最短寻道时间优先(Shortest Seek Time First,SSTF)策略;扫描(SCAN)策略目的是克服 SSTF 策略的缺点,优先考虑磁头当前移动的方向;循环扫描(Circular SCAN,CSCAN)是对扫描策略的一种改进,不同之处在于磁头只沿一个方向反复扫描。

• 中断技术

中断是指当主机收到外界硬件发过来的中断信号时,主机停止原来的工作,转去处理中断事件,并在中断事件处理完成以后,主机又回到原来的工作点继续工作。

中断处理的具体过程是当各个中断源需要中断服务时,都要向主机发出中断请求信号,主机将按轻重缓急来安排响应和处理这些中断请求的顺序。当一中断请求信号被 CPU 响应之后,CPU 就自动做以下工作:首先关中断,保护现场,保存程序断点处寄存器的内容与标志位;第二,对中断请求信号进行相应的处理;第三,恢复现场,将保存的内容还原;第四,开中断并返回。

中断技术不仅解决主机与外部设备之间速度不匹配、实现主机与外部设备并行工作的问题,而且还有利于实时处理和故障处理。

③ Windows 设备管理。

• 设备管理器

Windows 7 操作系统提供多种渠道查看和安装硬件设备。传统的方法是右击桌面计算机图标打开快捷菜单,执行“管理”命令项,即进入“计算机管理”功能界面。Windows 7 操作系统的计算机管理功能模块提供计算机运行设备管理以及运行状态查询等多种功能。单击“计算机管理”窗口左列的设备管理器图标即进入设备管理界面。

Windows 7 新增了 Device Stage 设备解决方案,主要针对诸如打印机、摄像机、手机、媒体播放机等外部设备,是一个增强版的即插即用技术。有了 Device Stage 技术,用户就可以比较方便地设置和使用各种外部设备。依次选择“开始”→“控制面板”→“设备管理器”命令,进入 Windows 7 的设备管理中心,在该界面中就列出了当前系统中安装的所有外部设备。

• 查看设备信息

在操作系统的设备管理器中,右击某硬件设备项,在打开的快捷菜单中列出相应的操作列表,选择“属性”项即可列出该设备的相应属性。

使用 Windows 7 的系统信息实用程序可以查看安装的设备是否存在资源冲突。依次选择“开始”→“所有程序”→“附件”→“系统工具”→“系统信息”命令即可启动该工具,进入其工作窗口。在系统信息窗口中,展开“硬件资源”,然后选择“冲突”中的“共享”命令即可列出所有使用的资源。在 Windows 系统中,设备可以共享 IRQ 设置,因此两个不相关但共用了同样内存地址或 I/O 端口的设备之间通常存在冲突。确定了资源冲突的双方,打开该设备属性对话框，在“资源”选项卡中选择需要使用的资源类型。如果可以更改，那么就可以取消对“使用自动设置”的选择，然后查看设置下拉列表中是否提供候补的配置，如果有选择该项即可解决冲突。

- 设备和打印机

Windows 7 新增了设备和打印机功能，在“开始”菜单中选择“设备和打印机”命令，即可打开其工作窗口，在窗口里显示了连接到计算机上的所有设备，通过单击设备图标可检查打印机、音乐播放器、相机、鼠标或数码相框等设备。不仅如此，通过该窗口还可以连接蓝牙耳机等无线设备，单击“添加设备”命令，Windows 7 系统将自动搜索可以连接的无线设备。

(4) 文件管理

CPU 管理、存储管理和设备管理都是针对计算机硬件资源的管理，文件管理则是对计算机系统软件资源和用户文件的管理。软件资源主要包括各种系统程序、标准程序库、应用程序以及用户文档资料等。这些软件资源是一组具有一定逻辑意义、相关联的信息(程序和数据)的集合，在计算机系统中将这些信息以文件的形式存储在外部存储器上。所以，对计算机系统中各类软件资源的管理即是对文件的管理。操作系统本身也是一组软件资源，它由一系列系统文件组成，在计算机运行时也要对这些文件进行组织和管理。

操作系统中的文件系统是专门用来负责组织和管理文件的模块，用户使用计算机时与系统打交道最多的就是文件系统，例如，建立文件、查找文件、打印文件等。也就是说，文件系统实际上是把用户操作的抽象数据映射成为在计算机物理设备上存放的具体数据——“文件”，并提供文件访问的方法和结构。文件系统管理的目的就是根据用户的要求有效地管理文件的存储空间，合理地组织和管理文件，为文件访问和文件保护提供有效的方法和手段；并实现按文件名存取，负责对文件的组织以及对文件存取权限、打印等的控制。下面介绍有关文件的定义。

① 文件。所谓文件是一个具有名字的存储在磁盘上的一组相关信息的集合体，是磁盘的逻辑最小分配单位。文件的数据形式有：数字、字符、二进制、定格式、无格式。通常是二进制/字节/行/记录的序列。

② 文件的描述。

文件名：文件的唯一标识，也是外部标识，由用户按规定取名。

文件标识符：文件的内部标识，由操作系统给出。

文件类型：标志该文件类型，如可执行文件、批处理文件、源文件、文字处理文件等。也可以是文件系统所支持的不同的文件内部结构文件，如文本文件、二进制文件等。

文件长度：文件大小。

文件拥有者(文件主)：创建文件的用户名以及所属的组名。

Inode 号：文件系统存放文件控制信息的数据结构编号。

文件的修改时间：文件创建、上次修改、上次访问的时间日期。

文件的权限：文件的存取控制信息(是否可读、可写、可执行等)。

③ 文件的命名。

不同文件系统对文件的命名方式有所不同，但大体上都遵循“文件名.扩展名”的规则。文件名是由字母、数字、下画线等组成，扩展名由一些特定的字符组成，具有特定的含义，用于标识文件类型，通常取应用程序默认扩展名。

④ 文件的分类。从不同角度可以将文件进行不同分类,常见的文件分类方式如表 2-5 所示。

表 2-5 文件分类

<table>
<tr><th>分类方式</th><th>类型</th><th>分类方式</th><th>类型</th></tr>
<tr><td rowspan="2">文件用途</td><td>系统文件</td><td rowspan="2">保存期限</td><td>临时文件</td></tr>
<tr><td>用户文件</td><td>永久文件</td></tr>
<tr><td rowspan="3">文件存取属性</td><td>只读文件</td><td rowspan="3">逻辑结构</td><td>流式文件</td></tr>
<tr><td>读写文件</td><td rowspan="2">记录式文件</td></tr>
<tr><td>文档文件</td></tr>
<tr><td rowspan="6">文件内容</td><td>可执行文件</td><td rowspan="6">物理结构</td><td>顺序文件</td></tr>
<tr><td>ASCII 文件</td><td>链接文件</td></tr>
<tr><td>文档文件</td><td rowspan="4">索引文件</td></tr>
<tr><td>图像文件</td></tr>
<tr><td>声音文件</td></tr>
<tr><td>表格文件</td></tr>
</table>

操作系统对文件的管理有如下几种:

a. 文件的结构。文件的结构有逻辑结构和物理结构两种。逻辑结构是从用户的角度看到的文件组织形式,与存储设备无关;物理结构是从系统实现的角度看文件在外存上的存放组织形式,与存储设备的特性有关。

文件的逻辑结构一般分为流式结构和记录式结构两类。

文件的物理结构分为三种:顺序结构、链接结构和索引结构。

b. 文件存取方法。文件的存取方法通常分为顺序存取和随机存取两类。文件的存取控制依据文件存取权限进行管理,常见的文件操作权限及其描述如表 2-6 所示。

表 2-6 文件操作权限

描述符	权　限	描述符	权　限
r	只读	b	在文件尾写
w	只写	d	删除
x	执行		

c. 文件存储。文件的物理存储模型描述了文件内容在存储设备上或存储电路中的实际存放形式,即首先将磁盘划分为磁道,然后进一步划分为扇区,文件内容以扇区为基本单元进行存储。

文件的逻辑存储模型为树状目录结构。文件控制块(File Control Block,FCB)的有序集合称为文件目录。每个文件控制块为一个目录项。文件目录通常以文件形式保存在外存,称为目录文件,即目录结构。

d. 文件分配表。文件系统使用文件分配表(File Allocation Table,FAT)来记录文件在硬盘上存储的数据段之间的连接关系。它对于硬盘的使用是非常重要的,假若操作系统丢失文件分配表,那么硬盘上的数据就会因无法定位而不能使用。常见的文件分配表如表 2-7 所示。

表 2-7 文件分配表与操作系统

分类	典型操作系统	特　点
FAT16	DOS 6.x 及以下版本和 Windows 3.x	16 位磁盘指针,支持最大 2GB 的磁盘分区
FAT32	MS-DOS 7.10/8.0、Windows 2000 以上	32 位磁盘指针,支持最大 32GB 的磁盘分区
HFS	Mac OS 文件系统	支持最大 2GB 的磁盘分区
NTFS	Windows NT、Windows 2000 以上	支持最大 2TB 的磁盘分区,不适合闪存
exFAT	解决 FAT32 不支持 4GB 以上文件	适合闪存

e. 文件目录结构。一个磁盘上的文件成千上万,为了有效地管理和使用文件,用户通常在磁盘上创建文件夹(目录),在文件夹下再创建子文件夹(子目录),也就是将磁盘上所有文件组织成树状结构,然后将文件分门别类地存放在不同的文件夹中。这种结构像一棵倒置的树,树根为根文件夹(根目录),树中每一个分枝为文件夹(子目录),树叶为文件。在树状结构中,用户可以将同一个项目有关的文件放在同一个文件夹中,也可以按文件类型或用途将文件分类存放;同名文件可以存放在不同的文件夹中;也可以将访问权限相同的文件放在同一个文件夹中,集中管理。

f. 文件路径。当一个磁盘的目录结构被建立后,所有的文件可以分门别类地存放在所属的文件夹中,接下来的问题是如何访问这些文件。若要访问的文件不在同一个目录中,就必须加上文件路径,以便文件系统可以查找到所需要的文件。文件路径分为如下两种。

绝对路径:从根目录开始,依序到该文件之前的名称。

相对路径:从当前目录开始到某个文件之前的名称。

⑤ 用户接口管理

用户接口管理是操作系统的 5 大管理功能之一,是用户使用计算机实现各种预期目标的唯一通道和桥梁。用户接口分为命令接口、程序接口和图形化接口。

命令接口:用户以键盘命令或命令文件形式将所需处理的任务提交给操作系统处理的一种交互形式。

程序接口:在操作系统内核中包含一组实现各种特定功能的子程序,用户在编写应用程序时,可调用这些子程序完成相应功能,称为系统调用。程序接口即操作系统提供给用户完成系统调用的接口,也简称为 API 接口。

图形接口:图形接口是操作系统向用户提供的一种基于图形描述的简单、直观地使用操作系统服务的方式。

目前计算机的用户接口大多提供了图形工作界面,如 Windows 操作系统、苹果操作系统。即便是 UNIX、Linux,为了适应广大用户的需求也都分别提供了相应的图形工作界面。

6) 操作系统的特征

操作系统是系统软件的核心,配备操作系统是为了提高计算机系统的处理能力,充分发挥系统资源的利用率、方便用户的使用。虽然现在操作系统种类繁多,有各自的特征,但其根本特征是对资源的抽象和共享。

(1) 资源抽象

操作系统不但是资源的分配者,而且还是资源的包装者,把低级的原始的资源打包成高级的虚拟的资源,这种打包称为抽象。抽象的目的很简单,为上层(如进程)提供一个虚拟操作环境。从系统层次的角度看,抽象总是出现两个不同层次系统的边界,高级别层次的系统总是依赖于低级别层次的系统提供的抽象。例如一家公司有不同级别的职位,各司其职,下属听从指挥,协调合作才发挥团体的效能。在C语言中,可以把对硬件的数据描述及多条操作命令这样复杂的操作,变为一条简单的库函数调用语句,这就是操作系统要完成的工作,它隐藏了复杂难记的计算机硬件操作命令,给用户提供一个简单易行的操作界面。

(2) 虚拟机

资源抽象的结果是用户操作计算机不再是直接向计算机硬件发布命令,而是通过操作一系列代表计算机资源的符号或图标实现对计算机的应用。这样就产生了一个新的概念——虚拟机。虚拟机(Virtual Machine)是指通过软件模拟的具有完整硬件系统功能的、运行在一个完全隔离环境中的完整计算机系统。

通过虚拟机软件,可以在一台物理计算机上模拟出两台或多台虚拟的计算机,这些虚拟机可以完全像真正的计算机那样进行工作,如可以安装操作系统、安装应用程序、访问网络资源等。对用户而言,它只是运行在物理计算机上的一个应用程序,但是对于在虚拟机中运行的应用程序而言,它就是一台真正计算机。因此,当在虚拟机中进行软件评测时,可能系统一样会崩溃。但是,崩溃的只是虚拟机上的操作系统,而不是物理计算机上的操作系统。并且,使用虚拟机的"Undo"(恢复)功能,可以马上恢复虚拟机到安装软件之前的状态。

目前流行的虚拟机应用程序有VMware、MS VPC和Swsoft。VMware公司的虚拟机服务器产品有两种:VMware Server具有易于管理客户操作系统的特性,如Web管理工具和远程虚拟监视器等;VMware Workstation是VMware的普通产品。MS VPC是微软的虚拟机产品,主要应用于Windows领域。Swsoft则专注于Linux领域。

(3) 并发性

使用计算机的经验告诉人们计算机可以同时运行多个程序,也就是说在计算机内存中同时存放着几道相互独立的程序,并使它们处于管理程序控制之下,相互穿插的运行,这就称为多道程序设计。多道程序设计是现代计算机的重要特征,多道程序技术运行的特点是宏观上并行、微观上串行。

多道程序设计允许多个程序同时进入一个计算机系统的主存储器并启动计算,即计算机内存中可以同时存放多道(两个以上相互独立的)程序,它们都处于开始和结束之间。从宏观上看是并行的,多道程序都处于运行中,并且都没有运行结束;从微观上看是串行的,各道程序轮流使用CPU,交替执行。引入多道程序设计技术的根本目的是为了提高CPU的利用率,充分发挥计算机系统部件的并行性,现代计算机系统都采用了多道程序设计技术。

并发现象是多道程序设计中必须面对和必须处理的现象,所谓并发性是指多个程序在某段时间里都处于运行状态。也就是说,在任一时间段里系统中不再只有一个程序处于活动状态,而是存在着多个程序处于活动状态。需要注意的是,并发和并行是既相似又有区别的两个概念。并行是指两个或多个事件在同一时刻发生。在单CPU的计算机系统中,只可能发生程序的并发运行。传统操作系统讨论的对象是单CPU计算机系统,对于目前的多CPU计算机系统并发和并行同时存在。

(4) 资源共享

资源共享可以简单地解释为将自己所拥有的资源与他人共同分享使用,这样大家就都获得了更多的可用资源。以目前广泛使用的互联网络来说，每个提供信息的网站拥有大量的资源，登录互联网络的用户可以同时浏览或下载相同或不同的图片、视频、文章、音乐等资料，凡是对他人有所帮助的资料都可称为资源，互联网上的这些网站提供的服务就是这些资源的共享。

资源共享是计算机广泛应用的主要特征，操作系统的资源共享就是将操作系统的CPU计算能力、内存和磁盘的存储能力、文件系统中的文件资源以及系统中的硬件设备拿出来供系统中运行的进程或程序共同使用。操作系统实现这种共同使用的方式分为同时共享和分时共享两种。分时共享，即轮流共享。因为计算机运行非常快，它迅速地从一个作业转换到另一个作业，造成一种假象：计算机正在同时执行多个任务。在分时系统中，CPU轮流执行每个作业，因为轮换很快，所以一个用户的运行不影响其他用户运行，如用户从键盘每秒输入7个字符，已经很快了，但CPU速度为几百兆，用户动作和命令执行速度相比很慢，CPU处理能很快地从一个用户转到另一个用户，响应时间通常不超过1秒，由此用户感觉是独占了CPU。

7）常用操作系统简介

操作系统种类很多，目前主要有Windows、UNIX、Linux和Mac OS。由于DOS曾在20世纪80年代的个人计算机上占有绝对主流地位，因此在这里也简要介绍。

（1）DOS操作系统

DOS(Disk Operating System)是微软公司研制的配置在PC上的单用户命令行界面操作系统。它曾经最广泛地应用在PC上，对于计算机的应用普及可以说是功不可没。DOS的特点是简单易学，硬件要求低，但存储能力有限。因为种种原因，现在已被Windows替代。

（2）Windows操作系统

Windows操作系统是由美国微软公司开发的基于窗口图形界面的操作系统，其名称来自基于屏幕的桌面上的工作区。这个工作区称为窗口，每个窗口中显示不同的文档或程序，为操作系统的多任务处理能力提供了可视化模型。Windows操作系统是目前世界上使用最广泛的操作系统。

尽管Windows家族产品繁多，但是两个系列的产品使用最多：一是面向个人消费者和客户机开发的Windows XP/Vista/7/8系列；二是面向服务器开发的Windows Server 2003/2008/2012。

（3）UNIX操作系统

UNIX是一种发展比较早的操作系统，一直占有操作系统市场较大的份额。UNIX的优点是具有较好的可移植性，可运行于许多不同类型的计算机上，具有较好的可靠性和安全性，支持多任务、多处理、多用户、网络管理和网络应用。缺点是缺乏统一的标准，应用程序不够丰富，并且不易学习，这些都限制了UNIX的普及应用。

（4）Linux操作系统

Linux是一种源代码开放的操作系统。用户可以通过Internet免费获取Linux及其生成工具的源代码，然后进行修改，建立一个自己的Linux开发平台，开发Linux软件。

Linux实际上是从UNIX发展起来的，与UNIX兼容，能够运行大多数的UNIX工具软件、应用程序和网络协议。Linux继承了UNIX以网络为核心的设计思想，是一个性能稳定的多用户网络操作系统。同时,它还支持多任务、多进程和多 CPU。

Linux 可安装在各种计算机硬件设备中,从手机、平板电脑、路由器和视频游戏控制台,到台式计算机、大型机和超级计算机。Linux 是一个领先的操作系统,世界上运算最快的 10 台超级计算机运行的都是 Linux 操作系统。

严格来讲,Linux 这个词本身只表示 Linux 内核,但实际上人们已经习惯了用 Linux 来形容整个 Linux 内核。Linux 版本众多,厂商们利用 Linux 的核心程序,再加上外挂程序,就变成了现在的各种 Linux 版本。现在主要流行的版本有 Red Hat Linux、Turbo Linux、S. u. S. E Linux 等。我国自己开发的有红旗 Linux、蓝点 Linux 等。

(5) Mac OS 操作系统

Mac OS 是一套运行在苹果公司的 Macintosh 系列计算机上的操作系统。Mac OS 是首个在商用领域成功的图形用户界面。现行最新的系统版本是 Mac OS Leopard。

Mac OS 具有较强的图形处理能力,广泛用于桌面出版和多媒体应用等领域。Mac OS 的缺点是与 Windows 缺乏较好的兼容性,影响了它的普及。

8) 智能手机操作系统

随着移动多媒体时代的到来和 3G 无线通信的兴起,手机已从简单的通话工具迈入智能化时代。智能手机与普通手机的区别是使用操作系统,同时支持第三方软件。智能手机除了具有普通手机的通话功能外,还具有个人数字助理(Personal Digital Assistant,PDA)的大部分功能,以及无线上网浏览、电子通信等功能。

智能手机操作系统管理智能手机的软硬件资源,为应用软件提供支持。操作系统的采用,使智能手机变成了一台 PC,开发人员为智能手机开发应用软件如同在 PC 上开发一样。

智能手机操作系统很多,常用的有 Google 的 Android、苹果的 iOS 和微软的 Windows Phone。

(1) Android

Android(安卓)是一种基于 Linux 的自由及开放源代码的操作系统,最初由 Andy Rubin 为手机开发,2005 年由 Google 收购,并进行开发改良,主要支持智能手机,后来逐渐扩展到平板计算机及其他领域上。由于免费开源、服务不受限制、第三方软件多等原因,目前是使用最广泛的智能手机操作系统之一。

(2) iOS

iOS 是苹果公司最初为 iPhone 开发的操作系统,后来陆续应用到 iPod touch、iPad 以及 Apple TV 产品上。iOS 的用户界面能够使用多点触控直接操作,控制方法包括滑动、轻触开关及按键。支持用户使用滑动、轻按、挤压和旋转等操作与系统互动,这样的设计令 iPhone 易于使用和推广。缺点是付费软件库、不支持第三方软件。

(3) Windows Phone

Windows Phone 是微软公司为智能手机开发的操作系统,其最新版本是 Windows Phone 8。用史蒂夫·鲍尔默的话来说,Windows Phone 的特点是:“全新的 Windows 手机把网络、个人计算机和手机的优势集于一身,让人们可以随时随地享受到想要的体验。”

2. 程序设计语言

程序设计语言是指编写程序所使用的语言,它是人与计算机之间交流的工具,按照和硬件结合的紧密程度，可以将程序设计语言分为机器语言、汇编语言和高级语言。

(1) 机器语言

机器语言是计算机系统能够直接执行的语言，用机器语言编写的程序采用二进制的形式。它的特点是计算机能够识别，用其编写的程序执行效率高，但编写困难、可移植性差、可读性差、并且不易掌握。

(2) 汇编语言

汇编语言也是面向机器的语言，采用比较容易识别和记忆的符号来表示程序，例如，使用 ADD 表示加法。用汇编语言编写的程序比用机器语言编写的程序易于理解和记忆。汇编语言编写的程序，必须先翻译成机器语言程序后才能执行，程序执行效率较高，但可移植性差。

(3) 高级语言

高级语言接近自然语言，不依赖计算机硬件，通用性和可移植性较好。用高级语言编写的程序，计算机硬件同样不能直接识别和执行，也要经过翻译后才能执行，但可读性好、易掌握、可移植性好。高级语言种类较多，常用的语言有 Visual Basic、Visual C++、C＃、Java 和 Delphi 等。

3. 语言处理程序

计算机硬件能识别和执行的是用机器语言编写的程序，如果是使用汇编语言或高级语言编写程序，在执行之前要先进行翻译，完成这个翻译过程的程序称为语言翻译程序，有汇编程序、解释程序和编译程序三种。

(1) 汇编程序

汇编程序的作用是将汇编语言编写的源程序翻译成机器语言的目标程序。

(2) 解释程序

解释方式是通过解释程序对源程序一边翻译一边执行，如 Java 就是属于解释型。

(3) 编译程序

大多数高级语言编写的程序采用编译的方式，如 C 语言、Visual C++。编译过程是先将源程序编译成目标程序，然后通过连接程序将目标程序和库文件连接成可执行文件，通常可执行文件的扩展名是.exe。由于可执行文件独立于源程序，因此，可以反复运行，运行速度较快。

(4) 数据库

数据库(DataBase)是按照数据结构来组织、存储和管理数据的仓库。

数据库管理系统(DataBase Management System，DBMS)是一种操纵和管理数据库的大型软件，用于建立、使用和维护数据库。用户通过 DBMS 访问数据库中的数据，数据库管理员也通过 DBMS 进行数据库的维护工作。在数据库产品中关系模型占主导地位，现在流行的关系数据库产品有 Microsoft Access、MySQL、SQL Server 和 Oracle 等。

(5) 工具软件

实用工具软件是系统软件的一个组成部分，用来帮助用户更好地控制、管理和使用计算机的各种资源，如显示系统信息、磁盘优化、制作备份、系统监控、病毒查杀等。

2.4.3 常用应用软件

应用软件是为某种应用或解决某类问题所编制的应用程序。应用软件是人们使用各种各样的程序语言编写的,满足人们某方面需要的应用程序。

1. 文字处理软件

文字处理软件主要用于将文字输入到计算机,存储在外存中。用户能用其对输入的文字进行编辑、排版,并能将输入的文字以多种格式打印出来。目前,常用的文字处理软件有Microsoft Word 和金山文字等。

2. 电子表格软件

电子表格软件主要处理各种各样的表格,它可以根据用户的要求自动生成需要的表格,根据用户给出的计算公式完成复杂的表格计算,计算结果自动填入到对应栏目中。当修改某些数据后,计算结果也会自动更新,不需用户重新计算。电子表格还提供了对数据的排序、筛选、汇总等功能。目前,常用的电子表格软件有 Microsoft Excel 和金山表格等。

3. 图像处理软件

图像处理软件主要用于绘制和处理各种图形图像,用户可以在空白文件上绘制需要的图像,也可以对现有图像进行加工及艺术处理。常用的图像处理软件有 Adobe Photoshop 等。

4. 多媒体处理软件

多媒体处理软件主要用于处理音频、视频及动画,安装和使用多媒体处理软件对计算机的硬件配置有一定要求。常用的视频处理软件有 Adobe Premiere 等,而 Flash 用于制作动画,Cool Edit 用于音频处理,Maya、3ds Max 等是大型的 3D 动画处理软件。

5. 企业管理软件

企业管理软件是面向企业的,能够帮助企业管理者优化工作流程,提高工作效率的信息化系统。最常见的企业管理软件系统包括 ERP(企业资源计划)、CRM(客户关系管理)、HR(人力资源)、OA(办公自动化)、财务管理软件系统、进销存等软件。

6. 游戏软件

游戏软件通常是指用各种程序和动画效果相结合起来的软件产品,是一个正在不断发展壮大的软件行业。游戏软件主要来自欧美、日本等国家,我国也自主研发了不少游戏软件。

7. 辅助设计软件

计算机辅助设计(CAD)目前在汽车、飞机、船舶、超大规模集成电路 VLSI 等设计、制造过程中，占据着越来越重要的地位。计算机辅助设计软件能高效率地绘制、修改和输出工程图纸。目前，常用的辅助设计软件有 AutoCAD 等。

Protel 是目前 EDA 行业中使用最方便、操作最快捷的设计软件，采用设计库管理模式，可以完成电路原理图设计、印制电路板设计和可编程逻辑器件设计等工作。

本章小结

计算机系统由硬件系统与软件系统两部分组成。本章介绍了计算机的基本工作原理、计算机硬件以及一些常用的计算机外部设备。介绍了软件系统的组成，在所有软件中操作系统是最核心部分，因此充分地了解操作系统的基本知识对于我们更好地使用操作系统是非常有必要的。本章的教学目的就是帮助学生认识和了解计算机，对计算机硬件的种类、性能技术指标以及操作系统的基本原理、基本概念有个大致的了解与掌握。

本章内容复习

一、填空题

1. 基于冯·诺依曼思想而设计的计算机硬件由运算器、________、________、________和输出设备等5部分组成。

2. 一个完整的计算机系统由________和________两部分组成。

二、选择题

1. 办公自动化是计算机的一项应用，按计算机应用的分类，它属于(　　)。

   A. 科学计算　　B. 数据处理　　C. 实时控制　　D. 辅助设计

2. 微型计算机的发展经历了从集成电路到超大规模集成电路等几代的变革，各代变革主要是基于(　　)的发展。

   A. 存储器　　B. 输入输出设备　　C. 微处理器　　D. 操作系统

3. 下面对计算机特点的说法中，不正确的说法是(　　)。

   A. 运算速度快

   B. 计算精度高

   C. 所有操作是在人的控制下完成的

   D. 随着计算机硬件设备及软件的不断发展和提高，其价格也越来越高

4. 微型计算机硬件系统包括(　　)。

   A. 内存储器与外部设备　　B. 显示器、主机箱和键盘

   C. 主机与外部设备　　D. 主机和打印机

5. 微型计算机中存储信息速度最快的设备是(　　)。

   A. 内存储器　　B. 高速缓存　　C. 硬盘　　D. 软盘

6. 只读存储器(ROM)与随机存储器(RAM)的主要区别是(　　)。

   A. RAM 是内存储器，ROM 是外存储器

B. ROM 是内存储器,RAM 是外存储器

C. ROM 掉电后,信息会丢失,RAM 则不会

D. ROM 可以永久保存信息,RAM 在掉电后信息全丢失

7. 微型计算机中的 CPU 主要是由(　　)。

A. 内存储器和外存储器组成　　B. 微处理器和内存储器组成

C. 运算器和控制器组成　　D. 微处理器和运算器组成

8. CPU 不能直接访问的存储器是(　　)。

A. ROM　　B. RAM　　C. 内存储器　　D. 外存储器

9. 操作系统是一种(　　)。

A. 系统软件　　B. 系统硬件　　C. 应用软件　　D. 支援软件

10. 当机器字长为 8 时,十进制−95 的原码、反码、补码表示为(　　)。

A. $[-95]_{\text{原}}=-1011111$　$[-95]_{\text{反}}=-0100000$　$[-95]_{\text{补}}=-0100001$

B. $[-95]_{\text{原}}=01011111$　$[-95]_{\text{反}}=10100000$　$[-95]_{\text{补}}=10100001$

C. $[-95]_{\text{原}}=11011111$　$[-95]_{\text{反}}=10100000$　$[-95]_{\text{补}}=10100001$

D. $[-95]_{\text{原}}=01010111$　$[-95]_{\text{反}}=01011000$　$[-95]_{\text{补}}=01011001$

三、简答题

1. 一个完整的计算机系统由哪些部分组成?各部分之间的关系如何?
2. 计算机内部的信息为什么采用二进制编码来表示?
3. 衡量 CPU 性能的主要技术指标有哪些?
4. 存储器为什么要分为外存储器和内存储器?两者有什么区别?
5. 高速缓冲存储器的作用是什么?
6. USB 接口有哪些特点?
7. 主板主要包括哪些部件?
8. 什么是操作系统?
9. 操作系统的 5 大基本功能是什么?
10. 简述常用的操作系统有哪些?

网上资料查找

1. 查找当前最为流行的几款 CPU 型号,并了解其主要特点。
2. 查找当前最为流行的装机配置。
3. 查找当前最为流行的计算机的新外设。
4. 请从互联网上查找有关介绍 Linux 操作系统的文章,并了解其主要特点。
5. 请从互联网上查找有关 Windows 7 操作系统的文章,并了解其特点。

第3章 算法与数据结构

在计算机科学中，算法和数据结构是很重要的概念。数据结构是计算机中存储、组织数据的方式。通常情况下，精心选择的数据结构可以带来最优效率的算法。简单地说，数据结构是研究数据及数据元素之间关系的一门学科，它包括三个方面的内容，即数据的逻辑结构、数据的存储结构和对数据的各种操作(也就是算法)。

3.1 算法

算法是程序的灵魂，对于一个需要实现特定功能的程序，实现它的算法可以有很多种，因此算法的优劣决定着程序的好坏。

3.1.1 算法的基本概念

对于算法的研究已经有数千年的历史了。计算机的出现，使得用机器自动解题的梦想成为现实，人们可以将算法编写成程序交给计算机执行，使许多原来认为不可能完成的算法变得实际可行。

算法是指对解题方案的准确而完整的描述，简单地说，就是解决问题的操作步骤。值得注意的是，算法不等于数学上的计算方法，也不等于程序。在用计算机解决实际问题时，往往先设计算法，用某种表达方式(如流程图)描述，然后再用具体的程序设计语言描述此算法(即编程)。在编程时由于要受到计算机系统运行环境的限制，因此，程序的编制通常不可能优于算法的设计。

1. 算法的基本特征

1) 可行性(Effectivenness)

算法在特定的执行环境中执行应当能够得出满意的结果，即必须有一个或多个输出。一个算法，即使在数学理论上是正确的，但如果在实际的计算工具上不能执行，则该算法也是不具有可行性的。

例如，在进行数值计算时，如果某计算工具具有7位有效数字(如程序设计语言中的单精度运算)，则在计算下列三个量的和时：

$$A = 10^{12}, \quad B = 1, \quad C = -10^{12}$$

如果采用不同的运算顺序，就会得到不同的结果，例如：

$$A + B + C = 10^{12} + 1 + (-10^{12}) = 0$$

$$A + C + B = 10^{12} + (-10^{12}) + 1 = 1$$

而在数学上，$A+B+C$ 与 $A+C+B$ 是完全等价的。因此，算法与计算公式是有差别的。在设计一个算法时,必须考虑它的可行性,否则是不会得到满意结果的。

2) 确定性(Definiteness)

算法的确定性是指算法中的每一个步骤都必须是有明确定义的,不允许有模棱两可的解释,也不允许有多义性。只要输入相同,初始状态相同,则无论执行多少遍,所得的结果都应该相同。如果算法的某个步骤有多义性,则该算法将无法执行。

例如,在进行汉字读音辨认时,汉字“解”在“解放”中读作 jiě,但它作为姓氏时却读作 xiè,这就是多义性,如果算法中存在多义性,计算机将无法正确地执行。

3) 有穷性(Finiteness)

算法中的操作步骤为有限个,且每个步骤都能在有限时间内完成。这包括合理的执行时间的含义,如果一个算法执行耗费的时间太长,即使最终得出了正确结果,也是没有意义的。

例如,数学中的无穷级数,当 n 趋向于无穷大时,求 $2n * n!$,显然,这是无终止的计算,这样的算法是没有意义的。

4) 拥有足够的信息

一般来说,算法在拥有足够的输入信息和初始化信息时,才是有效的;当提供的信息不够时,算法可能无效。

例如,$A=3$,$B=5$,求 $A+B+C$ 的值,显然由于对 C 没有进行初始化,无法计算出正确的答案,所以,算法在拥有足够的输入信息和初始化信息时,才是有效的。

在特殊情况下,算法也可以没有输入。因此,一个算法有 0 个或多个输入。

总之,算法是一个动态的概念,是指一组严谨地定义运算顺序或操作步骤的规则,并且每一个规则都是有效的、明确的,此顺序将在有限的次数下终止。

2. 算法的基本要素

一个算法通常由两种基本要素组成:一是对数据对象的运算和操作,二是算法的控制结构,即运算或操作间的顺序。

1) 算法中对数据的运算和操作

前面介绍了算法的一般定义和基本特征。实际上讨论的算法,主要是指计算机算法。通常,计算机可以执行的基本操作是以指令的形式描述的。一个计算机系统能执行的所有指令的集合,称为该计算机系统的指令系统。算法就是按解题要求从计算机指令系统中选择合适的指令所组成的指令序列。不同计算机系统,指令系统是有差异的,但一般的计算机系统中,都包括以下 4 类基本的运算和操作:

① 算术运算:主要包括加、减、乘、除等运算。

② 逻辑运算:主要包括“与”“或”“非”等运算。

③ 关系运算:主要包括“大于”“小于”“等于”“不等于”等运算。

④ 数据传输:主要包括赋值、输入、输出等操作。

计算机程序可以作为算法的一种描述,但由于在编制计算机程序时通常要考虑很多与方法和分析无关的细节问题(如语法规则),因此,在设计算法的一开始,通常并不直接用计算机程序来描述,而是用别的描述工具(如流程图,专门的算法描述语言,甚至用自然语言)来描述算法。但不管用哪种工具来描述算法,算法的设计一般都应从上述四种基本操作考虑，按解题要求从这些基本操作中选择合适的操作组成解题的操作序列。算法的主要特征着重于算法的动态执行，它区别于传统的着重于静态描述或按演绎方式求解问题的过程。传统的演绎数学是以公理系统为基础的，问题的求解过程是通过有限次推演来完成的，每次推演都将对问题作进一步的描述，如此不断推演，直到直接将解描述出来为止。计算机算法则是使用一些最基本的操作，通过对已知条件一步一步地加工和变换，从而实现解题目标。这两种方法的解题思路是不同的。

2）算法的控制结构

一个算法的功能不仅取决于所选用的操作，而且还与各操作之间的执行顺序有关。算法中各操作之间的执行顺序称为算法的控制结构。

算法的控制结构给出了算法的基本框架，它不仅决定了算法中各操作的执行顺序，而且也直接反映了算法的设计是否符合结构化原则。描述算法的工具通常有传统流程图、N-S结构化流程图、算法描述语言等。一个算法一般都可以用顺序结构、选择结构、循环结构三种基本控制结构组合而成。

3. 算法设计基本方法

计算机解题的过程实际上是在实施某种算法，这种算法称为计算机算法。人们经过实践，总结和积累了许多行之有效的方法。常用的几种算法有列举法、归纳法、递推法、递归法、减半递推技术和回溯法。

1）列举法

列举法是一种比较笨拙而原始的方法，其运算量比较大，但在有些实际问题中（如寻找路径、查找、搜索等问题），局部使用列举法却是很有效的。因此，列举算法是计算机算法中的一个基础算法。

2）归纳法

归纳法是通过列举少量的特殊情况，经过分析，最后找出一般的关系。显然，归纳法要比列举法更能反映问题的本质，并且可以解决列举量为无限的问题。但是，从一个实际问题中总结归纳出一般的关系，并不是一件容易的事情，尤其是要归纳出一个数学模型更为困难。从本质上讲，归纳就是通过观察一些简单而特殊的情况，最后总结出一般性的结论。

归纳是一种抽象，即从特殊现象中找出一般关系。但由于在归纳的过程中不可能对所有的情况进行列举，因此，最后由归纳得到的结论还只是一种猜测，还需要对这种猜测加以必要的证明。实际上，通过精心观察而得到的猜测得不到证实或最后证明猜测是错的，也是常有的事。

3）递推法

递推法是从已知的初始条件出发，逐次推出所要求的各中间结果和最后结果。其中初始条件或是问题本身已经给定，或是通过对问题的分析与化简而确定。递推法本质上也属于归纳法，工程上许多递推关系式实际上是通过对实际问题的分析与归纳而得到的，因此，递推关系式往往是归纳的结果。

递推算法在数值计算中是极为常见的。但是，对于数值型的递推算法必须要注意数值计算的稳定性问题。

4）递归法

人们在解决一些复杂问题时，为了降低问题的复杂程度(如问题的规模等)，一般总是将问题逐层分解，最后归结为一些最简单的问题。这种将问题逐层分解的过程，实际上并没有对问题进行求解，而只是当解决了最后那些最简单的问题后，再沿着原来分解的逆过程逐步进行综合，这就是递归的基本思想。由此可以看出，递归的基础也是归纳。在工程实际中，有许多问题就是用递归来定义的，数学中的许多函数也是用递归来定义的。递归在可计算性理论和算法设计中占有很重要的地位。

递归分为直接递归与间接递归两种。如果一个算法 P 显式地调用自己则称为直接递归。如果算法 P 调用另一个算法 Q，而算法 Q 又调用算法 P，则称为间接递归调用。

递归是很重要的算法设计方法之一。实际上，递归过程能将一个复杂的问题归结为若干个较简单的问题，然后将这些较简单的问题再归结为更简单的问题，这个过程可以一直做下去，直到最简单的问题为止。

有些实际问题，既可以归纳为递推算法，又可以归纳为递归算法。但递推与递归的实现方法是大不一样的。递推是从初始条件出发，逐次推出所需求的结果；而递归则是从算法本身到达递归边界的。通常，递归算法要比递推算法清晰易读，其结构比较简练。特别是在许多比较复杂的问题中，很难找到从初始条件推出所需结果的全过程，此时，设计递归算法要比递推算法容易得多。但递归算法的执行效率比较低。

5）减半递推技术

实际问题的复杂程度往往与问题的规模有着密切的联系。因此，利用分治法解决这类实际问题是有效的。所谓分治法，就是对问题分而治之。工程上常用的分治法是减半递推技术。

所谓“减半”，是指将问题的规模减半，而问题的性质不变；所谓“递推”，是指重复“减半”的过程。

下面举例说明利用减半递推技术设计算法的基本思想。

【例 3-1】 设方程 $f(x)=0$ 在区间$[a,b]$上有实根，且 $f(a)$与 $f(b)$异号。利用二分法求该方程在区间$[a,b]$上的一个实根。

用二分法求方程实根的减半递推过程如下：

首先取给定区间的中点 $c=(a+b)/2$。

然后判断 $f(c)$是否为 0。若 $f(c)=0$，则说明 c 即为所求的根，求解过程结束；如果 $f(c)\neq 0$，则根据以下原则将原区间减半：

若 $f(a)f(c)<0$，则取原区间的前半部分；

若 $f(b)f(c)<0$，则取原区间的后半部分。

再判断减半后的区间长度是否已经很小：

若$|a-b|<\varepsilon$，则过程结束，取$(a+b)/2$ 为根的近似值；

若$|a-b|\geqslant\varepsilon$，则重复上述的减半过程。

6）回溯法

前面讨论的递推和递归算法本质上是对实际问题进行归纳的结果，而减半递推技术也是归纳法的一个分支。在工程上，有些实际问题很难归纳出一组简单的递推公式或直观的求解步骤，并且也不能进行无限的列举。对于这类问题，一种有效的方法是“试”。通过对问题的分析，找出一个解决问题的线索，然后沿着这个线索逐步试探，对于每一步的试探，若试探成功，就得到问题的解，若试探失败，就逐步回退，换别的路线再进行试探。这种方法称为回溯法。回溯法在处理复杂数据结构方面有着广泛的应用。

3.1.2 算法复杂度

一个算法的复杂度高低体现在运行该算法所需要的计算机资源的多少，所需的资源越多，就说明该算法的复杂度越高；反之，所需的资源越少，则该算法的复杂度越低。计算机的资源，最重要的是时间和空间（即存储器）资源。因此，算法复杂度包括算法的时间复杂度和算法的空间复杂度。

1. 算法的时间复杂度

算法程序执行的具体时间和算法的时间复杂度并不是一致的。算法程序执行的具体时间受到所使用的计算机、程序设计语言以及算法实现过程中的许多细节所影响。算法的时间复杂度与这些因素无关。

算法的计算工作量是用算法所执行的基本运算次数来度量的，而算法所执行的基本运算次数是问题规模（通常用整数 n 表示）的函数，即：

$$\text{算法的工作量}=f(n)$$

其中，n 为问题的规模。

所谓问题的规模就是问题的计算量的大小。如 1+2，这是规模比较小的问题，但 1+2+3+…+10000，这就是规模比较大的问题。例如，在下列 3 个程序段中：

```
① {x++; s=0}
② for(i=1; i<=n; i++)
     {x++; s+=x}            /* 一个简单的for循环，循环体内操作执行了n次 */
③ for(i=1; i<=n; i++)
     for(j=1; j<=n; j++)
       {x++; s+=x; }        /* 嵌套的双层for循环，循环体内操作执行了n² 次 */
```

① 中，基本运算“x++”只执行一次。重复执行次数为 1；

② 中，由于有一个循环，所以基本运算“x++”执行了 n 次；

③ 中，嵌套的双层循环，所以基本运算“x++”执行了 n^2 次。

则这 3 个程序段的时间复杂度分别为 $O(1)$、$O(n)$ 和 $O(n^2)$。

在具体分析一个算法的工作量时，在同一个问题规模下，算法所执行的基本运算次数还可能与特定的输入有关。即输入不同时，算法所执行的基本运算次数不同。例如，使用简单插入排序算法，对输入序列进行从小到大排序。输入序列为：

A：1 2 3 4 5　B：1 3 2 5 4　C：5 4 3 2 1

我们不难看出，序列 A 所需的计算工作量最少，因为它已经是非递减顺序排列，而序列 C 将耗费的基本运算次数最多，因为它完全是递减顺序排列的。

在这种情况下，可以用以下两种方法来分析算法的工作量：

- 平均性态;
- 最坏情况复杂性。

2. 算法的空间复杂度

算法的空间复杂度是指执行这个算法所需要的内存空间。

算法执行期间所需的存储空间包括三个部分:

- 输入数据所占的存储空间;
- 程序本身所占的存储空间;
- 算法执行过程中所需要的额外空间。

其中,额外空间包括算法程序执行过程中的工作单元,以及某种数据结构所需要的附加存储空间。

如果额外空间量相对于问题规模(即输入数据所占的存储空间)来说是常数,即额外空间量不随问题规模的变化而变化,则称该算法是原地(In Place)工作的。

为了降低算法的空间复杂度,主要应减少输入数据所占的存储空间以及额外空间,通常采用压缩存储技术。

3.2 数据结构基础的基本概念

3.2.1 数据结构的定义

数据是描述客观事物的信息符号的集合。在计算机发展的初期,由于计算机的主要功能是用于数值计算,数据就是指实数范围内的数值型数据;引入字符处理后,数据又扩展到字符型;多媒体时代,数据的类型进一步扩展,目前非数值型数据已占到数据的90%以上。

数据类型是指具有相同特性的数据的集合。程序设计中的数据都必须归属于某个特定的数据类型。数据类型决定了数据的性质,常用的数据类型有整型、浮点型、字符型等。

对于复杂一些的数据,仅用数据类型还无法完整地描述,还需要用到数据元素的概念。数据元素是一个含义很广泛的概念。它是数据的"基本单位",在计算机中通常作为一个整体进行考虑和处理。在数据处理领域中,每一个需要处理的对象,甚至于客观事物的一切个体,都可以抽象成数据元素,简称为元素。例如:

- 日常生活中一日三餐的名称——早餐、午餐、晚餐,可以作为一日三餐的数据元素;
- 在地理学中表示方向的方向名称——东、南、西、北,可以作为方向的数据元素;
- 在军队中表示军职的名称——连长、排长、班长、战士,可以作为军职的数据元素。

数据结构(Data Structure)的概念,在不同的书中有不同的提法,顾名思义,所谓数据结构,包含两个要素,即"数据"和"结构"。数据是指有限的需要处理的数据元素的集合,结构则是数据元素之间的关系的集合。存在着一定关系的数据元素的集合及定义在其上的操作(运算)被称为数据结构。

例如:东、南、西、北这4个数据元素都有一个共同的特征,它们都是地理方向名,这4个数据元素构成了地理方向名的集合。早餐、午餐、晚餐这三个数据元素也有一个共同的特征,即它们都是一日三餐的名称,从而构成了一日三餐名的集合。

数据结构作为一门学科,主要研究三方面的内容:数据的逻辑结构、数据的存储结构、对数据的各种操作(或算法)。研究的主要目的是为了提高数据处理的效率,主要包括两个方面:一是提高数据处理的速度,二是尽量节省在数据处理过程中所占用的计算机存储空间。

1. 数据的逻辑结构

数据的逻辑结构就是数据元素之间的逻辑关系。在数据处理领域中,通常把两两数据元素之间的关系用前后件关系(或直接前驱与直接后继关系)来描述。实际上,数据元素之间的任何关系都可以用前后件关系来描述。

例如,在考虑一日三餐的时间顺序关系时,"早餐"是"午餐"的前件(或直接前驱),而"午餐"是"早餐"的后件(或直接后继);同样,在考虑军队中的上下级关系时,"连长"是"排长"的前件,"排长"是"连长"的后件;"排长"是"班长"的前件,"班长"是"排长"的后件;"班长"是"战士"的前件,"战士"是"班长"的后件。前后件关系是数据元素之间最基本的关系。根据数据元素之间关系的不同特性,数据的逻辑结构可分为以下4大类:

(1) 集合:数据元素之间的关系只有"是否属于同一个集合"。

(2) 线性结构:数据元素之间存在线性关系,即最多只有一个前件和后件元素。

(3) 树状结构:数据元素之间呈层次关系,即最多只有一个前件和多个后件元素。

(4) 图状结构:数据元素之间的关系为多对多的关系。

数据的逻辑结构也可以用数学形式定义——数据结构是一个二元组:

$$B=(D,R)$$

其中,B表示数据结构,D是数据元素的集合,R是D上关系的集合,它反映了D中各数据元素之间的前后件关系,前后件关系也可以用一个二元组来表示。

例如,如果把一日三餐看作一个数据结构,则可表示成:

$$B=(D,R)$$
$$D=\{\text{早餐,午餐,晚餐}\}$$
$$R=\{(\text{早餐,午餐}),(\text{午餐,晚餐})\}$$

部队军职的数据结构可表示成:

$$B=(D,R)$$
$$D=\{\text{连长,排长,班长,战士}\}$$
$$R=\{(\text{连长,排长}),(\text{排长,班长}),(\text{班长,战士})\}$$

2. 数据的存储结构

数据的逻辑结构在计算机存储空间中的存放形式称为数据的存储结构(也称为数据的物理结构)。由于数据元素在计算机存储空间中的位置关系可能与逻辑关系不同,因此在数据的存储结构中,不仅要存放各数据元素的信息,还需要存放各数据元素之间前后件关系的信息。

各数据元素在计算机存储空间中的位置关系与它们的逻辑关系不一定是相同的。例如,在前面提到的一日三餐的数据结构中,"早餐"是"午餐"的前件,"午餐"是"早餐"的后件,但在对它们进行处理时,在计算机存储空间中,"早餐"这个数据元素的信息不一定被存储在

"午餐"这个数据元素信息的前面,可能在后面,也可能不是紧邻在前面,而是中间被其他的信息所隔开。

一般来说,数据在存储器中有顺序存储结构、链接存储结构、索引存储结构、散列存储结构 4 种基本存储方式。下面介绍两种最主要的数据存储结构方式。

1) 顺序存储结构

顺序存储结构是把逻辑上相邻的节点(也就是数据元素)存储在物理上相邻的存储单元中,节点之间的关系由存储单元的邻接关系来体现。例如,数据元素 $a_1, a_2, \cdots, a_n$ 的顺序存储结构如图 3-1 所示。

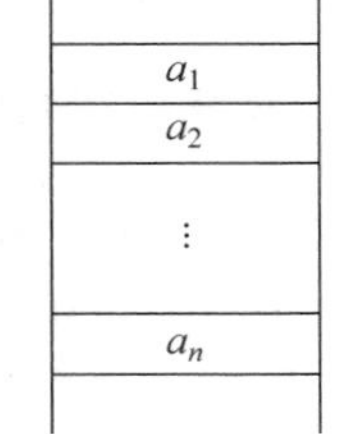

图 3-1 顺序存储结构

2) 链接存储结构

有时往往存在这样一些情况,存储器中没有足够大的连续可用空间,只有相邻的零碎小块存储单元;或者申请的内存空间不够,需要临时增加空间。这些情况下,顺序存储就无法实现了。

链式存储结构可用一组任意的存储单元来存储数据元素,这组存储单元可以是连续的也可以是不连续的。链式存储结构因为有指针域,增加了额外的存储开销,并且在实现上也较为麻烦,但大大增加了数据结构的灵活性。

链接存储结构是将节点所占的存储单元分为两部分,一部分存放节点本身的信息,即数据域。另一部分存放该节点的后继节点所对应的存储单元的地址,即为指针域。例如,数据元素 $a_1, a_2, \cdots, a_n$ 的链接存储结构如图 3-2 所示。

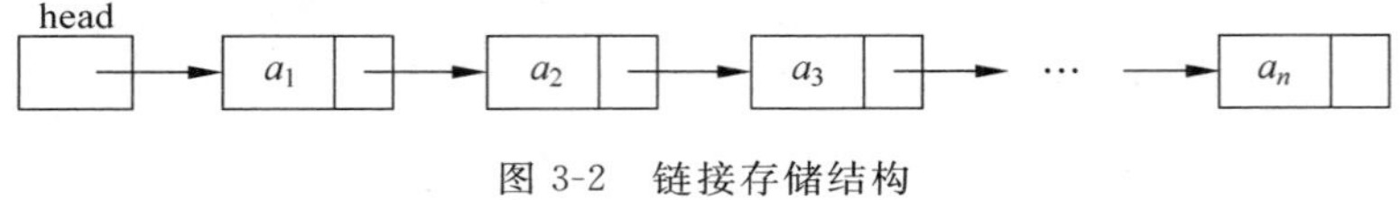

图 3-2 链接存储结构

3.2.2 数据结构的图形表示

数据元素之间最基本的关系是前后件关系。前后件关系,即每一个二元组,都可以用图形来表示。用中间标有元素值的方框表示数据元素,一般称之为数据节点,简称为节点。对于每一个二元组,用一条有向线段从前件指向后件。例如,一年四季的数据结构可以用如图 3-3(a)所示的图形来表示;家庭成员辈分关系数据结构可以用如图 3-3(b)所示的图形来表示。

(a) 一年四季数据结构的图形表示 (b) 家庭成员辈分关系数据结构的图形表示

图 3-3 数据结构的图形表示

显然,用图形方式表示一个数据结构是很方便的,并且也比较直观。有时在不会引起误会的情况下,在前件节点到后件节点连线上的箭头可以省去。例如,在图 3-3(b)中,即使将

"父亲"节点与"儿子"节点连线上的箭头以及"父亲"节点与"女儿"节点连线上的箭头都去掉，同样表示了"父亲"是"儿子"与"女儿"的前件，"儿子"与"女儿"均是"父亲"的后件，而不会引起误会。

【例 3-2】 用图形表示数据结构 $B=(D,R)$，其中

$$D=\{d_i \mid 1\leqslant i\leqslant 7\}=\{d_1,d_2,d_3,d_4,d_5,d_6,d_7\}$$
$$R=\{(d_1,d_3),(d_1,d_7),(d_2,d_4),(d_3,d_6),(d_4,d_5)\}$$

这个数据结构的图形表示如图 3-4 所示。

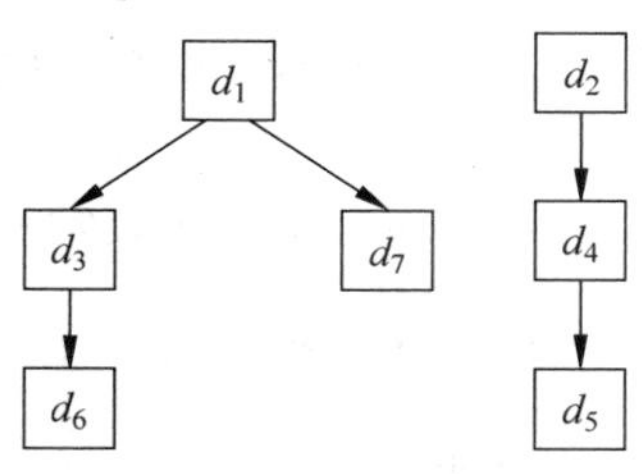

图 3-4 例 3-2 数据结构的图形表示

在数据结构中，没有前件的节点称为根节点；没有后件的节点称为终端节点(也称为叶子节点)。例如，在图 3-3(a)所示的数据结构中，元素"春"所在的节点(简称为节点"春"，下同)为根节点，节点"冬"为终端节点；在图 3-3(b)所示的数据结构中，节点"父亲"为根节点，节点"儿子"与"女儿"均为终端节点；在图 3-4 所示的数据结构中，有两个根节点 d_1 与 d_2，有三个终端节点 d_6、d_7、d_5。数据结构中除了根节点与终端节点外的其他节点一般称为内部节点。

通常，一个数据结构中的元素节点可能是在动态变化的。根据需要或在处理过程中，可以在一个数据结构中增加一个新节点(称为插入运算)，也可以删除数据结构中的某个节点(称为删除运算)。插入与删除是对数据结构的两种基本运算。除此之外，对数据结构的运算还有查找、分类、合并、分解、复制和修改等。在对数据结构的处理过程中，不仅数据结构中的节点(即数据元素)个数在动态地变化，而且，各数据元素之间的关系也有可能在动态地变化。例如，一个无序表可以通过排序处理而变成有序表；一个数据结构中的根节点被删除后，它的某一个后件可能就变成了根节点；在一个数据结构中的终端节点后插入一个新节点后，则原来的那个终端节点就不再是终端节点而成为内部节点了。有关数据结构的基本运算将在后面讲到具体数据结构时再介绍。

3.2.3 线性结构与非线性结构

根据数据结构中各数据元素之间前后件关系的复杂程度，一般将数据结构分为两大类型：线性结构与非线性结构。

如果一个非空的数据结构同时满足下列两个条件：

① 有且只有一个根节点；

② 每一个节点最多有一个前件，也最多有一个后件。

则称该数据结构为线性结构。线性结构又称线性表。

不同时满足以上两个条件的数据结构就称为非线性结构。图 3-3(b)所示的家庭成员辈分关系数据结构，以及图 3-4 所示的数据结构都不是线性结构，而是属于非线性结构。非线性结构主要有树形结构和网状结构。显然，在非线性结构中，各数据元素之间的前后件关系要比线性结构复杂，因此，对非线性结构的存储与处理比线性结构要复杂得多。

如果在一个数据结构中一个数据元素都没有，则称该数据结构为空的数据结构。在一个空的数据结构中插入一个新的元素后就变为非空；在只有一个数据元素的数据结构中，

将该元素删除后就变为空的数据结构。一个空的数据结构究竟是属于线性结构还是属于非线性结构,这要根据具体情况来确定。如果对该数据结构的运算是按线性结构的规则来处理的,则属于线性结构;否则属于非线性结构。

3.3 线性表及其顺序存储结构

3.3.1 线性表的基本概念

线性表是最简单最常用的一种数据结构。

1. 线性表的定义

线性表是由 $n(n \geqslant 0)$ 个数据元素 $a_0, a_1, \cdots, a_n$ 组成的一个有限序列,表中的每一个数据元素,除了第一个外,有且只有一个前件,除了最后一个外,有且只有一个后件。即线性表或是一个空表,或可以表示为

$$(a_1, a_2, \cdots, a_i, \cdots, a_n)$$

其中 $a_i(i=1,2,\cdots,n)$ 是属于数据对象的元素,通常也称其为线性表中的一个节点。

显然,线性表是一种线性结构。数据元素在线性表中的位置只取决于它们自己的序号,即数据元素之间的相对位置是线性的。

例如:

- 英文字母表(A,B,C,…,Z)是一个长度为 26 的线性表,其中每个字母字符就是一个数据元素;
- 地理学中的四向(东,南,西,北)是一个长度为 4 的线性表,其中的每一个方向名是一个数据元素;
- 矩阵也是一个线性表,只不过它是一个比较复杂的线性表。在矩阵中,既可以把每一行看成一个数据元素(即每一行向量为一个数据元素),也可以把每一列看成一个数据元素(即每一列向量为一个数据元素)。其中,每一个数据元素(一个行向量或者列向量)实际上又是一个简单的线性表。

在复杂的线性表中,一个数据元素由若干数据项组成,此时,把数据元素称为记录(Record),而由多个记录构成的线性表称为文件(file)。例如,一个按照姓名的拼音字母为序排列的通信录就是一个复杂的线性表,如表 3-1 所示。表中每个联系人的情况为一个记录,它由姓名、性别、电话号码、电子邮件和住址 5 个数据项组成。

表 3-1 复杂线性表

姓名	性别	电话号码	电子邮件	居住住址
张大千	男	186 **** 2569	zdq@163.com	上海市
白倩茹	女	130 **** 8195	bqr@qq.com	北京市
李永南	男	159 **** 7463	lyn@265.com	沈阳市
…	…	…	…	…

2. 非空线性表的特征

非空线性表有如下一些结构特征：

① 有且只有一个根节点 a_1，它无前件；

② 有且只有一个终端节点 a_n，它无后件；

③ 除根节点与终端节点外，其他所有节点有且只有一个前件，也有且只有一个后件。线性表中节点的个数 n 称为线性表的长度。当 $n=0$ 时，称为空表。

3.3.2 线性表的顺序存储结构

将一个线性表存储到计算机中，可以采用许多不同的方法，其中既简单又自然的是顺序存储方法：即把线性表的节点按逻辑顺序依次存放在一组地址连续的存储单元中，用这种方法存储的线性表简称为顺序表。

线性表的顺序存储结构具有以下两个基本特点：

① 线性表中所有元素所占的存储空间是连续的；

② 线性表中各数据元素在存储空间中是按逻辑顺序依次存放的。

由此可以看出，在线性表的顺序存储结构中，其前后件两个元素在存储空间中是紧邻的，且前件元素一定存储在后件元素的前面。

在线性表的顺序存储结构中，如果线性表中各数据元素所占的存储空间(字节数)相等，则要在该线性表中查找某一个元素是很方便的。

如长度为 n 的线性表($a_1, a_2, \cdots, a_i, \cdots, a_n$)的顺序存储结构如图 3-5 所示，在顺序表中，第一个数据元素的存储地址(指第一个字节的地址，即首地址)为 ADR(a_1)，每一个数据元素占 k 个字节，则线性表中第 i 个元素 a_i 在计算机存储空间中的存储地址为：

$$\mathrm{ADR}(a_i) = \mathrm{ADR}(a_1) + (i-1)k$$

存储地址	数据元素在线性表中的序号	内存状态	空间分配
	…	…	
ADR(a_1)	1	a_1	占k个字节
ADR(a_1)+k	2	a_2	占k个字节
…	…	…	…
ADR(a_1)+(n−1)k	i	a_i	占k个字节
…	…	…	…
ADR(a_1)+(n−1)k	n	a_n	占k个字节
…	…	…	

图 3-5 线性表的顺序存储结构示意图

例如：在顺序表中存储数据(14,28,56,76,48,32,64)，每个数据元素占两个存储单元，第 1 个数据元素 14 的存储地址是 300，则第 5 个数据元素 48 的存储地址是：

$$\mathrm{ADR}(a_5) = \mathrm{ADR}(a_1) + (5-1) \times 2 = 300 + 8 = 308$$

从这种表示方法可以看到，它是用元素在计算机内物理位置上的相邻关系来表示元素之间逻辑上的相邻关系。只要确定了首地址，线性表内任意元素的地址都可以方便地计算出来。

在程序设计语言中,通常定义一个一维数组来表示线性表的顺序存储空间。因为程序设计语言中的一维数组与计算机中实际的存储空间结构是类似的,这就便于用程序设计语言对线性表进行各种运算处理。

3.3.3 线性表的插入运算

线性表的插入运算是指在表的第 $i(1\leqslant i\leqslant n+1)$ 个位置上,插入一个新节点 x,使长度为 n 的线性表变成长度为 $n+1$ 的线性表。

在第 i 个元素之前插入一个新元素,完成插入操作主要有以下 3 个步骤。

(1) 把原来第 i 个节点至第 n 个节点依次往后移一个元素位置。

(2) 把新节点放在第 i 个位置上。

(3) 修正线性表的节点个数。

例如,图 3-6(a)表示一个存储空间为 8,长度为 6 的线性表。为了在线性表的第 2 个元素(即 14)之前插入一个值为 13 的数据元素,则需将第 2 个到第 6 个数据元素(共 $n-i+1=6-2+1=5$ 个数据元素)依次往后移动一个位置,空出第 2 个元素的位置,然后将新元素 13 插入到第 2 个位置。插入一个新元素后,线性表的长度增加 1,变为 7,如图 3-6(b)所示。

一般情况下,在第 $i(1\leqslant i\leqslant n)$ 个元素之前插入一个元素时,需将第 i 个元素之后(包括第 i 个元素)的所有元素向后移动一个位置。

再例如,在图 3-6(b)的线性表的第 7 个元素(即 20)之前,再插入一个值为 19 的新元素,采用同样的步骤:将第 7 个元素之后的元素(包括第 7 个元素),共 $n-i+1=7-7+1=1$ 个元素,向后移动一个位置,然后将新元素 19 插入到第 7 个位置。插入后,线性表的长度增加 1,变成 8,如图 3-6(c)所示。

一般会为线性表开辟一个大于线性表长度的存储空间,如图 3-6(a)所示,线性表长度为 6,存储空间为 8。经过线性表的多次插入运算,可能出现存储空间已满,仍继续插入的错误运算,这类错误称之为"上溢"。

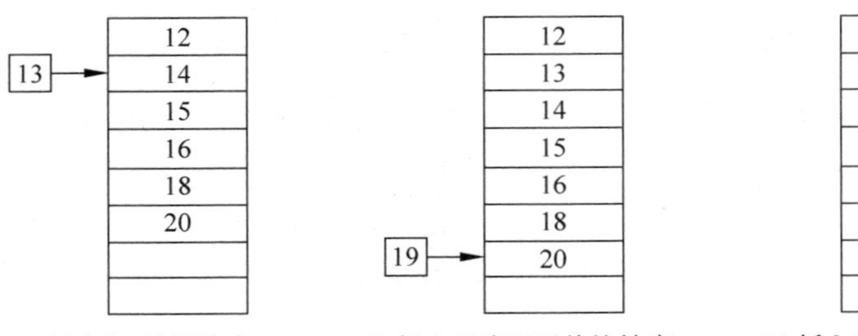

(a) 长度为6的线性表　(b) 插入元素13后的线性表　(c) 插入元素19后的线性表

图 3-6 线性表在顺序存储结构下的插入操作

显然,如果插入运算在线性表的末尾进行,即在第 n 个元素之后插入新元素,则只要在表的末尾增加一个元素即可,不需要移动线性表中的元素。

如果要在第 1 个位置处插入一个新元素,则需要移动表中所有的元素。

一般情况下,在第 $i(1\leqslant i\leqslant n)$ 个元素之前插入一个新元素,则原来第 i 个元素之后(包

括第 i 个元素)的所有元素向后移动一个位置。

线性表的插入运算,其时间主要花费在节点的移动上,所需移动节点的次数不仅与表的长度有关,而且与插入的位置有关。

3.3.4 线性表的删除运算

线性表的删除运算,是指将表的第 $i(1\leqslant i\leqslant n)$ 个节点删除,使长度为 n 的线性表变成长度为 $n-1$ 的线性表。

删除时应将第 $i+1$ 个元素至第 n 个元素依次向前移动一个元素的位置,共移动了 $n-i$ 个元素,完成删除操作主要有以下两个步骤。

(1) 把第 i 个元素之后(不包含第 i 个元素)的 $n-i$ 个元素依次前移一个位置。

(2) 修正线性表的节点个数。

例如,图 3-7(a)为一个长度为 8 的线性表,将第 7 个元素 19 删除的过程如下:

把第 8 个元素 20 往前移动一个位置,此时,线性表的长度减少了 1,变成了 7,如图 3-7(b)所示。

一般情况下,要删除第 $i(1\leqslant i\leqslant n)$ 个元素时,则要从第 $i+1$ 个元素开始,直到第 n 个元素之间共 $n-i$ 个元素依次向前移动一个位置。删除结束后,线性表的长度减少 1。

倘若再要删除图 3-7(b)中线性表的第 2 个元素 13,则采用同样的步骤:从第 3 个元素 14 开始至最后一个元素 20,共 $n-i=7-2=5$ 个元素依次往前移动一个位置。此时,线性表的长度减少了 1,变成了 6,如图 3-7(c)所示。

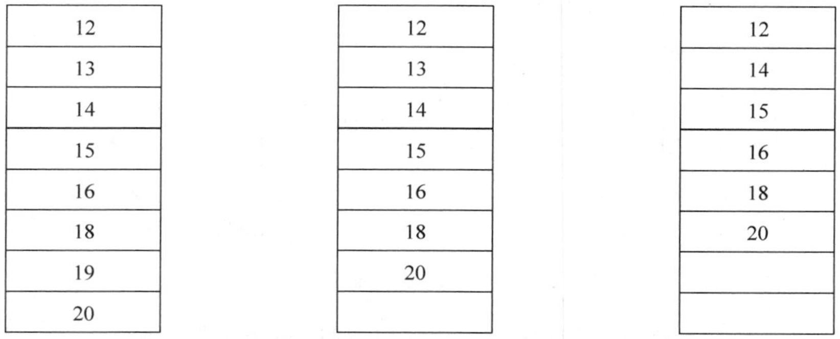

12
13
14
15
16
18
19
20

(a) 长度为8的线性表

12
13
14
15
16
18
20

(b) 删除元素19后的线性表

12
14
15
16
18
20

(c) 删除元素13后的线性表

图 3-7 线性表在顺序存储结构下的删除操作

显然,如果删除运算在线性表的末尾进行,即删除第 n 个元素,则不需要移动线性表中的元素。如果要删除第 1 个元素,则需要移动表中所有的元素。

一般情况下,要删除第 $i(1\leqslant i\leqslant n)$ 个元素时,则将第 $i+1$ 个元素开始,直到第 n 个元素之间共 $n-i$ 个元素依次向前移动一个位置。删除结束后,线性表的长度减少 1。

综上所述,线性表的顺序存储结构是用物理位置上的邻接关系来表示节点间的逻辑关系,因此无须为表示节点间的逻辑关系而增加额外的存储空间,并且可以方便地随机存取表中任意节点,适合用于小线性表,或者建立之后其中元素不常变动的线性表。但插入或删除运算不方便,不适合用于需要经常进行插入和删除运算的线性表和长度较大的线性表。

3.4 栈和队列

栈和队列都是一种特殊的线性表,它们都有自己的特点,栈是“先进后出”的线性表,而队列是“先进先出”的线性表。本节将详细讲解栈及队列的基本运算以及它们的不同点。

3.4.1 栈及其基本运算

1. 栈的定义

栈(Stack)是一种特殊的线性表,这种线性表上的插入和删除运算限定在表的某一端进行。允许进行插入和删除的这一端称为栈顶,另一端称为栈底,处于栈顶位置的数据元素称为栈顶元素。在如图3-8(a)所示的顺序栈中,元素是以 $a_1,a_2,\cdots,a_n$ 的顺序进栈,因此栈底元素是 a_1,栈顶元素是 a_n。不含任何数据元素的栈称为空栈。

下面举例说明栈结构的特征。

假设有一个很窄的死胡同,胡同里能容纳若干人,但每次只能允许一个人进出。现有5个人,分别编号为①~⑤,按编号的顺序进入胡同,如图3-8(b)所示。此时若④要出来,必须等⑤退出后才有可能,若①要退出,则必须等到⑤④③②依次都退出后才行。

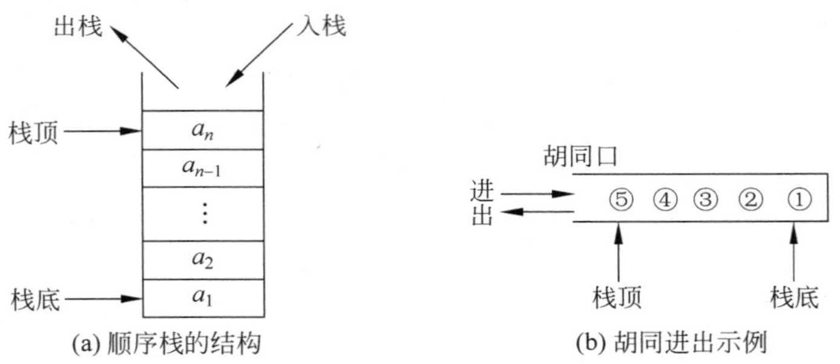

图3-8 栈的结构示意图

栈可以比做这里的死胡同,栈顶相当于胡同口,栈底相当于胡同的另一端,进、出胡同可看作栈的插入、删除运算。插入、删除都在栈顶进行,这表明栈是“后进先出”(Last In First Out,LIFO)或“先进后出”(First In Last Out,FILO),因此,栈也称为“后进先出”线性表或“先进后出”线性表。

2. 栈的顺序存储及其运算

一般地说,栈有两种实现方法:顺序实现和链接实现。栈的顺序存储结构称为顺序栈,顺序栈通常由一个一维数组和一个记录栈顶位置的变量组成。因为栈的操作仅在栈顶进行,栈底位置固定不变,所以可将栈底位置设置在数组两端的任意一个端点上,习惯上将栈底放在数组下标小的一端,另外需使用一个变量 Top 记录当前栈顶下标值,即表示当前栈顶位置,通常称 Top 为栈顶指针。图3-9说明了在顺序栈中做入栈和退栈运算时栈中元素和栈顶指针的变化。

栈的基本运算有三种：入栈、退栈与读栈顶元素。

1）入栈运算

入栈运算是指在栈顶位置插入一个新元素。这个运算有两个基本操作：首先将栈顶指针进 1(即 Top 加 1)，然后将新元素插入到栈顶指针指向的位置。

当栈顶指针已经指向存储空间的最后一个位置时，说明栈空间已满，不能再进行入栈操作。这种情况称为栈“上溢”错误。

2）退栈运算

退栈运算是指取出栈顶元素并赋给一个指定的变量，这个运算有两个基本操作：首先将栈顶元素(栈顶指针指向的元素)赋给一个指定的变量，然后将栈顶指针退 1(即 Top 减 1)。

当栈顶指针为 0 时，说明栈空，不能进行退栈操作。这种情况称为栈“下溢”错误。

3）读栈顶元素

读栈顶元素是指将栈顶元素赋给一个指定的变量。需要注意的是，这个运算不删除栈顶元素，只是将它的值赋给一个变量。因此，在这个运算中栈顶指针不会改变。

当栈顶指针为 0 时，说明栈空，读不到栈顶元素。

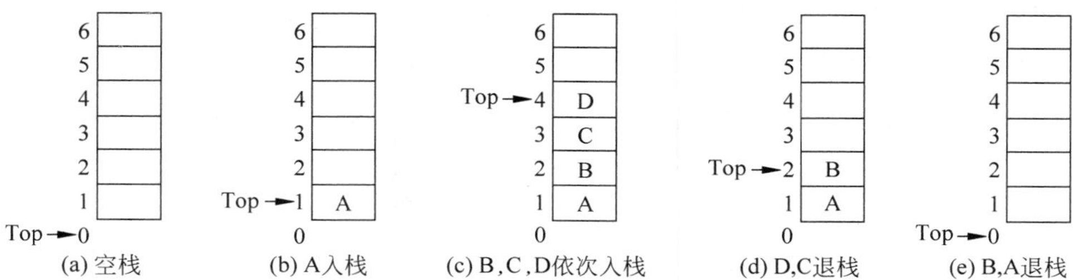

图 3-9 顺序栈入栈、退栈示意图

3.4.2 队列及其基本运算

队列也是一种运算受限的线性表，广泛应用于各种程序设计中。

1. 队列的定义

队列是一种运算受限的线性表，在这种线性表中，插入限定在表的某一端进行，删除限定在表的另一端进行。允许插入的一端称为队尾，允许删除的一端称为队头，新插入的节点只能添加到队尾，被删除的只能是排在队头的节点。习惯上把往队列的队尾插入一个元素称为入队运算，从队列的队头删除一个元素称为出队运算。若有队列：

$$Q = (q_1, q_2, \cdots, q_n)$$

那么，q_1 为队头元素，q_n 为队尾元素。队列中的元素是按照 $q_1, q_2, \cdots, q_n$ 的顺序进入的，退出队列也只能按照这个次序依次退出，也就是说，只有在 $q_1, q_2, \cdots, q_{n-1}$ 都出队之后，q_n 才能退出队列。因最先进入队列的元素将最先出队，所以队列具有“先进先出”的特性。

队头元素 q_1 是最先被插入的元素，也是最先被删除的元素。队尾元素 q_n 是最后被插入的元素,也是最后被删除的元素。因此,与栈相反,队列又称为“先进先出”(First In First Out,FIFO)或“后进后出”(Last In Last Out,LILO)的线性表。

例如,火车进隧道,最先进隧道的是火车头,最后进的是火车尾,而火车出隧道的时候也是火车头先出,最后出火车尾。

2. 队列的运算

可以用顺序存储的线性表来表示队列,为了指示当前执行出队运算的队头位置,需要一个队头指针 front,为了指示当前执行入队运算的队尾位置,需要一个队尾指针 rear。队头指针 front 总是指向队头元素的前一个位置,而队尾指针 rear 总是指向队尾元素。如图 3-10 所示是队列的示意图。

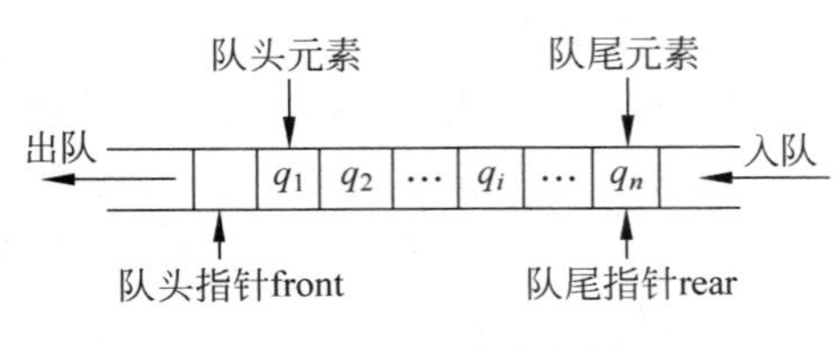

图 3-10　队列示意图

往队列的队尾插入一个元素称为入队运算,从队列的队头删除一个元素称为出队运算。

例如,图 3-11 是在队列中进行插入与删除的示意图,一个大小为 10 的数组,用于表示队列,初始时,队列为空,如图 3-11(a)所示;插入数据 a 后,如图 3-11(b)所示;插入数据 b 后,如图 3-11(c)所示;删除数据 a 后,如图 3-11(d)所示。

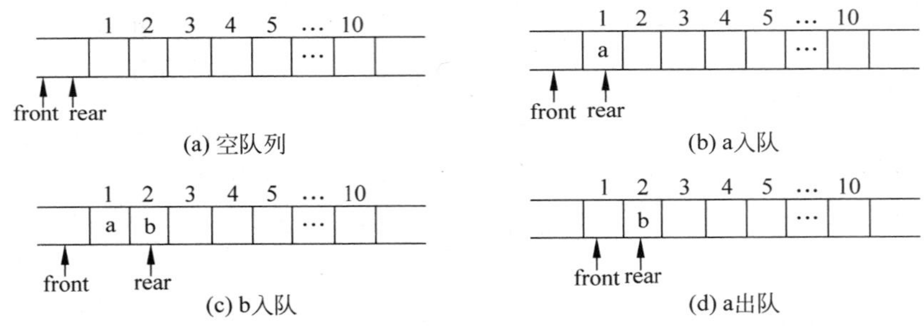

图 3-11　队列的动态示意图

3. 循环队列及其运算

循环队列是队列的一种顺序存储结构,用队尾指针 rear 指向队列中的队尾元素,用队头指针指向队头元素的前一个位置,因此,从队头指针 front 指向的后一个位置直到队尾指针 rear 指向的位置之间所有的元素均为队列中的元素。

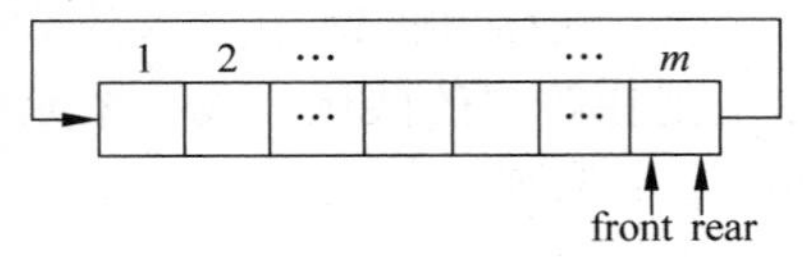

图 3-12　循环队列初始状态示意图

一维数组(1∶m),最大存储空间为 m,数组(1∶m)作为循环队列的存储空间时,循环队列的初始状态为空,即 front＝rear＝m。图 3-12 所示是循环队列初始状态的示意图。

循环队列的基本运算主要有两种:入队运算与出队运算。

1) 入队运算

入队运算是指在循环队列的队尾加入一个新元素。入队运算可分为两个步骤:首先队尾指针进1(即 rear+1),然后在 rear 指针指向的位置,插入新元素。特别的,当队尾指针 rear=m+1 时(即 rear 原值为 m,再进1),置 rear=1。这表示在最后一个位置插入元素后,紧接着在第一个位置插入新元素。

2) 出队运算

出队运算是指在循环队列的队头位置退出一个元素,并赋给指定的变量。出队运算也可分为两个步骤:首先,队头指针进1(即 front+1),然后删除 front 指针指向的位置上的元素。特别的,当队头指针 front=m+1 时(即 front 原值为 m,再进1),置 front=1。这表示,在最后一个位置删除元素后,紧接着在第一个位置删除元素。

可以看出,循环队列在队列满时和队列空时都有 front=rear。在实际应用中,通常增加一个标志量 S,来区分循环队列是空还是满,S 值的定义如下:

当 $S = 0$ 时,循环队列为空,此时不能再进行出队运算,否则会发生"下溢"错误。

当 $S = 1$ 时,循环队列满,此时不能再进行入队运算,否则会发生"上溢"错误。

在定义了 S 以后,循环队列初始状态为空,表示为:S=0,且 front=rear=m。

3.5 线性链表

3.5.1 线性链表的基本概念

前面主要讨论了线性表的顺序存储结构以及在顺序存储结构下的运算。线性表的顺序存储结构具有简单、运算方便等优点,特别是对于小线性表或长度固定的线性表,采用顺序存储结构的优越性更为突出。

但是,线性表的顺序存储结构在某些情况下就显得不那么方便,运算效率不那么高。实际上,线性表的顺序存储结构存在以下几方面的缺点:

(1) 在一般情况下,要在顺序存储的线性表中插入一个新元素或删除一个元素时,为了保证插入或删除后的线性表仍然为顺序存储,则在插入或删除过程中需要移动大量的数据元素。在平均情况下,为了在顺序存储的线性表中插入或删除一个元素,需要移动线性表中约一半的元素;在最坏情况下,则需要移动线性表中所有的元素。因此,对于大的线性表,特别是元素的插入或删除很频繁的情况下,采用顺序存储结构是很不方便的,插入与删除运算的效率都很低。

(2) 当为一个线性表分配顺序存储空间后,如果出现线性表的存储空间已满,但还需要插入新的元素时,就会发生"上溢"错误。在这种情况下,如果在原线性表的存储空间后找不到与之连续的可用空间,则会导致运算的失败或中断。显然,这种情况的出现对运算是很不利的。也就是说,在顺序存储结构下,线性表的存储空间不便于扩充。

(3) 在实际应用中,往往是同时有多个线性表共享计算机的存储空间,例如,在一个处理中,可能要用到若干个线性表(包括栈与队列)。在这种情况下,存储空间的分配将是一个难题。如果将存储空间平均分配给各线性表,则有可能造成有的线性表的空间不够用,而有的线性表的空间用不满或根本用不着。这种情况使计算机的存储空间得不到充分利用。如果多个线性表共享存储空间,对每一个线性表的存储空间进行动态分配,则为了保证每一个线性表的存储空间连续且顺序分配,会导致在对某个线性表进行动态分配存储空间时,必须要移动其他线性表中的数据元素。这就是说,线性表的顺序存储结构不便于对存储空间的动态分配。

由于线性表的顺序存储结构存在以上这些缺点,因此,对于大的线性表,特别是元素变动频繁的大线性表不宜采用顺序存储结构,而是采用下面要介绍的链式存储结构。

假设数据结构中的每一个数据节点对应于一个存储单元,这种存储单元称为存储节点,简称节点。

在链式存储方式中,要求每个节点由两部分组成:一部分用于存放数据元素值,称为数据域;另一部分用于存放指针,称为指针域。其中指针用于指向该节点的前一个或后一个节点(即前件或后件)。

在链式存储结构中,存储数据结构的存储空间可以不连续,各数据节点的存储顺序与数据元素之间的逻辑关系可以不一致,而数据元素之间的逻辑关系是由指针域来确定的。

链式存储方式既可用于表示线性结构,也可用于表示非线性结构。在用链式结构表示较复杂的非线性结构时,其指针域的个数要多一些。

1. 线性链表

线性表链式存储结构的特点是,用一组不连续的存储单元存储线性表中的各个元素。因为存储单元不连续,数据元素之间的逻辑关系就不能依靠数据元素存储单元之间的物理关系来表示。为了表示每个元素与其后继元素之间的逻辑关系,每个元素除了需要存储自身的信息外,还要存储一个指示其后件的信息(即后件元素的存储位置)。

线性表链式存储结构的基本单位称为存储节点,图 3-13 是存储节点的示意图。每个存储节点包括两个组成部分。

数据域	指针域
D(i)	NEXT(i)

图 3-13 线性链表的一个存储节点

数据域:存放数据元素本身的信息。

指针域:存放一个指向后件节点的指针,即存放下一个数据元素的存储地址。

假设一个线性表有 n 个元素,则这 n 个元素所对应的 n 个节点就通过指针链接成一个线性链表。

所谓线性链表,就是指线性表的链式存储结构,简称链表。由于这种链表中,每个节点只有一个指针域,故又称为单链表。

在线性链表中,第一个元素没有前件,指向链表中的第一个节点的指针,是一个特殊的指针,称为这个链表的头指针(HEAD)。最后一个元素没有后件,因此,线性链表最后一个节点的指针域为空,用 NULL 或 0 表示。

例如,如图 3-14 所示为线性表(A,B,C,D,E,F)的线性链表存储结构。头指针 HEAD 中存放的是第一个元素 A 的存储地址(即存储序号)。

图 3-14 中"…"的存储单元可能存有数据,也可能是空闲的。总之,线性链表的存储单元是任意的,即各数据节点的存储序号可以是连续的,也可以是不连续的,各节点在存储空间中的位置关系与逻辑关系可以不一致,前后件关系由存储节点的指针来表示。指向第一个数据元素的头指针 HEAD 等于 NULL 或者 0 时,称为空表。

因为在讨论线性链表时,主要关心的只是线性表中元素的逻辑顺序,而不是每个元素在存储器中的实际物理位置,所以,可以把图 3-14 的线性链表,更加直观地表示成用箭头相连

头指针

head

10

存储序号 i	D(i)	NEXT(i)
1	C	7
…	…	…
3	B	1
…	…	…
7	D	19
…	…	…
10	A	3
11	F	NULL
…	…	…
19	E	11
…	…	…

图 3-14 线性链表示例

接的节点序列，如图 3-15 所示。其中每一个节点上面的数字表示该节点的存储序号（即节点号）。

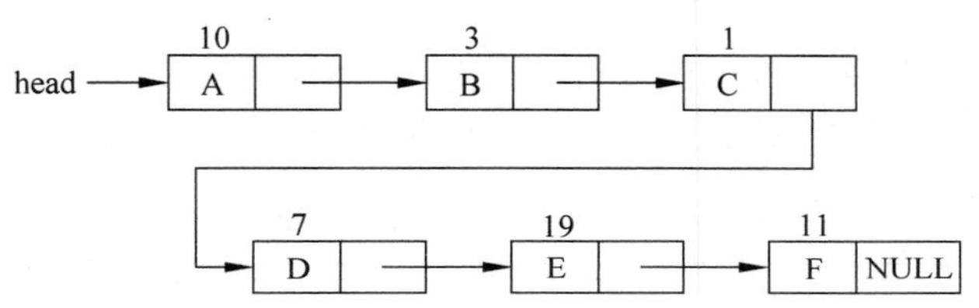

图 3-15 线性链表的逻辑状态

前面提到，这样的线性链表中，每个存储节点只有一个指针域，称为单链表。在实际应用中，有时还会用到每个存储节点有两个指针域的链表，一个指针域存放前件的地址，称为左指针（Llink），一个指针域存放后件的地址，称为右指针（Rlink）。这样的线性链表称为双向链表。图 3-16 是双向链表的示意图。双向链表的第一个元素的左指针（Llink）为空，最后一个元素的右指针（R1ink）为空。

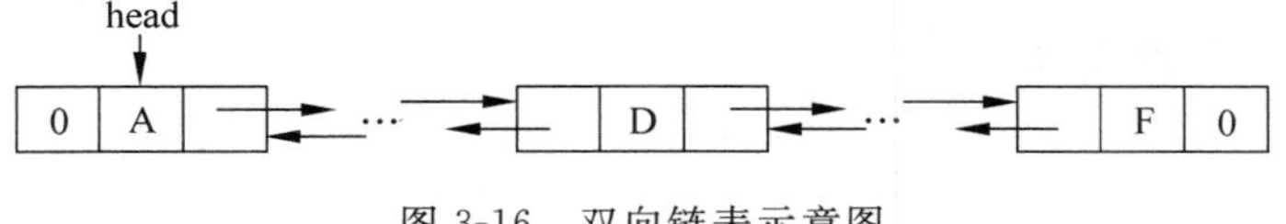

图 3-16 双向链表示意图

在单链表中，只能顺指针向链尾方向进行扫描，由某一个节点出发，只能找到它的后件，若要找出它的前件，必须从头指针开始重新寻找。

而在双向链表中，由于为每个节点设置了两个指针，从某一个节点出发，可以很方便地找到其他任意一个节点。

2. 带链的栈

栈也是线性表，也可以采用链式存储结构表示，把栈组织成一个单链表。这种数据结构可称为带链的栈。

在实际应用中，带链的栈可以用来收集计算机存储空间中所有空闲的存储节点，这种带链的栈称为可利用栈。由于可利用栈链接了计算机存储空间中所有的空闲节点，因此，当计算机系统或用户程序需要存储节点时,就可以从中取出栈顶节点;当计算机系统或用户程序释放一个存储节点(该元素从表中删除)时,则要将该节点放回到可利用栈的栈顶。由此可见,计算机中的所有可利用空间都可以以节点为单位链接在可利用栈中。随着其他线性链表中节点的插入与删除,可利用栈处于动态变化之中,即可利用栈经常要进行出栈与入栈操作。

3. 带链的队列

与栈类似,队列也可以采用链式存储结构表示。带链的队列就是用一个单链表来表示队列,队列中的每一个元素对应链表中的一个节点。

4. 顺序表和链表的比较

线性表的存储方式,称为顺序表。其特点是用物理存储位置上的邻接关系来表示节点间的逻辑关系。

线性表的连接存储,称为线性链表,简称链表。其特点是每个存储节点都包括数据域和指针域,用指针表示节点间的逻辑关系。两者的优缺点如表3-2所示。

表3-2 顺序表和链表的优缺点比较

类　型	优　　点	缺　　点
顺序表	(1) 可以随机存取表中的任意节点。 (2) 无须为表示节点间的逻辑关系额外增加存储空间。	(1) 插入和删除运算效率很低。 (2) 存储空间不便于扩充。 (3) 不便于对存储空间的动态分配。
链表	(1) 在进行插入和删除运算时,只需要改变指针即可,不需要移动元素。 (2) 存储空间易于扩充并且方便空间的动态分配。	需要额外的空间(指针域)来表示数据元素之间的逻辑关系,存储密度比顺序表低。

3.5.2 线性链表的基本运算

对线性链表进行的运算主要包括查找、插入、删除、合并、分解、逆转、复制和排序。本小节主要讨论线性链表的查找、插入和删除运算。

1. 在线性链表中查找指定元素

查找指定元素所处的位置是插入和删除等操作的前提,只有先通过查找定位才能进行元素的插入和删除等进一步的运算。

在链表中查找指定元素必须从队头指针出发,沿着指针域Next逐个节点搜索,直到找到指定元素或链表尾部为止,而不能像顺序表那样,只要知道了首地址,就可以计算出任意元素的存储地址,如图3-5所示。因此,线性链表不是随机存储结构。

在链表中,如果有指定元素,则扫描到等于该元素值的节点时,停止扫描,返回该节点的位置,因此,如果链表中有多个等于指定元素值的节点,只返回第一个节点的位置。如果链表中没有元素的值等于指定元素,则扫描完所有元素后,返回NULL。

2. 可利用栈的插入和删除

线性链表的存储单元是不连续的，如图 3-14 所示，这样，就存在一些离散的空闲节点。为了把计算机存储空间中空闲的存储节点利用起来，把所有空闲的节点组织成一个带链的栈，称为可利用栈。

线性链表执行删除运算时，被删除的节点可以“回收”到可利用栈，对应于可利用栈的入栈运算，线性链表执行插入运算时，需要一个新的节点，可以在可利用栈中取栈顶节点，对应于可利用栈的出栈运算。可利用栈的入栈运算和出栈运算只需要改动 Top 指针即可。

3. 线性链表的插入

线性链表的插入是指在链式存储结构下的线性表中插入一个新元素。

首先，要给该元素分配一个新节点(新节点可以从可利用栈中取得)，然后，将存放新元素值的节点链接到线性链表中指定的位置。

要在线性链表中数据域为 m 的节点之前插入一个新元素 n，则插入过程如下所述：

(1) 取可利用栈的栈顶空闲节点，生成一个数据域为 n 的节点，将新节点的存储序号存放在指针变量 p 中。

(2) 在线性链表中查找数据域为 m 的节点，将其前件的存储序号存放在变量 q 中。

(3) 将新节点 p 的指针域内容设置为指向数据域为 m 的节点。

(4) 将节点 q 的指针域内容改为指向新节点 p。插入过程如图 3-17 所示。

由于线性链表执行插入运算时，新节点的存储单元取自可利用栈。因此，只要可利用栈非空，线性链表总能找到存储插入元素的新节点，因而不需规定最大存储空间，也不会发生“上溢”错误。此外，线性链表在执行插入运算时，不需要移动数据元素，只需要改动有关节点的指针域即可，插入运算效率大大提高。

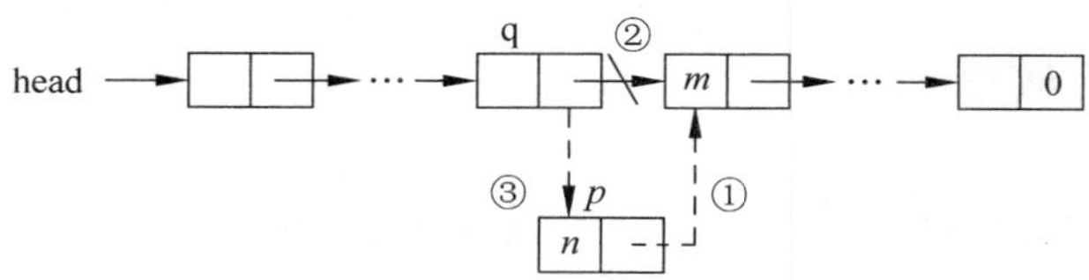

图 3-17 线性链表的插入运算

4. 线性链表的删除

线性链表的删除是指在链式存储结构下的线性表中删除包含指定元素的节点。

在线性链表中删除数据域为 m 的节点，其过程如下所述。

(1) 在线性链表中查找包含元素 m 的节点，将该节点的存储序号存放在 p 中。

(2) 把 p 节点的前件存储序号存放在变量 q 中，将 q 节点的指针修改为指向 p 节点的指针所指向的节点(即 p 节点的后件)。

(3) 把数据域为 m 的节点“回收”到可利用栈。删除过程如图 3-18 所示。

和插入运算一样，线性链表的删除运算也不需要移动元素。删除运算只需改变被删除元素前件的指针域即可。而且，删除的节点回收到可利用栈中，可供线性链表插入运算时使用。

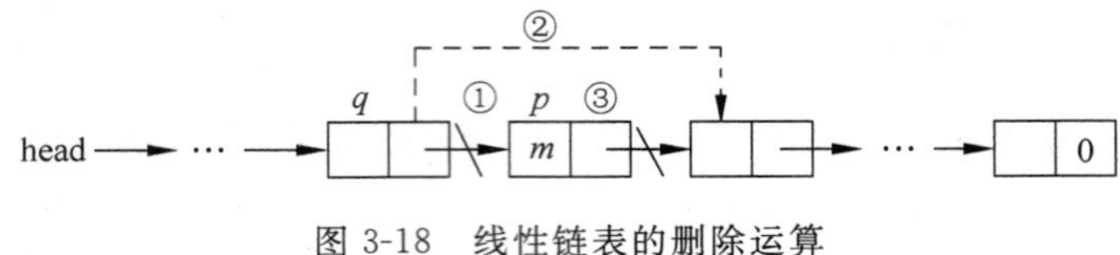

图 3-18 线性链表的删除运算

3.5.3 循环链表及其基本运算

1. 循环链表的定义

在单链表的第一个节点前增加一个表头节点,队头指针指向表头节点,最后一个节点的指针域的值由 NULL 改为指向表头节点,这样的链表称为循环链表。循环链表中,所有节点的指针构成了一个环状链。

2. 循环链表与单链表的比较

对单链表的访问是一种顺序访问,从其中某一个节点出发,只能找到它的直接后继(即后件),但无法找到它的直接前驱(即前件),而且,对于空表和第一个节点的处理必须单独考虑,空表与非空表的操作不统一。

在循环链表中,只要指出表中任何一个节点的位置,就可以从它出发访问到表中其他所有的节点。并且,由于表头节点是循环链表所固有的节点,因此,即使在表中没有数据元素的情况下,表中也至少有一个节点存在,从而使空表和非空表的运算统一。

3.6 树与二叉树

3.6.1 树的基本概念

树(Tree)是一种简单的非线性结构,直观地来看,树是以分支关系定义的层次结构。由于它呈现与自然界的树类似的结构形式,所以称它为树。树结构在客观世界中是大量存在的。

例如,一个家族中的族谱关系:A 有后代 B,C;B 有后代 D,E,F;C 有后代 G;E 有后代 H,I,则这个家族的成员及血统关系可用图 3-19 这样一棵倒置的树来描述。另外,像组织机构(如处、科、室),行政区(国家、省、市、县),书籍目录(书、章、节、小节)等,这些具有层次关系的数据,都可以用树这种数据结构来描述。

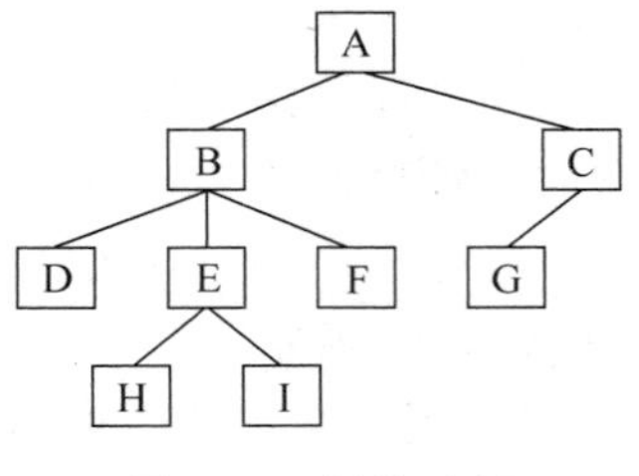

图 3-19 树的示例

在用图形表示数据结构中元素之间的前后件关系时,一般使用有向箭头,但树形结构中,由于前后件关系非常清楚,即使去掉箭头也不会引起歧义,因此,图 3-19 中使用无向线段代表数据元素之间的逻辑关系(即前后件关系)。

下面结合图 3-19 介绍树的相关术语,如表 3-3 所示。

表 3-3 树的相关术语

术 语	定 义	示例(见图 3-19)
父节点(根)	在树结构中,每一个节点只有一个前件,称为父节点,没有前件的节点只有一个,称为树的根节点,简称树的根	节点 A 是树的根节点
子节点和叶子节点	在树结构中,每一个节点可以有多个后件,称为该节点的子节点。没有后件的节点称为叶子节点	节点 D、H、J、F、G 均为叶子节点
度	在树结构中,一个节点所拥有后件的个数称为该节点的度,所有节点中最大的度称为树的度	根节点 A 和节点 E 的度为 2,节点 B 的度为 3,节点 C 的度为 1,叶子节点 D、H、J、F、G 的度为 0。所以,该树的度为 3
深度	定义一棵树的根节点所在的层次为 1,其他节点所在的层次等于它的父节点所在的层次加 1,树的最大层次称为树的深度	根节点 A 在第 1 层,节点 B、C 在第 2 层,节点 D、E、F、G 在第 3 层,节点 H、I 在第 4 层。该树的深度为 4
子树	在树中,以某节点的一个子节点为根构成的树称为该节点的一棵子树	节点 A 有 2 棵子树,它们分别以 B、C 为根节点。节点 B 有 3 棵子树,它们分别以 D、E、F 为根节点,其中,以 D、F 为根节点的子树实际上只有根节点一个节点。树的叶子节点度为 0,所以没有子树

3.6.2 二叉树及其基本性质

在树形结构中最常用的结构为二叉树。二叉树是一种特殊的树结构,它的每个节点最多有两个子节点,且有先后次序。

1. 二叉树的定义

二叉树(Binary Tree)是一种很有用的非线性结构。二叉树不同于前面介绍的树结构,但它与树结构很相似,并且,树结构的所有术语都可以用到二叉树这种数据结构上。

二叉树具有以下两个特点:

(1) 非空二叉树只有一个根节点;

(2) 每一个节点最多有两棵子树,且分别称为该节点的左子树与右子树。

由以上特点可以看出,在二叉树中,每一个节点的度最大为 2,即所有子树(左子树或右子树)也均为二叉树,而树结构中的每一个节点的度可以是任意的。另外,二叉树中的每一个节点的子树被明显地分为左子树与右子树。在二叉树中,一个节点可以只有左子树而没有右子树,也可以只有右子树而没有左子树。当一个节点既没有左子树也没有右子树时,该节点即是叶子节点。图 3-20(a)是一棵只有根节点的二叉树,图 3-20(b)是一棵深度为 4 的二叉树。

2. 二叉树的基本性质

性质 1:在二叉树的第 k 层上,最多有 2^{k-1}($k\geqslant 1$)个节点。

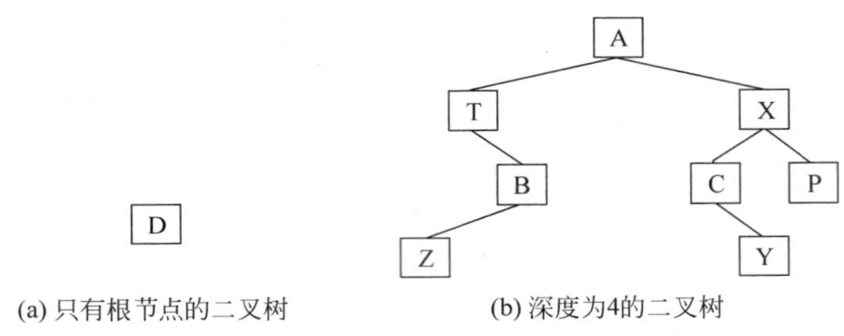

(a) 只有根节点的二叉树　　(b) 深度为4的二叉树

图 3-20　二叉树

例如,二叉树的第 1 层最多有 $2^{1-1}=2^0=1$ 个节点,第 3 层最多有 $2^{3-1}=2^2=4$ 个节点。满二叉树就是每层的节点数都是最大节点数的二叉树。

性质 2:深度为 m 的二叉树最多有 2^m-1 个节点。

证明:深度为 m 的二叉树是指二叉树共有 m 层,根据性质 1,只要将第 1 层到第 m 层上的最大的节点数相加,就可以得到整个二叉树中节点数的最大值,即

$$2^{1-1}+2^{2-1}+\cdots+2^{m-1}=2^m-1$$

例如,深度为 3 的二叉树,最多有节点 $2^3-1=7$ 个节点。

性质 3:在任意一棵二叉树中,度为 0 的节点(即叶子节点)总是比度为 2 的节点多一个。如果叶子节点数为 n_0,度为 2 的节点数为 n_2,则 $n_0=n_2+1$。

例如,在图 3-20(b)所示的二叉树中,有 3 个叶子节点,有 2 个度为 2 的节点,度为 0 的节点比度为 2 的节点多一个。

性质 4:具有 n 个节点的二叉树,其深度至少为$[\log_2 n]+1$,其中$[\log_2 n]$表示取 $\log_2 n$ 的整数部分。

例如,有 6 个节点的二叉树中,其深度至少为$[\log_2 6]+1=2+1=3$。

3. 满二叉树与完全二叉树

满二叉树与完全二叉树是两种特殊形态的二叉树。

1) 满二叉树

所谓满二叉树是指这样的一种二叉树:除最后一层外,每一层上的所有节点都有两个子节点。在满二叉树中,每一层上的节点数都达到最大值,即在满二叉树的第 k 层上有 2^{k-1} 个节点,且深度为 m 的满二叉树有 2^m-1 个节点。图 3-21(a)、(b)、(c)分别是深度为 2、3、4 的满二叉树。

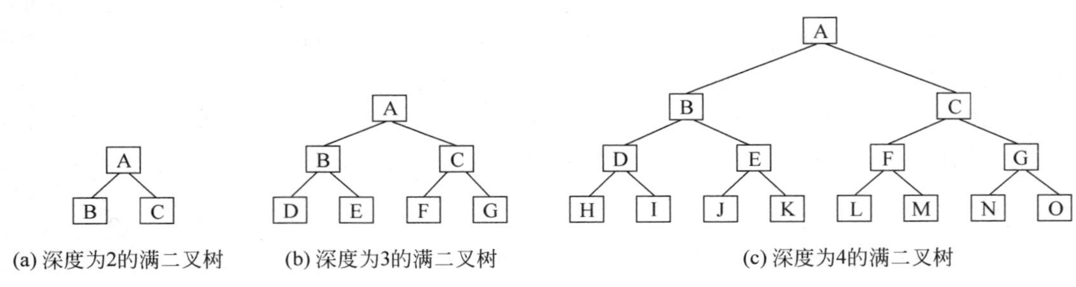

(a) 深度为2的满二叉树　　(b) 深度为3的满二叉树　　(c) 深度为4的满二叉树

图 3-21　满二叉树

2）完全二叉树

所谓完全二叉树是指这样的一种二叉树：除最后一层外，每一层上的节点数均达到最大值，在最后一层上只缺少右边的若干节点。

更确切地说，如果从根节点起，对二叉树的节点自上而下、自左至右用自然数进行连续编号，则深度为 m 且有 n 个节点的二叉树，当且仅当其每一个节点都与深度为 m 的满二叉树中编号从 1 到 n 的节点一一对应时，称之为完全二叉树。图 3-22(a)、(b)分别是深度为 3、4 的完全二叉树。

对于完全二叉树来说，叶子节点只可能在层次最大的两层上出现；对于任何一个节点，若其右分支下的子孙节点的最大层次为 p，则其左分支下的子孙节点的最大层次或为 p，或为 $p+1$。

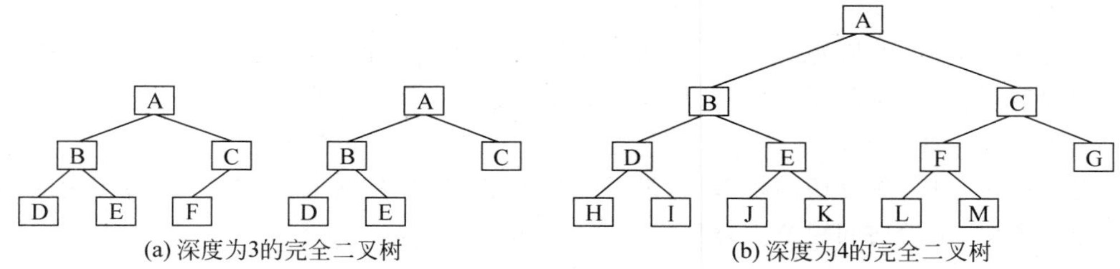

(a) 深度为3的完全二叉树　　(b) 深度为4的完全二叉树

图 3-22　完全二叉树

由以上看出，满二叉树也是完全二叉树，而完全二叉树一般不是满二叉树。

完全二叉树还具有以下两个性质：

性质 5：具有 n 个节点的完全二叉树的深度为$[\log_2 n]+1$。

性质 6：设完全二叉树共有 n 个节点。如果从根节点开始，按层序（每一层从左到右）用自然数 $1,2,\cdots,n$ 给节点进行编号，则对于编号为 $k(k=1,2,\cdots,n)$的节点有以下结论：

(1) 若 $k=1$，则该节点为根节点，它没有父节点；若 $k>1$，则该节点的父节点编号为$[k/2]$，其中$[k/2]$表示取 $k/2$ 的整数部分。

(2) 若 $2k\leqslant n$，则编号为 k 的节点的左子节点编号为 $2k$；否则该节点无左子节点（也无右子节点）。

(3) 若 $2k+1\leqslant n$，则编号为 k 的节点的右子节点编号为 $2k+1$；否则该节点无右子节点。

根据完全二叉树的这个性质，如果按从上到下、从左到右顺序存储完全二叉树的各节点，则很容易确定每一个节点的父节点、左子节点和右子节点的位置。

3.6.3　二叉树的存储结构

在计算机中，二叉树通常采用链式存储结构。与线性链表类似，用于存储二叉树中各元素的存储节点也由两部分组成：数据域和指针域。但在二叉树中，由于每一个元素可以有两个后件（即两个子节点），因此，用于存储节点的指针域有两个：一个用于指向该节点的左子节点的存储地址，称为左指针域；另一个用于指向该节点的右子节点的存储地址，称为右指针域。二叉树存储结构示意如图 3-23 所示。

由于二叉树的存储结构中每一个存储节点有两个指针域,因此,二叉树的链式存储结构也称为二叉链表。对于满二叉树与完全二叉树可以按层次进行顺序存储。

lchild	data	rchild
左指针域	数据域	右指针域

图 3-23　二叉树存储节点的结构

3.6.4　二叉树的遍历

遍历二叉树是二叉树的一种重要运算。所谓遍历是指沿某条搜索路径周游二叉树,对树中每个节点访问一次且仅访问一次。在遍历二叉树时,一般先遍历左子树,再遍历右子树。在先左后右的原则下,根据访问根节点的次序,二叉树的遍历分为三类:前序遍历、中序遍历和后序遍历。

1) 前序遍历(DLR)

先访问根节点,然后遍历左子树,最后遍历右子树,并且在遍历左子树、右子树时,仍然先访问根节点,然后遍历左子树,最后遍历右子树。

2) 中序遍历(LDR)

先遍历左子树,然后访问根节点,最后遍历右子树,并且在遍历左子树、右子树时,仍然先遍历左子树,然后访问根节点,最后遍历右子树。

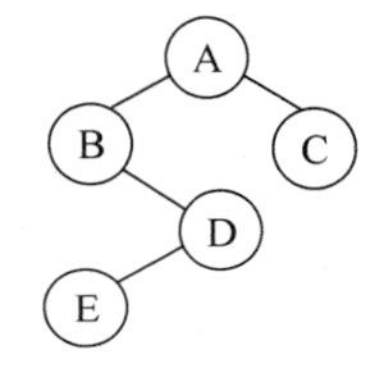

图 3-24　一棵二叉树

3) 后序遍历(LRD)

先遍历左子树,然后遍历右子树,最后访问根节点,并且在遍历左子树、右子树时,仍然先遍历左子树,然后遍历右子树,最后访问根节点。

例如,对于如图 3-24 所示的二叉树,前序遍历序列为 ABDEC、中序遍历序列为 BEDAC、后序遍历序列为 EDBCA。

3.7　查找技术

查找又称检索,就是在某种数据结构中,找出满足指定条件的元素。查找是插入和删除等运算的基础,是数据处理的重要内容。由于数据结构是算法的基础,因此,对于不同的数据结构,应选用不同的查找算法,以获得更高的查找效率。本节将对顺序查找和二分法查找的概念进行详细说明。

3.7.1　顺序查找

顺序查找是最简单的查找方法,它的基本思想是:从线性表的第一个元素开始,逐个将线性表中的元素与被查元素进行比较,如果相等,则查找成功,停止查找;若整个线性表扫描完毕,仍未找到与被查元素相等的元素,则表示线性表中没有要查找的元素,查找失败。

例如,在一维数组[30,65,83,18,56,76,85]中,查找数据元素 18,首先从第 1 个元素 30 开始进行比较,与要查找的数据不相等,接着与第 2 个元素 65 进行比较,依此类推,当进行到与第 4 个元素比较时,它们相等,所以查找成功。如果查找数据元素 100,则整个线性表扫描完毕,仍未找到与 100 相等的元素,表示线性表中没有要查找的元素。

时间复杂度和空间复杂度是衡量一个算法的好坏的两个标准。在进行查找运算时,人们更关心的是时间复杂度。下面分析长度为 n 的线性表,顺序查找算法的时间复杂度。

(1) 最好情况:第一个元素就是要查找的元素,则比较次数为 1 次。

(2) 最坏情况:最后一个元素是要查找的元素,或者在线性表中没有要查找的元素,则需要与线性表中的所有元素比较,比较次数为 n 次。

(3) 平均情况:需要比较 $n/2$ 次,因此查找算法的时间复杂度为 $O(n)$。

由此可以看出,对于大的线性表来说,顺序查找的效率是很低的。虽然顺序查找的效率不高,但在下列两种情况下也只能采用顺序查找:

(1) 如果线性表为无序表(即表中元素的排列是无序的),则不管是顺序存储结构还是链式存储结构,都只能用顺序查找。

(2) 即使是有序线性表,如果采用链式存储结构,也只能用顺序查找。

3.7.2 二分法查找

二分查找又称折半查找,它是一种效率较高的查找方法。但是,二分查找要求线性表是有序表,即表中节点按关键字有序,并且要求以顺序方式存储。二分查找的基本思想是:首先将被查元素与"中间位置"的元素值比较,若相等则查找成功;若被查元素大于"中间位置"的元素值,则在后半部继续进行二分查找;否则在前半部继续进行二分查找。

例如,假设被查找的有序表中关键字序列为:

05,13,19,21,37,56,64,75,80,88,92

当被查元素值为 21 时,进行二分查找的过程如图 3-25 所示,图中用方括号"[]"表示当前的查找区间,用"↑"表示中间位置。

```
[05   13   19   21   37   56   64   75   80   88   92]
                          ↑
[05   13   19   21   37]  56   64   75   80   88   92
           ↑
 05   13   19  [21   37]  56   64   75   80   88   92
                ↑
```

图 3-25 二分查找过程示意图

顺序查找法每一次比较,只将查找范围减少 1,而二分法查找每比较一次,可将查找范围减少为原来的一半,效率大大提高。可以证明,对于长度为 n 的有序线性表,在最坏情况下,二分法查找只需比较 $\log_2 n$ 次,而顺序查找需要比较 n 次。

3.8 排序技术

排序也是数据处理的重要内容。所谓排序是指将一个无序序列整理成按值非递减顺序排列的有序序列。排序的方法有很多,根据待排序序列的规模以及对数据处理的要求,可以采用不同的排序方法。本节主要介绍一些常用的排序方法,其排序的对象一般认为是顺序存储的线性表,在程序设计语言中就是一维数组。

3.8.1 交换类排序法

交换类排序法是借助数据元素的"交换"来进行排序的一种方法。本节介绍快速排序法和冒泡排序法,它们都使用交换排序方法。

1. 冒泡排序法

冒泡排序法是最简单的一种交换类排序方法。在数据元素的序列中,对于某个元素,如果其后存在一个元素小于它,则称之为存在一个逆序。

1) 冒泡排序法的思想

冒泡排序(Bubble Sort)的基本思想就是通过两两相邻数据元素之间的比较和交换,不断地消去逆序,直到所有数据元素有序为止。

第一遍,在线性表中,从前往后扫描,如果相邻的两个数据元素,前面的元素大于后面的元素,则将它们交换,并称为消去了一个逆序。在扫描过程中,线性表中最大的元素不断的往后移动,最后,被交换到了表的末端。此时,该元素就已经排好序了。

然后,对当前还未排好序的范围内的全部节点,从后往前扫描,如果相邻两个数据元素,后面的元素小于前面的元素,则将它们交换,也称为消去了一个逆序。在扫描过程中,最小的元素不断地往前移动,最后,被换到了线性表的第一个位置,则认为该元素已经排好序了。

对还未排好序的范围内的全部节点,继续第二遍、第三遍的扫描,这样,未排好序的范围逐渐减小,最后为空,则线性表已经变为有序的了。

冒泡排序每一遍的从前往后扫描都把排序范围内的最大元素沉到了表的底部,每一遍的从后往前扫描,都把排序范围内的最小元素像气泡一样浮到了表的最前面。冒泡排序的名称也由此而来。

2) 冒泡排序法的例子

图 3-26 是一个冒泡排序法的例子,对(4,1,6,5,2,3)这样一个 6 个元素组成的线性表排序。图中每一遍结果中方括号"[ ]"外的元素是已经排好序的元素,方括号"[ ]"内的元素是还未排好序的元素,可以看到,方括号"[ ]"的范围在逐渐减小。具体的说明如下所述。

原始序列	4	1	6	5	2	3
第一遍(从前往后)	[1	4	5	2	3]	6
(从后往前)	1	[2	4	5	3]	6
第二遍(从前往后)	1	[2	4	3]	5	6
(从后往前)	1	2	[3	4]	5	6
最终结果	1	2	3	4	5	6

图 3-26 冒泡排序示例

第一遍的从前往后扫描:首先比较"4"和"1",前面的元素大于后面的元素,这是一个逆序,两者交换(图中用双向箭头表示)。交换后接下来是"4"和"6"比较,不需要交换。然后"6"与"5"比较,这是一个逆序,则相互交换。"6"再与"2"比较,交换。"6"再与"3"比较,交换。这时,排序范围内(即整个线性表)的最大元素"6"已经到达表的底部,它已经到达了它在有序表中应有的位置。

第一遍的从前往后扫描的最后结果为(1,4,5,2,3,6)。

第一遍的从后往前扫描：由于数据元素"6"已经排好序，因此，现在的排序范围为(1,4,5,2,3)。先比较"3"和"2"，不需要交换。比较"2"和"5"，后面的元素小于前面的元素，这是一个逆序，互相交换。比较"2"和"4"，这是一个逆序，互相交换。比较"2"和"1"，不需要交换。此时，排序范围内(1,4,5,2,3)的最小元素"1"已经到达表头，它已经到达了它在有序表中应有的位置。第一遍的从后往前扫描的最后结果为(1,2,4,5,3,6)。

第二遍的排序过程略。

假设线性表的长度为 n，则在最坏情况下，冒泡排序需要经过 $n/2$ 遍的从前往后的扫描和 $n/2$ 遍的从后往前的扫描，需要的比较次数为 $n(n-1)/2$。但这个工作量不是必需的，一般情况下要小于这个工作量。冒泡排序时间效率为 $O(n^2)$。

2. 快速排序法

在冒泡排序中，一次扫描只能确保最大的元素或最小的元素移到了正确位置，而未排序序列的长度可能只减少了1。快速排序(Quick Sort)是对冒泡排序方法的一种本质的改进。

1) 快速排序法的思想

快速排序的基本思想是：在待排序的 n 个元素中取一个元素 k(通常取第一个元素)，以元素 k 作为分割标准，把所有小于 k 元素的数据元素都移到 k 前面，把所有大于 k 元素的数据元素都移到 k 后面。这样，以 k 为分界线，把线性表分割为两个子表，这称为一趟排序。然后，对 k 前后的两个子表分别重复上述过程。继续下去，直到分割的子表的长度为1为止，这时，线性表已经是排好序的了。

第一趟快速排序的具体做法是：附设两个指针 low 和 high，它们的初值分别指向线性表的第一个元素(k 元素)和最后一个元素。首先从 high 所指的位置向前扫描，找到第一个小于 k 元素的元素并与 k 元素互相交换。然后从 low 所指位置起向后扫描，找到第一个大于 k 元素的数据元素并与 k 元素交换。重复这两步，直到 low＝high 为止。

2) 快速排序法的例子

快速排序过程如图3-27所示。

初始状态下，low 指针指向第一个元素45，high 指针指向最后一个元素49。首先，从 high 所指的位置向前扫描，找到第一个比45小的元素，即找到26时，26与45交换位置，此时 low 指针指向元素26，high 指针指向元素45；然后从 low 所指位置起向后扫描，找到第一个比45大的元素，即找到61时，61与45交换位置，此时 low 指针指向元素45，high 指针指向元素61；重复这两步，直到 low＝high 为止。所以，第一趟排序后的结果为(26,30,12,45,74,82,61,49)。

以后的排序方法与第一趟的扫描过程一样，直到最后的排序结构为有序序列为止。

快速排序的平均时间效率最佳，为 $O(n\log_2 n)$，最坏情况下，即每次划分，只得到一个子序列，时间效率为 $O(n^2)$。

快速排序被认为是目前所有排序算法中最快的一种。但若初始序列有序或者基本有序时，快速排序蜕化为冒泡排序。

初始状态	45	30	61	82	74	12	26	49
	↑ low							↑ high
high向左扫描	45	30	61	82	74	12	26	49
第一次交换后	26	30	61	82	74	12	45	49
	↑ low						↑ high	
low向右扫描	26	30	61	82	74	12	45	49
第二次交换后	26	30	45	82	74	12	61	49
high向左扫描并交换后	26	30	12	82	74	45	61	49
low向右扫描并交换后	26	30	12	45	74	82	61	49
				↑ low		↑ high		
high向左扫描	26	30	12	45	74	82	61	49

(a) 第一趟扫描过程

初始状态	45	30	61	82	74	12	26	49
第一趟排序后	[26	30	12]	45	[74	82	61	49]
第二趟排序后	[12]	26	[30]	45	[49	61]	74	[82]
第三趟排序后	12	26	30	45	49	[61]	74	82
排序结果	12	26	30	45	49	61	74	82

(b) 各趟排序后的状态

图 3-27 快速排序示例

3.8.2 插入类排序法

插入排序是每次将一个待排序元素,按其元素值的大小插入到前面已经排好序的子表中的适当位置,直到全部元素插入完成为止。

1. 简单插入排序法

1) 简单插入排序法的思想

简单插入排序是把 n 个待排序的元素看成是一个有序表和一个无序表,开始时,有序表只包含一个元素,而无序表包含另外 $n-1$ 个元素,每次取无序表中的第一个元素插入到有序表中的正确位置,使之成为增加一个元素的新的有序表。插入元素时,插入位置及其后的记录依次向后移动。最后有序表的长度为 n,而无序表为空,此时排序完成。

2) 简单插入排序法的例子

简单插入排序过程如图 3-28 所示。图中方括号"[ ]"内为有序的子表,方括号"[ ]"外为无序的子表,每次从无序子表中取出第一个元素插入到有序子表中。

开始时,有序表只包含一个元素 48,而无序表包含其他 7 个元素。

当 $i=2$ 时,即把第 2 个元素 37 插入到有序表中,37 比 48 小,所以在有序表中的序列为[37,48];

当 $i=3$ 时,即把第 3 个元素 65 插入到有序表中,65 比前面两个元素大,所以在有序表中的序列为[37,48,65];

当 $i=4$ 时,即把第 4 个元素 96 插入到有序表中,96 比前面 3 个元素大,所以在有序表

初始	[48]	37	65	96	75	12	26	49
i=2	[37	48]	65	96	75	12	26	49
i=3	[37	48	65]	96	75	12	26	49
i=4	[37	48	65	96]	75	12	26	49
i=5	[12	48	65	75	96]	12	26	49
i=6	[12	37	48	65	75	96]	26	49
i=7	[12	26	37	48	65	75	96]	49
i=8	[12	26	37	48	49	65	75	96]

图 3-28 简单插入排序过程

中的序列为[37,48,65,96]；

当 i=5 时，即把第 5 个元素 75 插入到有序表中，75 比前面 3 个元素大，比 96 小，所以在有序表中的序列为[37,48,65,75,96]；

依此类推，直到所有的元素都插入到有序序列中。

在最好情况下，即初始排序序列就是有序的情况下，简单插入排序的比较次数为 $n-1$，移动次数为 0。

在最坏情况下，即初始排序序列是逆序的情况下，比较次数为 $n(n-1)/2$，移动次数为 $n(n-1)/2$。假设待排序的线性表中的各种排列出现的概率相同，因此直接插入排序算法的时间复杂度为 $O(n^2)$。

在简单插入排序中，每一次比较后最多移掉一个逆序，因此，这种排序方法的效率与冒泡排序法相同。

2. 希尔排序法

希尔排序(Shell Sort)又称为"缩小增量排序"，它也是一种插入类排序的方法，但在时间效率上较简单插入排序有较大的改进。

1) 希尔排序法的思想

将整个无序序列分割成若干小的子序列分别进行插入排序。

子序列的分割方法如下：

将相隔某个增量 d 的元素构成一个子序列。在排序过程中，逐次减小这个增量，最后当 d 减到 1 时，进行一次插入排序，排序就完成。

增量序列一般取 $d_i=n/2^i$($i=1,2,\cdots,[\log_2 n]$)，其中 n 为待排序序列的长度。

在希尔排序过程中，虽然对于每一个子表采用的仍是插入排序，但是，在子表中每进行一次比较就有可能移去整个线性表中的多个逆序，从而改善了整个排序过程的性能。

希尔排序的效率与所选取的增量序列有关。如果选取上述增量序列，则在最坏情况下，希尔排序所需要的时间效率为 $O(n^{1.3})$。

2) 希尔排序法的例子

希尔排序过程如图 3-29 所示。此序列共有 10 个数据，即 $n=10$，则增量 $d_1=10/2^1=5$，将所有距离为 5 的倍数的元素放在一组中，组成了一个子序列，即各子序列为(48,13)、(37,26)、(64,50)、(96,54)、(75,5)，对各子序列进行从小到大的排序后，得到第一趟排序结果(13,26,50,54,5,48,37,64,96,75)。

接着增量 $d_2=10/2^2=10/4=3$(取上限值)，将所有距离为 3 倍数的元素放在一组中，组成了一个子序列,即各子序列为(13,54,37,75)、(26,5,64)、(50,48,96),对各子序列进行从小到大的排序后,得到第二趟排序结果(13,5,48,37,26,50,54,64,96,75)。以此类推,直到得到最终结果。

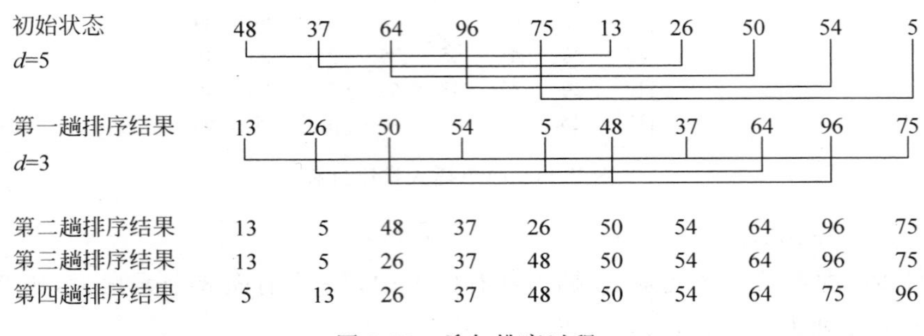

图 3-29 希尔排序过程

3.8.3 选择类排序法

选择排序的基本思想是通过每一趟从待排序序列中选出值最小的元素,顺序放在已排好序的有序子表的后面,直到全部序列满足排序要求为止。本节介绍简单选择排序法和堆排序法。

1. 简单选择排序法

选择排序法的基本思想如下。

扫描整个线性表,从中选出最小的元素,将它交换到表的最前面(这是它应有的位置);然后对剩下的子表采用同样的方法,直到子表空为止。

对于长度为 n 的序列,选择排序需要扫描 $n-1$ 遍,每一遍扫描均从剩下的子表中选出最小的元素,然后将该最小的元素与子表中的第一个元素进行交换。图 3-30 是这种排序法的示意图,图中有方框的元素是刚被选出来的最小元素。

原序列	89	21	56	48	85	16	19	47
第 1 遍选择	[16]	21	56	48	85	89	19	47
第 2 遍选择	16	[19]	56	48	85	89	21	47
第 3 遍选择	16	19	[21]	48	85	89	56	47
第 4 遍选择	16	19	21	[47]	85	89	56	48
第 5 遍选择	16	19	21	47	[48]	89	56	85
第 6 遍选择	16	19	21	47	48	[56]	89	85
第 7 遍选择	16	19	21	47	48	56	[85]	89

图 3-30 简单选择排序法示意图

简单选择排序法在最坏情况下需要比较 $n(n-1)/2$ 次。

2. 堆排序法

1) 堆的定义

若有 n 个元素的序列($h_1,h_2,\cdots,h_n$),将元素按顺序组成一棵完全二叉树,当且仅当满足下列条件时称为堆。

$$① \begin{cases} h_i \geqslant h_{2i} \\ h_i \geqslant h_{2i+1} \end{cases} \quad 或者 \quad ② \begin{cases} h_i \leqslant h_{2i} \\ h_i \leqslant h_{2i+1} \end{cases}$$

其中，$i=1,2,3,\cdots,n/2$。

① 情况称为大根堆，所有节点的值大于或等于左右子节点的值。②情况称为小根堆，所有节点的值小于或等于左右子节点的值。本节只讨论大根堆的情况。

例如，序列(91,85,53,47,30,12,24,36)是一个堆，则它对应的完全二叉树如图 3-31(c)所示。

2）调整建堆

在调整建堆的过程中，总是将根节点值与左子树、右子树的根节点值进行比较，若不满足堆的条件，则将左子树、右子树根节点值中的大者与根节点值进行交换，这个调整过程从根节点开始一直延伸到所有叶子节点，直到所有子树均为堆为止。

假设图 3-31(a)是某完全二叉树的一棵子树。在这棵子树中，根节点 47 的左子树、右子树均为堆，为了将整个子树调整成堆，首先将根节点 47 与其左子树、右子树的根节点进行比较，此时由于左子树根节点 91 大于右子树根节点 53，且它又大于根节点 47，因此，根据堆的条件，应将元素 47 与 91 交换，如图 3-31(b)所示。经过一次交换后，破坏了原来左子树的堆结构，需要对左子树再进行调整，将元素 85 与 47 进行交换，调整后的结果如图 3-31(c)所示。

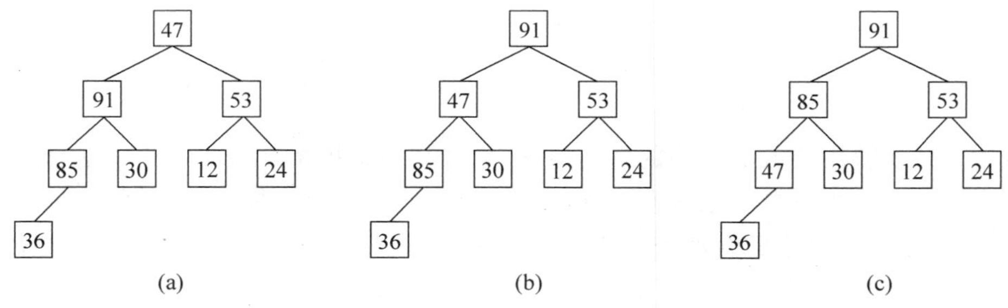

图 3-31 堆顶元素为最大的建堆过程

3）堆排序

首先，将一个无序序列建成堆，然后，将堆顶元素与堆中的最后一个元素交换。不考虑已经换到最后的那个元素，将剩下的 $n-1$ 个元素重新调整为堆，重复执行此操作，直到所有元素有序为止。

对于数据元素较少的线性表来说，堆排序的优越性并不明显，但对于大量的数据元素来说，堆排序是很有效的。堆排序最坏情况需要 $O(n\log_2 n)$次比较。

3.8.4 排序方法比较

综合比较本节介绍的三类，共 6 种排序方法的时间和空间复杂度，结果如表 3-4 所示。

表 3-4 常用排序方法时间、空间复杂度比较

类 型	方 法	时间复杂度			空间复杂度	稳定性	复杂性
		平均时间	最坏情况	最好情况			
交换排序	冒泡排序	$O(n^2)$	$O(n^2)$	$O(n)$	$O(1)$	稳定	简单
	快速排序	$O(n\log_2 n)$	$O(n^2)$	$O(n\log_2 n)$	$O(\log_2 n)$	不稳定	较复杂
插入排序	插入排序	$O(n^2)$	$O(n^2)$	$O(n)$	$O(1)$	稳定	简单
	希尔排序	$O(n^{1.3})$	与所取增量序列有关		$O(1)$	不稳定	较复杂
选择排序	选择排序	$O(n^2)$	$O(n^2)$	$O(n^2)$	$O(1)$	不稳定	简单
	堆排序	$O(n\log_2 n)$	$O(n\log_2 n)$	$O(n\log_2 n)$	$O(1)$	不稳定	较复杂

不同的排序方法各有优缺点，可根据需要运用到不同的场合。

选取排序方法时需要考虑的因素有：待排序的序列长度 n；数据元素本身的大小；关键字的分布情况；对排序的稳定性的要求；语言工具的条件；辅助空间的大小等。根据这些因素，可以得出以下几点结论：

- 如果 n 较小，可采用插入排序和选择排序，由于简单插入排序所需数据元素的移动操作比简单选择排序多，因而当数据元素本身信息量较大时，用简单选择排序方法较好；
- 如果文件的初始状态已是基本有序，则最好选用简单插入排序或者冒泡排序；
- 如果 n 较大，则应选择快速排序或者堆排序，快速排序是目前内部排序方法中性能最好的，当待排序的序列是随机分布时，快速排序的平均时间最少，但堆排序所需的辅助空间要少于快速排序，并且不会出现最坏情况。

本章小结

本章介绍了算法与数据结构的基本概念，数据结构是指相互有关联的数据元素的集合。数据结构又分为数据的逻辑结构和数据的存储结构。线性表是最简单最常用的一种数据结构，栈和队列是运算受限的线性表。树是一类重要的非线性结构。排序与查找是数据处理中经常使用的重要算法。

理解和掌握算法与数据结构的基础知识，使学生能拥有最基本的软件开发的能力，为今后计算机知识的学习打下基础。

本章内容复习

一、填空题

1. 常用的数据类型有________、________、________等。
2. 在数据结构中，从逻辑上可以把数据结构分为________和________两种。
3. 算法的复杂度主要包括时间复杂度和________。
4. 数据结构包括的三方面内容：数据的逻辑结构，数据的________，数据的运算。
5. 对 n 个元素的序列进行冒泡排序时，最坏情况下，需要比较的次数是________，其时间复杂度为________。

6. 对长度为 n 的线性表进行顺序查找，在最坏情况下所需要的比较次数为________。

7. 在长度为 n 的有序线性表中进行二分查找，需要的比较次数为________。

8. 设一棵完全二叉树共有 700 个节点，则在该二叉树中有________个叶子节点。

9. 在一个容量为 15 的循环队列中，若头指针 front=6，尾指针 rear=9，则该循环队列中共有________个元素。

10. ________是先进先出的线性表，________是先进后出的线性表。

二、选择题

1. 算法的时间复杂度是指(　　)。
   A. 执行算法程序所需要的时间
   B. 算法程序的长度
   C. 算法执行过程中所需要的基本运算次数
   D. 算法程序中的指令条数

2. 算法的空间复杂度是指(　　)。
   A. 算法程序的长度　　B. 算法程序中的指令条数
   C. 算法程序所占的存储空间　　D. 算法执行过程中所需要的存储空间

3. 下列叙述中正确的是(　　)。
   A. 线性表是线性结构　　B. 栈与队列是非线性结构
   C. 线性链表是非线性结构　　D. 二叉树是线性结构

4. 数据结构在计算机存储空间的存放形式称为(　　)。
   A. 数据的存储结构　　B. 数据结构
   C. 数据的逻辑结构　　D. 数据元素之间的关系

5. 顺序存储方式的优点是(　　)。
   A. 插入运算方便
   B. 存储密度大
   C. 删除运算方便
   D. 可方便地用于各种逻辑结构的存储表示

6. 栈和队列的共同点是(　　)。
   A. 都是先进先出　　B. 都是先进后出
   C. 只允许在端点处插入和删除元素　　D. 没有共同点

7. 一个队列的入队序列是 1,2,3,4，则队列的输出序列是(　　)。
   A. 1,4,3,2　　B. 3,2,4,1　　C. 4,3,2,1　　D. 1,2,3,4

8. 一个栈的入栈序列是 a,b,c,d,e，则不可能的出栈序列是(　　)。
   A. edcba　　B. decba　　C. dceab　　D. abcde

9. 若进栈序列为 1,2,3,4，假设进栈和出栈可以穿插进行，则可能的出栈序列是(　　)。
   A. 2,4,1,3　　B. 3,1,4,2　　C. 3,4,1,2　　D. 1,2,3,4

10. 链表不具备的特点是(　　)。
    A. 可随机访问任意一个节点　　B. 插入和删除不需要移动任何元素
    C. 不必事先估计存储空间　　D. 所需空间与其长度成正比

11. 深度为5的二叉树至多有(　　)个节点。

A. 16　　B. 32　　C. 31　　D. 10

12. 设树T的度为4,其中度为1,2,3,4的节点个数分别为4,2,1,1,则T中的叶子节点数为(　　)。

A. 8　　B. 7　　C. 6　　D. 5

13. 某二叉树有5个度为2的节点,则该二叉树中的叶子节点数是(　　)。

A. 10　　B. 8　　C. 6　　D. 4

14. 下列关于二叉树的叙述中,正确的是(　　)。

A. 叶子节点总是比度为2的节点少一个

B. 叶子节点总是比度为2的节点多一个

C. 叶子节点数是度为2的节点数的两倍

D. 度为2的节点数是度为1的节点数的两倍

15. 一棵二叉树共有25个节点,其中5个是叶子节点,则度为1的节点数为(　　)。

A. 16　　B. 10　　C. 6　　D. 4

16. 某二叉树共有7个节点,其中叶子节点有1个,则该二叉树的深度为(假设根节点在第1层)(　　)。

A. 3　　B. 4　　C. 6　　D. 7

17. 一棵二叉树的前序遍历序列为ABDGCFK,中序遍历序列为DGBAFCK,则后序遍历序列是(　　)。

A. AFCKDGB　　B. GDBFKCA　　C. KCFAGDB　　D. ABCDFKG

18. 对线性表进行二分查找时,要求线性表必须(　　)。

A. 以顺序方式存储

B. 以链接方式存储

C. 以顺序方式存储,且节点按关键字有序排列

D. 以链接方式存储,且节点按关键字有序排列

网上资料查找

1. 请从互联网上查找各种排序法的相关实例。
2. 请从互联网上查找有关介绍栈和队列的应用实例。

第 4 章　程序设计基础

计算机程序就是为解决某个问题或完成某项任务而编写的指令序列。程序经过编译和执行后才能最终实现程序所要完成的功能。可以用计算机高级语言编制的程序来解决实际工作中遇到的各种问题。

4.1　程序设计过程与方法

程序是计算机的一组指令，用计算机高级语言来实现，是程序设计的最终结果。程序设计要经过设计、编制、编译和执行等步骤，需要相应的理论、技术、方法和工具来实现。程序设计方法主要历经了结构化程序设计和面向对象程序设计两个发展阶段。

4.1.1　计算机程序概述

本节介绍程序设计的基本概念和方法。

1. 程序的组成

计算机程序是为解决某个问题或为完成某项任务而编写的指令序列。程序一般由两部分组成：

1）说明部分

说明部分包括程序名、类型、参数及参数类型的说明。如 Pascal 语言程序将常量和变量的定义归到说明部分，而 C 语言则将其放在程序体中。

2）程序体

程序体为程序的执行部分，一般由若干条语句构成。

2. 程序中的数据描述

高级语言程序中的数据有两种：一种是在程序运行中不变的数据，称为常量；另一种是在程序运行中可以改变的数据，称为变量。

3. 计算机程序的执行

传统的计算机程序的执行过程可分为编辑、编译、连接和运行 4 个过程，如图 4-1 所示。

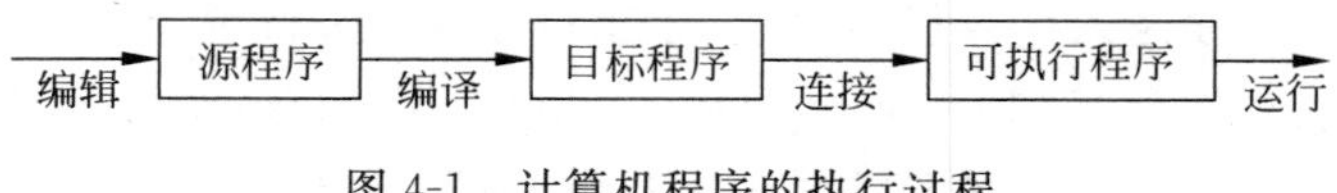

图 4-1　计算机程序的执行过程

1）编辑

编辑是指将用某种高级语言写好的源程序输入到计算机中，并以文件形式存盘。不同的计算机语言其源程序文件的类型是不同的，如C语言的源程序文件扩展名为.c，BASIC语言的源程序文件扩展名为.bas等。目前计算机语言的编译系统一般都提供程序编辑环境。

2）编译

在计算机语言中，除机器语言之外的其他语言书写的程序都必须经过"翻译"或"解释"变成机器指令后才能在计算机上执行。因此，必须为计算机提供的各种语言配备相应的"编译程序"或"解释程序"。通过"编译程序"或"解释程序"使人们编写的程序能够最终得到执行的工作方式分别称为编译方式和解释方式。

编译方式是指将用高级语言编写好的程序(源程序)，经编译程序"翻译"，形成可由计算机执行的机器指令程序(目标程序)的过程。程序没有通过编译说明有语法错误，可根据系统的提示对其进行修改，然后重新编译。所以，编译的过程是一个对源程序进行语法分析和进行程序优化的过程。通过编译的源程序将生成扩展名为.obj的目标代码文件。

编译方式的优点：

(1) 目标程序可以脱离编译程序而独立运行；

(2) 目标程序在编译过程中可以通过代码优化等手段提高执行效率。

编译方式的缺点：

(1) 目标程序的调试相对困难；

(2) 目标程序调试必须借助其他工具软件；

(3) 源程序被修改后必须重新编译连接，生成目标程序。

典型的编译型语言有C、C++、Pascal、FORTRAN等。

解释方式是指将高级语言编写好的程序逐条解释，翻译成机器指令并执行的过程。它不像编译方式那样把源程序全部翻译成目标程序后再运行，而是将源程序解释一句就立即执行一句。

解释方式的优点：

(1) 可以随时对源程序进行调试，有的解释语言即使程序有错也能运行，执行到错的语句再报告；

(2) 调试程序手段方便；

(3) 可以逐条调试源程序代码。

解释方式的缺点：

(1) 被执行程序不能脱离解释环境；

(2) 程序执行进度慢；

(3) 程序未经代码优化，工作效率低。

典型的解释语言有BASIC、Java等，但它们现在也都有了编译方式。

需要事先把源程序送入计算机内存中，才能对源程序进行编译或解释。目前，许多编译软件都提供了集成开发环境(Integrated Development Environment，IDE)以方便程序设计者。所谓集成开发环境实质上就是将程序的编辑、编译、运行、调试集成在同一环境下，使程序设计者既能高效地执行程序，又能方便地调试程序，甚至是逐条调试和执行源程序。

3）连接

连接是指将目标文件与系统提供的函数等连接起来生成最终的可执行文件。一般可执行文件的扩展名为.exe，该文件可以被计算机直接运行。

4）运行

运行可执行文件产生计算结果，此时如果有交互数据就要根据需要输入实际数值。

4.1.2 结构化程序设计方法

随着计算机程序设计方法的迅速发展，程序结构也呈现出多样性，如结构化程序、模块化程序和面向对象的程序结构。但是，结构化程序仍在程序设计中占有十分重要的位置，了解和掌握结构化程序设计的概念和方法将为学习其他程序设计方法打下良好的基础。本节介绍结构化程序设计技术，具体内容如表4-1所示。

表4-1 结构化程序设计技术

技术	描述
自顶向下设计	确定主要的处理步骤
程序流程图	解决问题所需步骤的图形描述
伪代码	程序的逻辑描述

1. 程序结构

结构化程序设计的目标是得到一个良好结构的程序。所谓良好结构的程序就是具有结构清晰、容易阅读、容易修改和容易验证等特点的程序。一般来说，结构化程序由顺序结构、选择结构和循环结构三种基本结构组合而成。

(1) 顺序结构：按语句先后顺序依次执行，顺序结构是程序设计的基本结构。

(2) 选择结构(IF…THEN…ELSE)：根据给定的条件成立与否去执行不同的语句组。

(3) 循环结构(WHILE…DO,FOR…TO…)：只要条件成立就反复执行循环体。

这三种结构都严格遵循“一个入口，一个出口”的原则，这一原则在结构化程序设计中是十分重要的，它使得一个复杂的程序被分解为若干个相对简单的结构以及若干层子结构，从而降低了程序设计的难度，使程序结构层次分明、清晰易懂。

2. 自顶向下设计

所谓“自顶向下、逐步求精”的方法就是在编制一个程序时，首先考虑程序的整体结构而忽视一些细节问题，然后一层一层逐步地细化，直至用程序语言完全描述每一个细节，即得到所期望的程序为止。

4.1.3 面向对象的程序设计方法

在面向对象的程序设计(Object-Oriented Programming，OOP)技术出现前，程序设计采用的是面向过程的程序设计(Process-Oriented Programming，POP)方法。

面向过程的程序设计方法采用函数(或过程)来描述对数据结构的操作,但又将函数与其所操作的数据分离开来,特定的函数针对的是特定的数据结构。因此面向过程的程序设计方法在编写、调试和修改上都是较困难的。

面向对象的程序设计方法针对问题领域进行自然的分解,按照人们的思维方式建立问题领域的模型,设计出尽可能直接且自然地表现问题求解的软件。今天,面向对象的程序设计方法已经发展成为主流的软件开发方法。

面向对象程序设计方法就其实质而言是一种面向数据的程序设计方法,它以挪威奥斯陆大学和挪威计算中心共同研制的 SIMULA 语言为标志,于 20 世纪 60 年代后期被首次提出。

面向对象方法的本质是采用人的正常思维方式来认识、理解和描述客观事物,强调最终建立的系统能够映射问题域。它寻求的是设计结果与问题在结构上保持一致。它认为,问题系统是由一个个对象及其相互联系、相互作用而构成的。

面向对象方法以数据为中心,将数据(或称为属性、状态)及可以施加在数据上的操作捆绑在一起,称之为对象,然后将对象抽象为类,通过继承形成类层次。对象间通过发送消息而相互联系和相互作用,从而完成系统的有关功能。

进行面向对象程序设计,应该采用面向对象的程序设计语言。一般而言,面向对象的程序设计语言具有以下的特征:

(1) 支持对象(Object)的有关概念。

(2) 将对象抽象为类(Class)。

(3) 类通过继承(Inheritance)形成类层次。

(4) 对象间通过传递消息(Message)而相互联系。

1. 面向对象方法的基本概念

面向对象的程序设计方法中,以"对象"为出发点,每个对象可以看成是一个封装起来的独立元件,在程序中承担重要的任务。

需要说明的是:关于面向对象方法,对其概念有许多不同的看法和定义,但是都涵盖了对象及对象属性与方法、类、继承、多态性几个基本要素。面向对象的程序设计通过考虑如何创建对象,并研究与对象有关的属性、事件、方法来实现。所以,对象、属性、事件、方法是最为重要的基本概念。下面分别介绍面向对象方法中这几个重要的基本概念,这些概念是理解和使用面向对象方法的基础和关键。

我们以沈阳的中华轿车来对"对象"以及后面要说明的"属性"作比喻性的说明。

一辆汽车是一个对象,而汽车的品牌(中华)、车型(骏捷、尊驰、中华 FRV、骏捷 FSV 等)、排量、颜色等就属于"属性"范畴。汽车的启动、刹车等操作动作可以理解为"事件",而启动等操作后汽车如何行驶就应该由具体的"方法"来规定。

1) 对象(Object)

对象是 OOP 中最基本的概念。对象是一个具有属性、能处理相应事件、具有特定方法程序、以数据为中心的统一体。

(1) 对象的属性

每个对象都有一些静态的特征,即对象的属性。属性是用来描述和反映对象特征的参数,对象中的数据就保存在属性中。例如文档中的汉字对象的描述参数有字体、字号、字色等。

(2) 对象的事件

事件是预先设计好的、能够被对象识别和响应的动作,如鼠标的单击、移动等。

(3) 对象的方法

方法是指对象自身可以进行的动作或行为。它实际上是对象本身所内含的一些特殊的函数或过程,以便实现对象的一些固有功能。例如针对某个对象进行的“显示”/“隐藏”设置。

2) 类(Class)

将属性、操作相似的对象归为类。类是一组具有相同特征的对象的抽象,是将某些对象的相同特征(属性和方法)抽取出来,形成的一个关于这些对象集合的抽象模型。

类具有封装性、继承性、多态性三个特征。

(1) 封装性。封装性是指把数据和操作代码封装在对象内部,从外面看只能看到对象的外部特征。封装的目的是把设计者与使用者分开,设计者提供设计方法等细节,使用者直接访问即可。

(2) 继承性。继承性是指能够根据先前的类(父类)生成一个新类(子类),子类可以保持父类中的行为和属性,但又增加了新的功能。任何类都可以从其他类中派生,体现了面向对象设计方法的共享机制。

(3) 多态性。多态性是指将同样的消息发给同一个对象,根据对象当前所处状态的不同,对象可能给出不同的响应。

3) 类(Class)和实例(Instance)

具有相同特性和行为的对象的抽象就是类。因此,对象的抽象是类,类的具体化就是对象,也可以说类的实例是对象。对象具有所属类的全部属性、事件和方法。

例如:“汽车类”可以描述所有汽车的性质,任何汽车都是“汽车类”的对象。而一辆汽车就是“汽车类”的一个具体实例。

4) 消息(Message)

面向对象的世界是通过对象与对象间彼此的相互合作来推动的,对象间的这种相互合作需要有一个协调机制,这样的机制就称为“消息”,它是对象之间进行通信的结构。消息统一了数据流和控制流,它的使用类似于函数的调用。

在对象的操作中,当一条消息被发送给某个对象时,消息包含接收对象去执行某种操作的信息。发送一条消息至少要包括说明接受消息的对象名、发送给该对象的消息名(即对象名、方法名)、还要对参数加以说明,参数可以是认识该消息的对象所知道的变量名,或者是所有对象都知道的全局变量名。

2. 面向对象方法的优点

1) 符合人类的思维习惯

面向对象的基本原理是:使用现实世界的概念,抽象地思考问题,从而自然而然地解决问题。强调模拟现实世界中的概念而不强调算法。

2) 稳定性好

面向对象方法基于构造问题领域的对象模型,以对象为中心构造软件系统。它的基本做法是用对象模拟问题领域中的实体,以对象间的联系刻画实体间的联系。所以,当对系统的功能需求变化时仅需要做一些局部性的修改。

3) 可重用性好

软件重用是指在不同的软件开发过程中重复使用相同或相似软件元素的过程。重用是提高软件生产率最主要的方法,有两种方法可以重复使用一个对象类:一是创建该类的实例,从而直接使用它;二是从它派生出一个满足当前需要的新类。

4) 易于开发大型软件产品

用面向对象模型开发软件时,可以把一个大型产品看作是一系列本质上相互独立的小产品来处理,这样不仅降低了开发的技术难度,而且也使得对开发工作的管理变得容易。

5) 可维护性好

由于用面向对象方法开发的软件具有较好的稳定性、比较容易修改、比较容易理解、易于测试和调试,因此易于维护。

4.2 常见的编程语言

4.2.1 计算机语言的发展史

计算机能够执行人们事先编制好的程序,书写程序所用到的语言叫做程序设计语言(即计算机语言)。程序设计语言可分为机器语言、汇编语言和高级语言三类。

1. 机器语言

机器语言,是第一代计算机语言。机器语言是用二进制代码表示的计算机能直接识别和执行的一批机器指令的集合,它是计算机的设计者通过计算机的硬件结构赋予计算机的操作功能。

使用机器语言是十分痛苦的,特别是在程序有错误需要修改时更是如此。而且,不同型号的计算机其机器语言是不相通的,按一种计算机的机器指令编制的程序,不能在另一种计算机上执行,因此,机器语言的程序没有通用性,是面向机器的语言。由于使用的是针对特定型号计算机的语言,因此机器语言的运算效率是所有语言中最高的。

2. 汇编语言

为了减轻使用机器语言编程带来的痛苦,人们对机器语言进行了一些有益的改进,用一些简洁的英文字母、符号串来替代一个特定指令的二进制串。例如,用 ADD 代表加法,MOV 代表数据传递等。这样一来,人们很容易读懂并理解程序在完成什么功能,纠错及维护都变得方便多了,这种程序设计语言就称为汇编语言,即第二代计算机语言。

汇编语言的特点是用助记符号代替了机器指令代码,助记符与指令代码一一对应,基本保留了机器语言的灵活性,比直接用机器语言的二进制代码来编程要方便些,在一定程度上简化了编程过程。汇编语言面向机器并能较好地发挥机器的特性,程序运行效率较高。

汇编语言编制的源程序在输入计算机时不能直接被识别和执行,还必须通过预先存入计算机的“汇编程序”进行加工和翻译，才能变成能够被计算机识别和处理的二进制代码程序。

用汇编语言写好的符号程序称为源程序。运行时，汇编程序要将源程序翻译成目标程序。目标程序是机器语言程序，它一旦被安置在内存的预定位置上，就能被计算机的CPU处理和执行。

汇编语言像机器指令一样，是硬件操作的控制信息，因此仍然是面向机器的语言，使用起来还是比较烦琐费时，通用性也较差。汇编语言可以被用来编制系统软件和过程控制软件，其目标程序占用内存空间少，运行速度快，有着高级语言不可替代的用途。

3. 高级语言

不论是机器语言还是汇编语言都是面向硬件具体操作的，对机器过分依赖，要求使用者必须对硬件结构及其工作原理都十分熟悉，这对非计算机专业人员来说是难以做到的，对于计算机的推广应用是不利的。

计算机技术的发展，促使人们去寻求一些与人类自然语言相接近且能为计算机所接受的语意确定、规则明确、自然直观且通用易学的计算机语言。这种与自然语言（英语）、数学语言相近并为计算机所接受和执行的计算机语言称为高级语言。高级语言是面向算法的语言，每一种高级（程序设计）语言都有自己规定的专用符号、英文单词、语法规则和语句结构（书写格式）。高级语言与自然语言（英语）更接近，而与硬件功能相分离（彻底脱离了具体的指令系统），便于掌握和使用。高级语言的通用性强，兼容性好，便于移植。

自1954年第一个完全脱离机器硬件的高级语言FORTRAN问世六十年以来，共有几百种高级语言出现，其中有重要意义的有几十种。

4.2.2 计算机高级语言简介

目前被广泛使用的计算机高级语言有FORTRAN、BASIC、Pascal、C、COBOL、LOGO以及VFP、VB，VC等。

1. FORTRAN语言

FORTRAN语言是目前国际上广泛流行的一种高级语言，适用于科学计算。FORTRAN是英文Formula Translation的缩写，意为“公式翻译”，它是专门为科学和工程中能够用数学公式表达的问题而设计的语言，主要用于数值计算。这种语言简单易学，因为可以像抄写数学教科书里的公式一样书写数学公式，它比英文书写的自然语言更接近数学语言。

FORTRAN语言是世界上第一个被真正推广的计算机高级语言，1954年问世以来，其风采一直经久不衰，始终是数值计算领域所使用的主要语言。

FORTRAN语言问世以来，先后推出了很多版本。第一代FORTRAN语言是在1954年提出来的，称为FORTRAN Ⅰ，于1956年在IBM 704计算机上得以实现；后来又发展形成了很多不同版本，其中最为流行的是1958年出现的FORTRANⅡ，它对FORTRANⅠ进行了很多扩充（如引进了子程序），在很多机器上得以实现；1962年出现的FORTRAN Ⅳ对原来的FORTRAN做了一些改变，造成了同时使用的FORTRAN Ⅱ和FORTRAN Ⅳ的不兼容。

由于FORTRAN语言在国际上的广泛使用,1972年国际标准化组织(International Standard Organization,ISO)公布了ISO FORTRAN标准,即《程序设计语言FORTRAN ISO 1539—1972》。

2. BASIC语言

BASIC语言全称是Beginner's All-purpose Symbolic Instruction Code,译为"初学者通用符号指令代码"。BASIC是一种易学易用的高级语言,非常适合初学者学习运用,自其问世以来经历了以下4个发展阶段:

(1) (1964年~70年代初)BASIC语言问世阶段。

(2) (1975年~80年代中)固化BASIC阶段,BASIC成为了计算机上的固化语言。

(3) (80年代中~90年代初) 结构化的BASIC阶段。

(4) (1991年以来) Visual BASIC阶段

1991年,微软推出了Visual BASIC(VB)1.0版,在当时引起了很大的轰动。许多专家把VB的出现作为软件开发史上的一个具有划时代意义的事件,是第一个"可视化"的编程软件。微软随后不失时机地在四年内接连推出VB 2.0,VB 3.0,VB 4.0三个版本。并且从VB 3.0开始,微软将Access的数据库驱动集成到了VB中,这使得VB的数据库编程能力大大提高。从VB 4.0开始,VB引入了面向对象的程序设计思想,引入了"控件"的概念,使得大量已经编好的VB程序可以被程序员直接使用。

2002年Visual Basic. NET 2002(V 7.0)问世,2003年Visual Basic. NET 2003(v7.1)问世,2005年11月Visual Basic 2005(v8.0)问世,同时间推出Visual Basic 2005的免费简化版本Visual Basic 2005 Express Edition给Visual Basic初学者及学生使用。

通过20年的发展,它已成为一种专业化的开发语言和环境。可以用Visual Basic快速创建Windows程序,还可以编写企业级水平的客户/服务器程序及强大的数据库应用程序,Visual Basic新版本中还有更多可用功能。

3. Pascal语言

Pascal语言的命名是为纪念伟大的17世纪法国著名数学家Pascal(B. Pascal)。

Pascal语言是一种结构化程序设计语言,由瑞士苏黎世联邦工业大学的沃斯(N. Wirth)教授研制,于1971年正式发表。Pascal语言是从ALGOL60衍生的,但功能更强且容易使用。目前,作为一个能高效率实现的实用语言和一个极好的教学工具,Pascal语言在高校计算机软件教学中一直处于主导地位。

Pascal语言具有大量的控制结构,充分反映了结构化程序设计的思想和要求,直观易懂,使用灵活,既可用于科学计算,又能用来编写系统软件,应用范围日益广泛。

4. C语言

C语言是国际上广泛流行的一种计算机高级语言。用C语言既可以编写系统软件,也可以编写应用软件。

C语言是在1972—1973年由美国贝尔实验室的D. M. Ritchie和K. Thompson以及英国剑桥大学的M. Richards等为描述和实现UNIX操作系统而设计的。UNIX操作系统源代码的90%以上是用C语言编写的。UNIX操作系统的一些主要特点,如便于理解,易于修改,具有良好的可移植性等,在一定程度上都受益于C语言;所以UNIX操作系统的成功与C语言是密不可分的。

最初的C语言附属于UNIX的操作系统环境,而它的产生却可以更好地描述UNIX操作系统。时至今日,C语言已独立于UNIX操作系统。它已成为微型、小型、中型、大型和超大型(巨型)计算机上通用的一种程序设计语言。D. M. Ritchie和K. Thompson也以他们在C语言和UNIX系统方面的卓越贡献获得了很高的荣誉。1982年,他们获得了《美国电子学杂志》颁发的成就奖,成为该奖自颁发以来首次因软件工程成就而获奖的获奖者。1983年,他们又获得了计算机界的最高荣誉奖——图灵奖。

随着C语言的不断发展、应用和普及,目前,C语言已经能够在多种操作系统下运行,实用的C语言编译系统种类繁多,如Microsoft C、Turbo C等。C语言是近年来最受人们欢迎的系统程序设计语言之一。

C语言的主要特色是兼顾了高级语言和汇编语言的特点,简洁、丰富、可移植。相当于其他高级语言子程序的函数是C语言的补充,每一个函数解决一个大问题中的小任务,函数使程序模块化。C语言提供了结构式化编程所需要的各种控制结构。

C语言是一种通用编程语言,正被越来越多的计算机用户所推崇。使用C语言编写程序,用户既能感觉到使用高级语言的自然,也能体会到利用计算机硬件指令的快捷。

对操作系统、系统程序以及需要对硬件进行操作的场合,用C语言明显优于其他高级语言,许多大型应用软件都是用C语言编写的。C语言具有绘图能力强,可移植性好,并具备很强的数据处理能力,因此适于编写系统软件,三维、二维图形和动画软件。

5. COBOL语言

COBOL语言的全称是Common Business Oriented Language,译为“通用商业语言”。

在企业管理中,数值计算并不复杂,但数据处理信息量却很大。为专门解决经企管理问题,1959年,美国的一些计算机用户组织设计了专用于商务处理的计算机语言COBOL,并于1961年由美国数据系统语言协会公布。经过不断修改、丰富完善和标准化,已发展为多种版本。

COBOL语言使用了300多个英语保留字,大量采用普通英语词汇和句型,COBOL程序通俗易懂,素有“英语语言”之称。

COBOL语言语法规则严格。用COBOL语言编写的任一源程序,都要依次按标识部、环境部、数据部和过程部4部分书写,COBOL程序结构的“部”内包含“节”,“节”内包含“段”,“段”内包含“语句”,“语句”由字或字符串组成,整个源程序很像一棵由根到干,由干到枝,由枝到叶的树,习惯上称之为树状结构。

目前COBOL语言主要应用于情报检索、商业数据处理等管理领域。

6. LOGO语言

LOGO语言是一种早期的编程语言,也是一种与自然语言非常接近的编程语言,它通过“绘图”的方式来学习编程,对初学者,特别是儿童来说是一种寓教于乐的教学方式。

LOGO语言创始于1968年,是美国国家科学基金会所资助的一项专案研究,在麻省理工学院(MIT)的人工智能研究室完成。LOGO 源自希腊文,原意为思想,是由一名叫佩伯特的心理学家在从事儿童学习的研究中,发现一些与他的想法相反的教学方法,并在一个假日中外出散步时,偶然间看到一个像海龟的机械装置触发灵感,于是利用他广博的知识及聪明才智最终完成了 LOGO 语言的设计。

绘图是 LOGO 语言中最主要的功能,佩伯特博士就是希望能通过绘图的方式来培养学生学习电脑的兴趣和正确的学习观念。LOGO 语言从开始发展到现在,已有 Windows 版本——MSWLogo,包括 Windows 3.X 版及 Windows 9X 版等。在以前的 LOGO 语言中有一个海龟,它有位置与指向两个重要参数,海龟按程序中的 LOGO 指令或用户的操作命令在屏幕上执行一定的动作,现在,图中的海龟由小三角形所替代。

LOGO 语言之所以是儿童学习计算机编程最好的一种语言,就因为它是针对儿童而制作的编程语言,能使儿童在认知与技能上得到较大的发展。LOGO 语言具有较强的针对性,因为对于儿童来说,“画画”比“文字处理”更具有活力,画画充分发挥自己的想象进行创作,而文字处理却比较枯燥,不适合儿童。LOGO 则主要用于“图画”制作,并且采用了“海龟绘图”的方式,适合儿童的学习特点,能充分引起他们的兴趣和学习该门语言的积极性,达到寓教于乐的目的。在 LOGO 语言中,它的作图方式与现在所用的作图软件不一样,主要区别就在于 LOGO 语言的基本作图的方法可以不采用坐标方式,而是通过向前,后退、向左转、向右转、回家等儿童易于理解的语言和命令,这非常适合儿童的知识水平,使这些还未接触坐标为何物的儿童更容易上手。在用 LOGO 语言作图时,需要学习者对一些常见的几何特性进行理解,了解常用的距离、角度和度数的概念。

7. Visual FoxPro 语言

Visual FoxPro 6.0 是微软公司开发的基于关系模型的一个小型数据库产品,主要用于 Windows 环境。利用 Visual FoxPro 6.0 可以设计出丰富多彩的用户界面,在用户界面中可以放置各种控制部件(如标签、文本框、命令按钮、图片等),从而设计出可视化的图形用户界面,方便用户的操作和使用。

Visual FoxPro 的发展主要经历了 3 个阶段。

1) dBASE 阶段

数据库理论的研究在 20 世纪 70 年代后期进入较为成熟的阶段,随着 20 世纪 80 年代初 IBM PC 及其兼容机的广泛使用,数据库产品的代表作之一——Ashton-Tate 公司开发的 dBASE 很快进入微机世界,成为一个相当普遍而且受欢迎的数据库管理系统。用户只需输入简单的命令,即可轻易完成数据库的建立、增添、修改、查询、索引以及产生报表或标签,或者利用其程序语言开发应用系统程序。由于它易于使用,功能较强,很快成为 20 世纪 80 年代中期的主导数据库系统。

2) FoxBASE 和 FoxPro 阶段

1984 年 Fox 公司推出了与 dBASE 全兼容的 FoxBASE,其速度大大快于 dBASE,并且在 FoxBASE 中第一次引入了编译器。

1987 年之后相继推出了 FoxBASE+ 2.0 和 2.10,这两个产品不仅速度上超越其前期产品,而且还扩充了对开发者极其有用的语言,并提供了良好的界面和较为丰富的工具。

1991 年,FoxPro 2.0 推出。由于使用了 Rushmore 查询优化技术、先进的关系查询与报表技术以及整套第四代语言工具，FoxPro 2.0 在性能上大幅度地提高了。它面向对象与事件，其扩展版充分使用全部现存的扩展内存，是一个真正的 32 位产品。

1992 年微软收购了 Fox 公司，把 FoxPro 纳入自己的产品中。它利用自身的技术优势和巨大的资源，在不长的时间里开发出 FoxPro 2.5、FoxPro 2.6 等大约 20 个软件产品及其相关产品，包括 DOS、Windows、Mac 和 UNIX 四个平台的软件产品。

3) Visual FoxPro 阶段

1995 年微软公司推出了 Visual FoxPro 3.0 版，Visual FoxPro 3.0 是一个可运行于 Windows 3.x、Windows 95 和 Windows NT 环境的数据库开发系统。它第一次把 Xbase 产品数据库的概念与关系数据库理论接轨。

1997 年 5 月，微软公司推出了 Visual FoxPro 5.0 中文版。

1998 年 9 月，微软公司推出了 Visual FoxPro 6.0 中文版。

8. Python 语言

Python 是一门高级程序设计语言，也是目前十分流行的开源脚本语言。据说 Python 之父 Guido van Rossum 为他发明的语言命名时，灵感源于一部 20 世纪 70 年代英国的喜剧连续剧 Monty Python's Flying Circus。而 Python 英文一词的含义是一种大型爬行类动物，不过 Python 语言似乎和爬行动物并没有什么联系。

Python 主要是用 C 语言实现的，它的流行要归功于它的功能强大。Python 可以在任何操作系统上运行，更重要的是 Python 是免费的开源软件，很多人不断地完善着 Python 的功能，开发者们分享各个领域的应用，使 Python 越发强大，影响力越来越强。一般用户不仅可以免费下载安装 Python，还可以方便地共享第三方开发的免费功能模块。Python 的优良特性赢得了众多的拥护者和支持者，越来越多的行业中都在应用 Python。从 YouTube 到大型网络游戏的开发，从动画设计到科学计算，从系统编程到原型开发，从数据库到网络脚本，从机器人系统到美国国家宇航局 NASA 的数据加密，都有 Python 的用武之地。Python 的主要特点有以下几个。

(1) 易学。Python 入门容易，即使没有编程基础的人也可以在短时间内掌握 Python 的核心内容，写出不错的程序。因为 Python 的语句和自然语言很接近，所以十分适合作为教学语言。

(2) 跨平台。软件的跨平台又称为可移植性。Python 具有良好的跨平台性是指 Python 编写的程序可以在不做任何改动的情况下在所有主流计算机的操作系统上运行。换句话说，在 Linux 下开发的一个 Python 程序，如果需要在 Windows 系统下执行，只要简单地把代码复制过来，在安装了 Python 解释器的 Windows 计算机上就可以很流畅地运行，而不需要做任何改动。

(3) 强大的标准库和第三方软件支持。Python 中内置了大约 200 个标准功能模块，每一个模块中都自带了强大的标准操作，用户只要了解功能模块的使用格式，就可以将模块导入到自己的程序中，使用其中标准化的功能，实现积木式任务开发，极大地提高了程序设计的效率。

(4) Python 是一种面向对象程序设计的脚本语言，它具有完整的面向对象程序设计的特征，如 Python 的类对象支持多态、操作符重载和多重继承等，因此用 Python 实现面向对象程序设计十分方便。与 C++ 和 Java 等相比，Python 甚至是更理想的面向对象的设计语言。

本章小结

计算机能够为人类服务的基础是具有功能完善的软件,掌握软件开发技术才能够编写出满足不同需求的软件。

本章的目的是帮助学生了解软件开发的全过程以及每一过程所需要的理论基础和实现工具,掌握计算机程序设计的方法和技术。了解本章的内容在计算机应用中的重要性,将有助于今后在计算机领域中的学习和探索。

本章内容复习

一、填空题

1. 传统的计算机程序的执行过程可分为________、________、________和________ 4 个过程。
2. 程序设计语言可分为________、________和________三类。

二、选择题

1. 结构化程序设计的三种基本结构是(　　)。
   A. 顺序、选择、重复　　B. 递归、嵌套、调用
   C. 过程、子过程、主程序　　D. 顺序、转移、调用
2. 面向对象的开发方法中,类与对象的关系是(　　)。
   A. 抽象与具体　　B. 具体与抽象　　C. 部分与整体　　D. 整体与部分
3. 信息隐蔽是通过(　　)实现的。
   A. 抽象性　　B. 封装性　　C. 继承性　　D. 传递性
4. (　　)不是面向对象的特征。
   A. 封装性　　B. 继承性　　C. 多态性　　D. 过程调用
5. 在面向对象方法中,对象之间进行通信的结构叫做(　　)。
   A. 口令　　B. 消息　　C. 调用语句　　D. 命令
6. 一个程序一般由(　　)两部分组成。
   A. 说明部分和执行部分　　B. 可执行部分和不可执行部分
   C. 软件本身和软件存储介质　　D. 说明部分和语句体

网上资料查找

1. 无论是对理工类学生还是文管类学生,Python 语言都应该是需要掌握的基本语言。请上网查找并总结 Python 语言的特点及其使用方法。
2. 查找当今较为流行的几种计算机语言。

第5章　软件工程基础

典型的软件有操作系统软件、办公软件、图像浏览与处理软件、杀毒软件及防火墙、解压缩软件、下载软件、即时通信软件等。这些软件的广泛应用使得人们的工作更加高效，生活更加丰富多彩。

软件工程（Software Engineering，SE）是一门研究用工程化的方法构建和维护有效的、实用的和高质量的软件的学科，涉及程序设计语言、数据库、软件开发工具、系统平台、标准、设计模式等多方面内容。

5.1　软件工程基础概述

5.1.1　软件工程基本概念

1. 软件定义

中国国家标准（GB）中对计算机软件的定义为：与计算机系统的操作有关的计算机程序、规程、规则以及可能有的文件、文档及数据。

软件是指计算机系统中与硬件相互依存的另一部分，是包括程序、数据和相关文档的完整集合。程序是软件开发人员根据用户需求开发的、用程序设计语言描述的、适合计算机执行的指令序列。数据是使程序能正常操纵信息的数据结构。文档是与程序的开发、维护和使用有关的图文资料。

深入理解软件的定义需要了解软件的特点：

（1）软件是一种逻辑实体，而不是物理实体，具有抽象性。

我们可以把软件存储在存储介质上，但我们不能也无法看到软件本身的具体形态，必须通过观察、分析、思考、判断，才能了解它的功能、性能等特性。

（2）软件没有明显的制作过程。一旦研制开发成功，可以大量进行复制，所以必须在软件的开发方面下功夫。

（3）运行和使用不会使软件磨损、老化。软件的退化主要是由失效引起的，多数情况是软件为了适应硬件、环境因素，需要进行修改与升级，而这些修改或升级不可避免地引入一些错误，从而导致软件失效率升高。

（4）软件的开发、运行对计算机系统具有很强的依赖性，这导致了软件移植的问题。

（5）软件复杂性高，成本昂贵。人类有史以来生产的复杂度最高的工业产品。软件涉及人类社会的各行各业、方方面面，软件开发常常涉及其他领域的专门知识。软件开发需要投入大量高强度的脑力劳动，成本高，风险大。

我们可以举个例子：Taligent 是一套操作系统，是苹果公司于20世纪80年代末开始实施的构想,它应该是性能卓越、面向未来的新一代的 PC 操作平台。Taligent 的名称由“天才”(Talent)和“智力”(Intelligence)组合而成。就是这么一个充满智慧的项目,却是我们从未见到的,因为它已经在 1995 年无疾而终。

事实上,软件产品的立项、开发团队的构建、需求分析的制定、软件的架构设计、具体实施的步骤等因素都可能导致开发的失败,有时甚至过于追求完美也是导致失败的主要因素。

(6) 软件开发涉及诸多的社会因素。许多软件的开发和运行涉及软件用户的机构设置,体制问题以及管理方式等,甚至涉及人们的观念和心理,软件知识产权及法律等问题。

软件根据应用目标的不同,分类是多种多样的。软件按功能可以分为:应用软件、系统软件、支撑软件(或工具软件)。

应用软件是为解决特定领域的应用而开发的软件。如事务处理软件、工程与科学计算软件、实时处理软件、嵌入式软件、人工智能软件等应用性质不同的各种软件。

系统软件是计算机管理自身资源,提高计算机使用效率并为计算机用户提供各种服务的软件。如操作系统、编译程序、汇编程序、网络软件、数据库管理系统等。

支撑软件是介于系统软件和应用软件之间,协助用户开发软件的工具性软件,包括辅助、支持开发和维护应用软件的工具软件,如需求分析工具软件、设计工具软件、编码工具软件、测试工具软件、维护工具软件等,也包括辅助管理人员控制开发进程和项目管理的工具软件。

2. 软件危机

软件危机是指在软件的开发和维护过程中曾遇到的一系列严重问题,这些问题表现在以下几个方面:

(1) 用户对系统不满意,软件需求的增长得不到满足。

(2) 软件开发成本和进度无法控制。

(3) 软件质量难以保证。

(4) 软件不可维护,或维护程度非常低。

(5) 软件成本在计算机系统总成本中所占的比例逐年上升。

(6) 软件开发生产率提高的速度远远跟不上硬件的发展和计算机应用迅速普及深入的趋势。

总之,可以将软件危机归结为成本、质量和生产率等问题。

以上仅列举了软件危机的明显表现,当然,与软件开发和维护有关的问题远远不止这些。造成软件危机的原因是多方面的,有属于开发人员方面的,也有软件本身的特点方面的。

软件是程序以及开发、使用和维护程序需要的所有文档。因此,软件产品必须由一个完整的配置组成,应该肃清主观盲目、草率编程以及不考虑维护等错误观念。

3. 软件工程

为了摆脱软件危机,经过人们多年工作经验的积累,北大西洋公约组织的软件人员于 1968 年提出了软件工程的概念。所谓软件工程就是采用工程的概念、原理、技术和方法来开发和维护软件。

中国国家标准(GB)中也指出,软件工程是应用于计算机软件的定义、开发和维护的一整套方法、工具、文档、实践标准和工序。

软件工程包括三个要素,即方法、工具和过程。方法是完成软件工程项目的技术手段;工具支持软件的开发、管理和文档的生成;过程支持软件开发各个环节的控制和管理。

软件工程的核心思想是把软件产品当作一个工程产品来处理,达到工程项目的三个基本要素:进度、经费和质量的指标。

4. 软件工程过程

ISO 9000 定义:软件工程过程是把输入转化为输出的一组彼此相关的资源和活动。定义支持了软件工程过程的两方面内涵。

其一,软件工程过程是指为获得软件产品,在软件工具支持下由软件工程师完成的一系列软件工程活动。基于这个方面,软件工程过程通常包含 4 种基本活动:

① P(Plan)——软件规格说明。规定软件的功能及其运行时的限制;

② D(Do)——软件开发。产生满足规格说明的软件;

⑨ C(Check)——软件确认。确认软件能够满足客户提出的要求;

④ A(Action)——软件演进。为满足客户的变更要求,软件必须在使用的过程中演进。

其二,从软件开发的观点看,软件工程就是使用适当的资源(人员、软硬件工具、时间等)为开发软件进行的一组开发活动,在其过程结束时将输入(用户要求)转化为输出(软件产品)。

5. 软件生命周期

软件生命周期(Software Life Cycle)就是把软件从产生、发展到成熟直至衰亡分为若干个阶段,每个阶段的任务相对独立,而且比较简单,便于不同人员分工协作,从而降低了整个软件开发工程的困难程度。软件生命周期一般包括可行性研究、需求分析、设计、编码、测试、交付使用以及维护等活动,如图 5-1 所示。

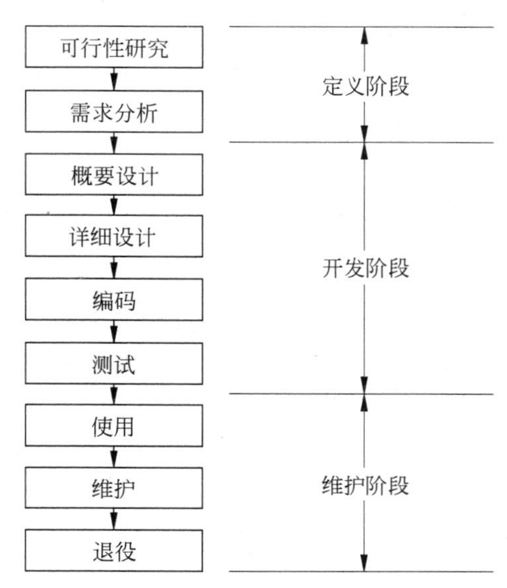

图 5-1 软件生命周期

软件生命周期的主要活动如下:

(1) 可行性研究与计划制定。此阶段的任务不是具体解决问题,而是研究问题的范围,探索这个问题是否值得去解决,是否有可行的解决办法。

(2) 需求分析。这个阶段的任务主要是确定目标系统必须具备哪些功能并给出详细定义。因此,系统分析员在需求分析阶段必须和用户密切配合,充分交流信息,以得出经过用户确认的系统逻辑模型。该逻辑模型是以后设计和实现目标系统的基础,因此必须准确完整地体现用户的要求。

(3) 软件设计。软件设计又分为概要设计(总体设计)和详细设计两个阶段,在这两个阶段中,系统设计人员和程序设计人员应该在反复理解软件需求的基础上,给出软件的结构、模块的划分、功能的分配以及处理流程。

(4) 软件实施。这个阶段的任务是程序员根据目标系统的性质和实际环境,选取一种适当的程序设计语言(必要时用汇编语言),把详细设计的结果翻译成用选定的语言书写的程序,同时编写用户手册、操作手册等面向用户的文档,编写单元测试计划。

(5) 软件测试。这个阶段的任务是通过各种类型的测试,使软件达到预定的要求。在设计测试用例的基础上,检验软件的各个组成部分,编写测试分析报告。

(6) 运行与维护。将已交付的软件投入运行,并在运行使用中不断地维护,根据新提出的需求进行必要的扩充和删改,每一项维护活动都应该准确地记录下来,作为正式的文档资料加以保存。

6. 软件工程的目标

1) 软件工程目标

软件工程目标是在给定成本和进度的前提下,开发出具有有效性、可靠性、可理解性、可维护性、可重用性、可适应性、可移植性、可追踪性和可操作性且满足用户需求的产品。

2) 软件工程要求

① 付出较低的开发成本;

② 软件功能达到要求;

③ 软件性能较好;

④ 软件易于移植;

⑤ 维护费用低。

3) 软件工程内容

软件工程研究的内容主要包括软件开发技术和软件工程管理。

软件开发技术包括软件开发方法学、开发过程、开发工具和软件工程环境。其主体内容是软件开发方法学。

软件工程管理对象包括费用、质量、配置与项目等。

7. 软件工程的原则

软件工程的原则包括抽象、信息隐蔽、模块化、局部化、确定性、一致性、完备性和可验证性。

1) 抽象

抽象是指对要处理的事物抽象出最基本的特性和行为,忽略非本质细节,采用分层次抽象、自顶向下、逐层细化的办法控制软件开发过程的复杂性。

2) 信息隐蔽

信息隐蔽采用封装技术,将程序模块的实现细节隐藏起来,使模块接口尽量简单。

3) 模块化

模块是程序中相对独立的成分,是一个独立的编程单位,应有良好的接口定义。

4) 局部化

局部化要求在一个物理模块内集中逻辑上相互关联的计算资源,保证模块间具有松散的耦合关系，模块内部有较强的内聚性，这有助于控制系统的复杂性。

5）确定性

软件开发过程中所有概念的表达应是确定的、无歧义且规范的。

6）一致性

一致性包括程序、数据和文档的整个软件系统的各模块应使用已知的概念、符号和术语，程序内外部接口应保持一致，系统规格说明与系统行为应保持一致。

7）完备性

完备性要求软件系统不丢失任何重要成分，完全实现系统所需的功能。

8）可验证性

开发大型软件系统需要对系统自顶向下、逐层分解。系统分解应遵循容易检查、测评、评审的原则，以确保系统的正确性。

8. 软件开发工具与软件开发环境

1）软件开发工具

软件开发工具的发展是从单项工具的开发逐步向集成工具发展的，软件开发工具为软件工程方法提供了自动或半自动的软件支撑环境。

2）软件开发环境

软件开发环境是指支持软件产品开发的软件工具集合。计算机辅助软件工程(Computer Aided Software Engineering，CASE)是当前软件开发环境中富有特色的研究工作和发展方向。CASE将各种软件工具、开发机器和一个存放开发过程信息的中心数据库组合起来，形成软件开发环境。

5.1.2 结构化分析方法

结构化分析方法(Structured Method)是强调开发方法的结构合理性以及所开发软件的结构合理性的软件开发方法。结构是指系统内各个组成要素之间的相互联系、相互作用的框架。结构化开发方法提出了一组提高软件结构合理性的准则，如分解与抽象、模块独立性、信息隐蔽等。

针对软件生存周期各个不同的阶段，它有结构化分析、结构化设计和结构化程序设计等方法。

1. 结构化分析

结构化分析给出一组帮助系统分析人员产生功能规约的原理与技术，主要应用在软件的需求分析阶段。结构化分析方法将软件系统抽象为一系列的逻辑加工单元，各单元间以数据流发生关联。按照数据流分析的观点，系统模型的功能是数据变换，逻辑加工单元接受输入数据流，使之变换成输出数据流。

1）结构化分析步骤

结构化分析有以下5个主要步骤：

① 通过对用户的调查，以软件的需求为线索，获得当前系统的具体模型。

② 去掉具体模型中非本质因素，抽象出当前系统的逻辑模型。

③ 根据计算机的特点分析当前系统与目标系统的差别，建立目标系统的逻辑模型。

④ 完善目标系统并补充细节，写出目标系统的软件需求规格说明。

⑤ 评审直到确认完全符合用户对软件的需求。

2）结构化分析手段

数据流模型常用数据流图表示。它一般利用图形来表达用户的需求，使用的手段主要有数据流图、数据字典、结构化语言、判定表以及判定树等。其图形工具如表5-1所示。

表5-1 数据流图中的图形工具

图形符号	说明
→	数据流。沿箭头方向传送数据的通道，一般在旁边标数据流名
○	加工。输入数据经加工变换产生输出
═	存储文件(数据源)。表示处理过程中存放各种数据文件
□	数据的源点/终点。表示系统和环境接口

(1) 数据流图。通过对实际系统的了解和分析后，使用数据流图(Data Flow Diagram，DFD)为系统建立逻辑模型。建立数据流图的原则是：先外后内；自顶向下；逐层分解。

为保证数据流图完整、准确和规范，要对加工处理建立唯一、层次性的编号，且每个加工处理通常要求既有输入又有输出；数据存储之间不应该有数据流；要保证数据流图的一致性；要遵循父图、子图关系与平衡规则。

(2) 数据词典。数据词典(Data Dictionary，DD)是用来描述数据流图中数据信息的集合，它与数据流图密切配合，能清楚地表达数据处理的要求。数据词典要对数据流图出现的所有名字(数据流、加工、文件)进行定义，如同查词典一样。

数据词典是由三部分组成的，它包括数据流描述、文件的描述和加工的描述。

数据词典是结构化分析方法的核心。数据词典是对所有与系统相关的数据元素精确的、严格的定义，使得用户和系统分析员对于输入、输出、存储成分和中间计算结果有共同的理解。

在数据词典的编制过程中，常使用定义式描述数据结构，如表5-2所示。

表5-2 数据词典定义式中出现的符号

符号	含义
=	表示“等于”“定义为”“由什么构成”
[…|…]	表示“或”，即选择括号中用“|”号分隔的各项中的某一项
+	表示“与”“和”
n{}m	表示“重复”，即括号中的项要重复若干次，n和m是重复次数的上下限
(…)	表示“可选”，即括号中的项可以没有
**	表示“注释”
..	表示连接符

(3) 判定表。判定表(Decision table)是另一种表达逻辑判断的工具。其优点是能把所有条件组合充分地表达出来。如旅游预订票系统中，在旅游旺季(5～10月)，如果订票超过100张，则优惠票价的20%；100张以下，优惠10%。在旅游淡季(11～4月)，若订票超过

100张，则优惠票价的30%；100张以下，优惠20%。

语言不易清楚表达的问题，用如表5-3这般表示就一目了然。判定表一般结构如表5-4所示。

表5-3 旅游预订票系统判定表

旅游时间	5～10月	11～4月
订票量	≤100，>100	≤100，>100
折扣量	10%，20%	20%，30%

表5-4 判定表一般结构

Ⅰ 条件类别	Ⅱ 条件组合

2. 结构化设计

结构化设计是给出一组帮助设计人员在模块层次上区分设计质量的原理与技术。它通常与结构化分析方法衔接起来使用，以数据流图为基础得到软件的模块结构。

结构化设计尤其适用于事务型结构的目标系统。在设计过程中，它从整个程序的结构出发，利用模块结构图表述程序模块之间的关系。

1）模块化

（1）模块化定义。模块化是指把一个待解决的复杂问题"自顶向下"逐层划分成若干个模块的过程。模块化最重要的特点是抽象性和信息隐藏性，抽象的层次从概要设计到详细设计逐步降低。

（2）模块独立性。模块独立性是指每个模块只完成系统要求的独立的子功能，并且与其他模块的联系最少且接口简单。模块的独立程度是评价设计好坏的重要标准，是软件系统质量的关键。衡量软件的模块独立性，可以使用两个定性的标准度量：内聚和耦合。

内聚是衡量一个模块内部各个元素彼此结合的紧密程度；耦合是衡量模块间彼此相互依赖的程度。很显然，模块的独立性要求内聚性强，耦合性弱。

2）软件结构图

软件系统结构设计的结果通常用软件结构图来表示。软件结构图中的基本图符如图5-2所示。结构图构成的基本形式如图5-3所示。

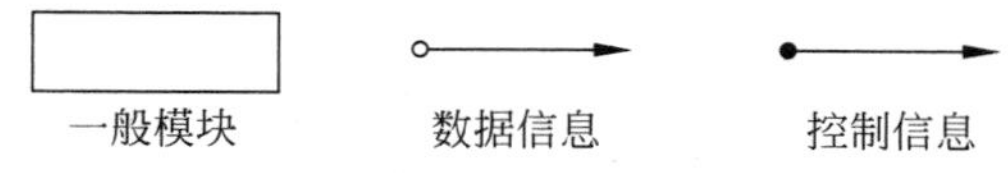

图5-2 结构图中的基本图符

结构图使用的有关术语如下：

① 深度：系统控制的模块层数；

② 宽度：整体控制跨度，即模块数最多的层；

③ 扇出：一个模块直接调用的其他模块数；

④ 扇入：调用一个给定模块的模块个数；

⑤ 原子模块：结构图像一棵倒置的树，树中位于叶子节点的模块；

⑥ 上级模块、从属模块：调用的是上级模块，被调用的是从属模块。

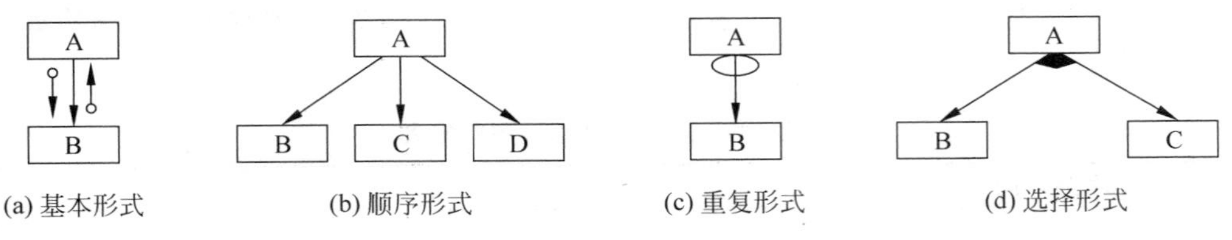

图 5-3　结构图构成的基本形式

经常使用的结构图有 4 种模块类型：传入模块、传出模块、变换模块和协调模块，如图 5-4 所示。

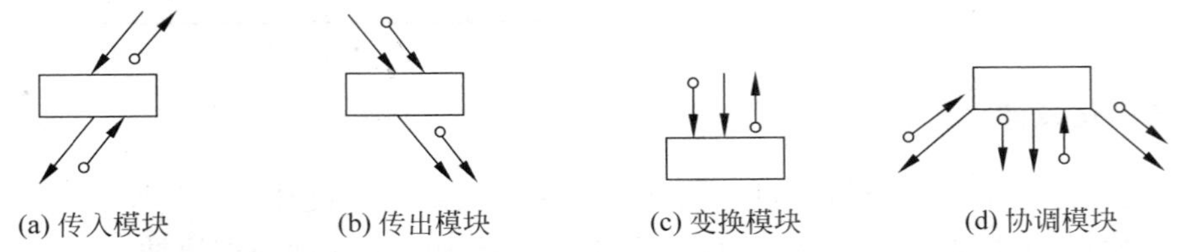

图 5-4　常用结构图的 4 种模块类型

3）结构化设计步骤

① 评审和细化数据流图；

② 确定数据流图的类型；

③ 把数据流图映射到软件模块结构，设计出模块结构的上层；

④ 基于数据流图逐步分解高层模块，设计中下层模块；

⑤ 对模块结构进行优化，得到更为合理的软件结构；

⑥ 描述模块接口。

4）结构化设计原则

① 每个模块执行一个功能；

② 每个模块用过程语句（或函数）调用其他模块；

③ 模块间传送的参数作数据用；

④ 模块间共用的信息（如参数）尽量要少。

3. 结构化程序设计

结构化程序设计于 1969 年被提出。它以模块化设计为中心，将待开发的软件系统划分为若干个相互独立的模块，这样使完成每一个模块的工作变得单纯而明确，为设计一些较大的软件打下了良好的基础。

1）结构化程序设计原则

（1）自顶向下。程序设计时，应先考虑总体，后考虑细节；先考虑全局目标，后考虑局部目标。先从最上层总目标开始设计，逐步使问题具体化。

（2）逐步细化。对复杂问题，应设计一些子目标作为过渡，逐步细化。

（3）模块化设计。把程序要解决的总目标分解为分目标，再分解为小目标。每一个小目标作为一个模块。

(4) 限制使用 goto 语句。限制使用 goto 语句可以不造成结构上的人为混乱。

2) 结构化程序设计要点

① 逐步求精;

② 使用顺序、选择、循环三种基本控制结构构造程序。

3) 程序设计人员的组成

程序设计人员的组成应采用"3 员核心制",即以主程序员(负责全部技术活动)、后备程序员(协调、支持主程序员)和程序管理员(负责事务性工作,如收集、记录数据,资料管理等)三人为核心,再加上一些其他(如通信、数据、专有技术)人员组成。

5.1.3 软件设计

1. 模块设计准则

模块设计准则包括以下几点:

1) 提高模块独立性

可以通过模块的分解与合并来提高模块的独立性。

2) 模块调用适当

模块调用的个数最好不要超过 5 个。模块调用过多,说明其功能过大,应该尽量避免这种情况发生。

3) 模块的作用域与控制域

模块的作用域,是受该模块内一个判定影响的所有模块的集合;模块的控制域,是包括它自己及其所有的下属模块的集合。

控制域是从结构方面考虑的,而作用域是从功能方面考虑的。模块的作用域应该在模块的控制域之内。

4) 降低接口复杂性

模块接口复杂性是软件发生错误的一个重要原因,因此模块接口传递的信息应该简单,并且要与模块的功能相一致。

5) 单入口和单出口形式

模块应该设计为单入口和单出口形式,这样的模块比较容易理解与维护。

6) 模块大小要适中

模块的大小决定于程序语句的多少,一个程序应该控制在 50 个语句左右。当模块语句超过 50 句时,其可理解性便迅速下降。可以通过模块分解的方法减小模块的大小。

2. 概要设计

概要设计的基本任务是进行软件系统结构设计、数据结构和数据库设计、编写概要设计文档和概要设计文档评审。

1) 设计软件系统结构

在概要设计阶段要设计出软件的结构,确定系统的模块及它们之间的关系。具体的过程是:

(1) 采用某种设计方法将一个复杂的系统按功能划分成模块;

(2) 确定每个模块的功能;

(3) 确定每个模块之间的调用关系;

(4) 确定模块之间的接口,从而进行模块间信息的传递;

(5) 评价模块结构的质量。

2) 数据结构和数据库设计

(1) 确定输入、输出文件的详细数据结构;

(2) 结合算法设计,确定算法所必需的逻辑数据结构及其操作;

(3) 确定逻辑数据结构所必需的程序模块,限制和确定各个数据设计决策的影响范围;

(4) 需要与操作系统或调度程序接口所必需的控制表进行数据交换时,确定其详细的数据结构和使用规则;

(5) 进行数据的保护性、防卫性、一致性、冗余性设计。

3) 编写概要设计文档

编写概要设计说明书、数据库设计说明书、用户手册和修订测试计划。

4) 概要设计文档评审

针对设计方案的可行性、正确性、有效性、一致性等进行严格的技术审查。

5) 设计软件结构

在概要设计阶段,要把数据流图变换成结构图表示的软件结构。

数据流图有两种类型:变换型和事务型。

3. 详细设计

详细设计阶段的目标是给出软件模块结构中各个模块的内部过程描述,从而在编码阶段可以把这个描述直接翻译成用某种程序设计语言书写的程序。

在详细设计阶段,要对每个模块规定的功能给出适当的算法描述,即确定模块内部的详细执行过程,包括局部数据组织、控制流、每一步具体处理要求和各种实现细节等。

详细设计阶段的常用工具有以下几种。

- 图形工具:程序流程图、N-S 图、PAD 图。
- 表格工具:判定表和判定树。
- 语言工具:PDL(伪码)。

1) 程序流程图

程序流程图(PFD 图)又称为程序框图。程序流程图的基本图符及含义如图 5-5 所示。

图 5-5 程序流程图基本图符

程序流程图有以下 5 种控制结构,如图 5-6 所示。

① 顺序结构:几个连续的处理步骤依次排列构成。

② 选择结构:由某个逻辑判断式的取值决定选择两个处理中的一个。

③ 多分支选择结构：列举多种处理情况，根据控制变量的取值，选择执行其中之一。

④ 先判断循环结构：先判断循环控制条件是否成立，成立则执行循环体语句。

⑤ 后判断循环结构：先执行循环体语句，后判断循环控制条件是否成立。

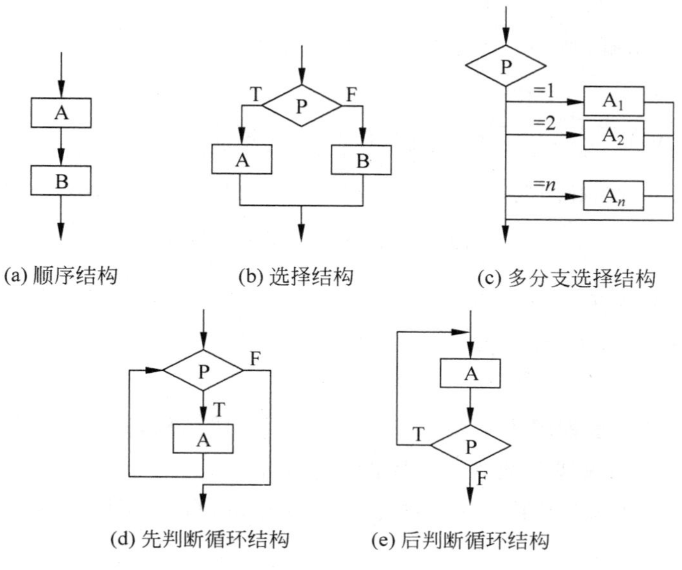

图 5-6　5 种控制结构

2）N-S 图

N-S 图（方框图）中仅含 5 种基本的控制结构，即顺序型、选择型、多分支选择型、While 循环型和 Until 循环型，如图 5-7 所示。

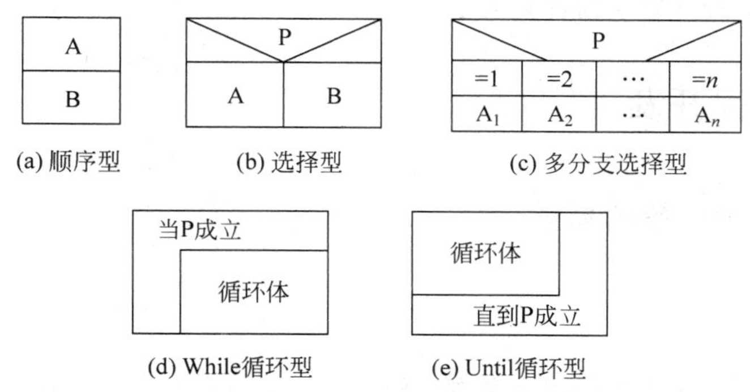

图 5-7　N-S 图的 5 种控制结构

N-S 图有以下特点：

① 每个构件具有明确的功能域。

② 控制转移必须遵守结构化设计要求。

③ 易于确定局部数据和全局数据的作用域。

④ 易于表达嵌套关系和模块的层次结构。

3）PAD 图

PAD 是问题分析图（Problem Analysis Diagram）的英文缩写。PAD 图的基本图符及表示的5种基本控制结构如图5-8所示。

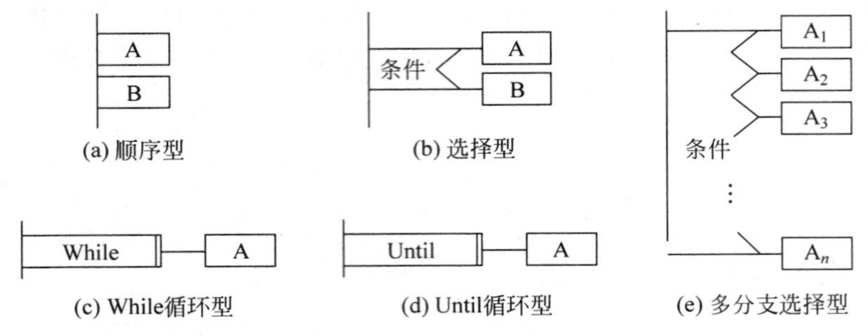

图5-8 PAD图的基本图符

PAD图有以下特征:

① 结构清晰,结构化程度高;

② 易于阅读;

③ 最左端的纵线是程序主干线,对应程序的第一层结构,每增加一层PAD图则向右扩展一条纵线,故程序的纵线条数等于程序的层次数;

④ 程序执行从PAD图最左主干线上端节点开始,自上而下、自左向右依次执行,程序终止于最右主干线。

4) PDL

过程设计语言PDL(Procedure Design Language)也称为结构化的语言或伪码,它是一种混合语言,采用英语的词汇和结构化程序设计语言,是一种类似编程语言的语言。

PDL只是一种描述程序执行过程的工具,是面向读者的,不能直接用于计算机,实际使用时还需转换成某种计算机语言来表示。

5.2 软件工程开发

5.2.1 软件开发阶段的划分

1. 初始阶段

初始阶段的目标是为系统建立案例并确定项目的边界。为了达到该目的必须识别所有与系统交互的外部实体,在较高层次上定义交互的特性。

本阶段具有非常重要的意义,在这个阶段中所关注的是整个项目进行中的业务和需求方面的主要风险。对于建立在原有系统基础上的开发项目来讲,初始阶段可能很短。

2. 细化阶段

细化阶段的目标是分析问题领域,建立健全的体系结构基础,编制项目计划,淘汰项目中最高风险的元素。为了达到该目的,必须在理解整个系统的基础上,对体系结构作出决策,包括其范围、主要功能和性能等需求。同时为项目建立支持环境,包括创建开发案例,创建模板、准则并准备工具。

3. 构造阶段

在构建阶段，应用程序功能要被开发并集合成产品，所有的功能要被详细测试，此时的产品版本被称为 beta 版。

4. 交付阶段

交付阶段的重点是确保软件对最终用户是可用的。交付阶段要进行产品测试并根据用户反馈做出少量调整。

5.2.2 软件开发成本的分析

成本基于方案的选择。所以，软件的开发应该先考虑几种可能的解决方案。例如，软件的主要功能是用计算机完成还是用人工完成？如果选择用计算机完成，那么是使用批处理方式还是人机交互方式？信息存储如何进行？

1. 方案种类

从成本角度被考虑的方案应该有下列几类：

1）低成本的解决方案

低成本的解决方案是：系统只能完成最必要的工作，不能多做一点额处的工作。

2）中等成本的解决方案

中等成本的解决方案要求系统不仅能够很好地完成预定的任务，使用起来很方便，而且可能还具有用户没有具体指定的某些功能和特点。虽然用户没有提出这些具体要求，但是系统分析员根据自己的知识和经验断定，这些附加的能力在实践中将被证明是很有价值的。

3）高成本的“十全十美”的系统

高成本的“十全十美”的系统具有用户可能希望有的所有功能和特点。

2. 方案选择

系统分析员应该使用系统流程图或其他工具描述每种可能的系统，估计每种方案的成本和效益，在充分权衡各种方案的利弊的基础上，推荐一个较好的系统（较优方案），并且制定实现所推荐的系统的详细计划。如果用户接受分析员推荐的系统，则可以着手完成下一项工作。

3. 设计软件结构

在确定了解决问题的策略以及目标系统需要的程序后，结构设计的一条基本原理就是程序应该模块化。模块化是将一个大程序设计成若干规模适中的模块按合理的层次结构组织而成。所以需要进行软件结构的设计，确定程序的模块组成关系。这项工作通常需要用层次图或结构图来描绘。

5.2.3 软件规格说明

这个工作的任务不是编写程序,而是设计出程序的详细规格说明。这种规格说明的作用类似于工程的蓝图,它们应该包含必要的细节,程序员可以根据它们写出实际的程序代码。

1. 软件需求规格说明书

软件需求规格说明书是需求分析阶段的最后成果,是软件开发的重要文档之一。

1) 软件需求规格说明书的作用

(1) 便于用户、开发人员进行理解和交流;

(2) 反映出用户问题的结构,可以作为软件开发工作的基础和依据;

(3) 作为确认测试和验收的依据。

2) 软件需求规格说明书书写框架

(1) 概述。从系统的角度描述软件的目标和任务。

(2) 数据描述。软件需求规格说明书是对软件系统所必须解决的问题做出的详细说明,内容包括数据流图、数据词典、系统接口说明和内部接口。

(3) 功能描述。根据每一项功能的过程细节,对每一项功能要给出处理说明和在设计时需要考虑的限制条件,内容包括功能、处理说明和设计的限制。

(4) 性能描述。说明系统应达到的性能和应该满足的限制条件。内容包括性能参数、测试种类、预期的软件响应和应考虑的特殊问题。

(5) 参考文献。应包括有关的全部参考文献,其中包括前期的其他文档、技术参考资料、产品目录手册以及标准等。

(6) 附录。包括一些补充资料,如数据与算法的详细说明、框图、图表和其他资料。

2. 软件需求规格标准

软件需求规格说明书是确保软件质量的有力措施。衡量软件需求规格说明书质量好坏的标准如下。

1) 正确性

正确性体现待开发系统的真实要求。

2) 无歧义性

无歧义性对每一个需求只有一种解释,其陈述具有唯一性。

3) 完整性

完整性包括全部有意义的需求,功能的、性能的、设计的、约束的、属性或外部接口等方面的需求。

4) 可验证性

可验证性描述的每一个需求都是可以验证的,即存在有限代价的有效过程验证确认。

5) 一致性

各个需求的描述不矛盾。

6）可理解性

需求说明书必须简明易懂，尽量避免计算机的概念和术语，以便用户和软件人员都能接受。

7）可修改性

在需求有必要改变时是易于实现的。

8）可追踪性

每一个需求的来源、流向是清晰的，当产生和改变文件编制时可以方便地引证每一个需求。

5.2.4 程序编码

编码俗称编程序。程序包含了软件开发全过程中设计人员所付出的劳动。

为了保证编码的质量，程序员必须深刻地理解、熟练地掌握并正确地运用程序设计语言。然而，软件工程项目对代码编写的要求，绝不仅仅是源程序语法的正确性，也不只是源程序中没有错误，它还要求源程序具有良好的结构性和良好的程序设计风格。

1. 程序设计风格

程序设计风格是指编写程序时所表现出的特点、习惯和逻辑思路，它会深刻影响软件的质量和可维护性。良好的程序设计风格可以使程序结构清晰合理，代码便于维护。所以程序设计风格对保证程序的质量非常重要。

在保证正确性的基础上，衡量好坏的一个重要标准是源程序代码逻辑上是否简明清晰，是否易读易懂。这需要遵循一些体现风格的编码原则。

2. 编码原则

1）源程序文档化

源程序文档化是指在源程序中可包含一些内部文档，以帮助阅读和理解源程序。

源程序的文档化需要注意以下三点：

（1）符号名的命名。符号名的命名应具有一定的实际含义，以便理解程序功能。

（2）程序注释。正确的注释能够帮助读者理解程序。注释一般分为序言性注释和功能性注释。序言性注释常位于程序开头部分，它包括程序标题、程序功能说明、主要算法、接口说明、程序位置、开发简历、程序设计者、复审者、复审日期、修改日期等。功能注释一般嵌在源程序体之中，用于描述其后的语句或程序做什么。

（3）视觉组织。代码的视觉组织是指书写上要突出结构的层次感，多利用空格、空行、缩进等技巧使程序层次清晰。

2）数据的说明

在编写程序时，需要注意数据说明的风格，以便使数据说明更易于理解和维护。

数据说明应注意以下3点：

（1）数据说明的次序规范化，如先简单类型后复杂类型；

（2）说明语句中变量安排有序化，如按字母的顺序排列这些变量；

(3) 使用注释来说明复杂数据的结构。

3) 语句的结构

在保证程序正确的前提下,再提高程序速度。所以程序的语句应该简单直接。下述规则有助于使语句简单明了:

(1) 在一行内只写一条语句;

(2) 程序编写应优先考虑清晰性;

(3) 避免使用临时变量而使程序的可读性下降;

(4) 避免不必要的转移;

(5) 避免采用复杂的条件语句,同时也要减少使用“否定”条件的条件语句;

(6) 尽可能使用库函数;

(7) 采用模块化,模块功能要单一,要确保模块的独立性;

(8) 避免大量使用循环嵌套和条件嵌套;

(9) 重复使用的表达式要调用公共函数代替;

(10) 使用括号以避免二义性。

总之,编写程序要清晰第一,效率第二。要从数据出发去构造程序。修补一个不好的程序,还不如重新编写它。

4) 输入和输出

输入和输出是用户直接关心的事情,其方式和格式应尽可能方便用户使用。

输入输出风格应注意以下几点:

(1) 输入数据要进行合法性检验;

(2) 检查输入项的各种组合的合理性;

(3) 输入格式与操作要尽可能简单;

(4) 输入数据时应允许使用自由格式,并允许缺省值;

(5) 输入输出要进行屏幕提示,提示符明确提示输入的请求,输入过程中应给出状态信息;

(6) 设计良好的输出格式。

5.2.5 软件测试

软件测试是保证软件质量的关键,它是对需求分析、设计和编码的最后审核,其工作量、成本占总工作量、总成本的40%以上,而且具有较高的组织管理和技术难度。

测试的目的是发现软件中的错误,而软件工程的目标是开发出高质量的完全符合用户需求的软件,因此,发现错误必须要改正错误,这是调试的目的。调试是测试阶段最困难的工作。

软件测试过程涵盖了整个软件生命周期的过程,包括需求定义阶段的需求测试、编码阶段的单元测试、集成测试以及后期的确认测试、系统测试,验证软件是否合格、能否交付用户使用等。

1. 软件测试的准则

在测试阶段,应遵从以下准则。

1）所有测试都应追溯到用户的需求

软件测试的目的是发现错误，而最严重的错误就是程序无法满足用户的需求。

2）严格执行制定好的测试计划，测试不可随意

软件测试应当制定明确的测试计划并应该按照计划执行。

测试计划应该包括：所测软件的功能、输入和输出、测试内容、各项测试的目的和进度安排、测试资料、测试工具、测试用例的选择、资源要求、测试的控制方式和过程等。

3）充分注意测试中的群集现象

群集现象是指：软件测试中一个功能部件已发现的缺陷越多，找到它的更多未发现的缺陷的可能性就越大。所以，为了提高测试效率，测试人员应该集中对付那些错误群集的程序。

4）应避免由程序编写者进行测试

从心理学角度讲，程序人员或设计方在测试自己的程序时，要采取客观的态度是存在障碍的。

5）穷举测试不可能

所谓穷举测试是指把程序所有可能的执行路径都进行检查的测试。但是，即使规模再小的程序，其路径排列数也是很大，在实际测试过程中不可能穷尽每一种组合。这说明，测试只能证明程序中有错误，不能证明程序中没有错误。

6）妥善保存测试内容，以方便程序的维护

测试内容包括：测试计划、测试用例、出错统计和分析报告。

总结一下，程序测试是“破坏性”的，应该由第三方人员进行。测试用例应能做到有的放矢。要注意，对程序的任何修改都有可能产生新的错误，所以用以前测试用例进行回归测试，有助于发现由于修改程序而引入的新错误。

2. 软件测试的方法

软件测试方法和技术按是否需要执行被测软件的角度分为静态测试和动态测试，按功能划分可以分为白盒测试和黑盒测试。

1）静态测试

静态测试包括代码检查、静态结构分析、代码质量度量等。

代码检查主要检查代码和设计的一致性，包括代码审查、代码走查、桌面检查、静态分析等具体方式。

(1) 代码审查：小组集体阅读、讨论检查代码。

(2) 代码走查：小组成员通过用“脑”研究、执行程序来检查代码。

(3) 桌面检查：由程序员检查自己编写的程序。

(4) 静态分析：对代码的机械性、程序化的特性分析，包括控制流分析、数据流分析、接口分析、表达式分析。

2）动态测试

动态测试是基于计算机的测试，是为了发现错误而执行程序的过程。设计高效、合理的测试用例是动态测试的关键。

3）白盒测试方法

白盒测试方法简称白盒法，也称结构测试。它是将程序视为一个透明的盒子，即根据程

序的内部结构和处理过程,对程序的所有逻辑路径进行测试,在不同点检查程序状态,查看实际状态与预期的状态是否一致,以确认每种内部操作是否符合设计规格要求。白盒法的基本原则是:

(1) 保证所测模块中每一独立路径至少执行一次;

(2) 保证所测模块所有判断的每一分支至少执行一次;

(3) 保证所测模块每一循环都在边界条件和一般条件下至少各执行一次;

(4) 验证所有内部数据结构的有效性。

白盒法主要有逻辑覆盖、基本路径测试等。逻辑覆盖测试是泛指一系列以程序内部的逻辑结构为基础的测试用例设计技术。通常所指的程序中的逻辑结构有判断、分支、条件等几种表示方式。最常用的逻辑覆盖技术如下。

(1) 语句覆盖:选择足够的测试实例,使得程序中的每一个语句至少执行一次;

(2) 路径覆盖:执行足够的测试用例,使程序中所有的可能路径都至少经历一次;

(3) 判定覆盖:使设计的测试用例保证程序中每个判定至少都能获得一次真值和假值,使得程序的每个分支至少执行一次;

(4) 条件覆盖:设计的测试用例使程序中每个判定的每个条件都取到各种可能的值,使程序对不同的取值至少执行一次;

(5) 判定条件覆盖:设计足够多的测试用例,使得程序判定中的每个条件取到各种可能的值,并使每个判定取到各种可能的结果的所有可能取值至少执行一次,同时每个判断的所有可能取值分支至少执行一次。

基本路径测试是根据软件过程描述中的控制流程确定程序的环路复杂性,由此定义基本路径集合,并导出一组测试用例对每一条独立执行路径进行测试。

4) 黑盒测试方法

黑盒测试方法简称黑盒法,也称功能测试。它着眼于程序的外部特征,而不考虑程序的内部逻辑构造。测试人员将程序视为一个黑盒子,即不关心程序内部结构和内部特征,而只想检查程序是否符合它的功能说明。因此,在使用黑盒测试法时,手头只需要有程序功能说明就可以了。

黑盒法是在程序的接口上进行测试,看它能否满足功能要求,输入能否正确接收,能否输出正确的结果,以及外部信息(如数据文件)的完整性能否保持。所以,用黑盒法发现程序中的错误,必须用所有可能的输入数据来检查程序,看它能否都产生正确的结果。

黑盒法主要有等价类划分法、边界值分析法、错误推测法和因果图法等。

(1) 等价类划分法:等价类划分法是将程序所有可能的输入数据(有效的和无效的)划分成若干等价类,可以合理地做出下述假定:每类中的一个典型值在测试中的作用与这一类中所有其他值的作用相同。可以从每个等价类中取一组数据作为测试数据,这样选取的数据最有代表性,最可能发现程序中的错误。

例如在进行管理系统的登录模块开发时,针对用户名与密码的有效性测试,就可以使用这个方法。

(2) 边界值分析法:边界值分析法是对各种输入、输出范围的边界情况设计测试用例的方法。使用刚好等于、小于和大于边界值的数据来进行测试,有较大的可能发现错误。因此,在设计测试用例时,常选择一些临界值进行测试。

(3) 错误推测法：测试人员也可以通过经验或直觉推测程序中可能存在的各种错误，从而有针对性地编写检查这些错误的例子，这就是错误推测法。

(4) 因果图法：在测试中使用因果图，可提供对逻辑条件和相应动作的关系的简洁表示。

3. 软件测试过程

软件测试是保证软件质量的重要手段。软件测试是一个过程，其测试流程是该过程规定的程序，目的是使软件测试工作系统化。软件测试过程分4个步骤，即单元测试、集成测试、确认测试和系统测试。

1) 单元测试

单元测试是对软件设计的最小单位——模块(程序单元)进行正确性检验测试。单元测试的目的是发现各模块内部可能存在的各种错误。单元测试的依据是详细设计说明书和源程序。单元测试主要针对模块的以下5个基本特性进行。

(1) 模块接口测试——测试通过模块的数据流；

(2) 内部数据结构测试；

(3) 重要的执行路径检查；

(4) 出错处理测试；

(5) 影响以上各点及其他相关点的边界条件测试。

单元测试方法可以采用静态分析和动态测试，这两种测试可以互相补充。

每一个被测试的单元都不是一个独立的程序，模块自己不能运行，必须依靠其他模块来驱动，同时，每一个模块在整个系统结构中的执行往往又调用一些下属模块(最底层的模块除外)。因此，在进行模块测试时，必须设计一个驱动模块和若干个桩模块。驱动模块的作用是模拟被测试模块的调用模块，它接收不同测试用例的数据，并把这些数据传送给测试的模块，最后把结果打印或显示出来。桩模块的作用是模拟被测试模块的下属模块，即桩模块是用来代替被测模块所调用的模块。驱动模块和桩模块在单元测试结束后就没有用了。但是为了单元测试，它们是必要的。因此，设计这些模块并进行单元测试是测试成本的一部分。

2) 集成测试

集成测试是在组装软件的过程中对组装的模块进行测试，主要目的是发现与接口有关的错误，主要依据是概要设计说明书。集成测试包括子系统测试和系统测试。集成测试所涉及的内容包括：软件单元的接口测试、全局数据结构测试、边界条件和非法输入的测试等。集成测试将模块组装成程序，通常采用两种方式：非增量方式组装和增量方式组装。非增量方式是将测试好的每一个软件单元一次组装在一起再进行整体测试；增量方式是将已经测试好的模块逐步组装成较大系统，在组装过程中边连接边测试，以发现连接过程中产生的问题。

3) 确认测试与系统测试

(1) 确认测试：确认测试的任务是验证软件的功能和性能，以及其他特性是否满足了需求规格说明书中确定的各种需求，包括软件配置是否完全、正确。确认测试是运用黑盒测试方法，对软件进行有效性测试。

(2) 系统测试：系统测试是把通过测试确认的软件作为整个基于计算机系统的一个元

素,与计算机硬件、外部设备、支撑软件、数据和人员等其他系统元素组合在一起,在实际运行(使用)环境下对计算机系统进行一系列集成测试的确认。

系统测试的目的是在真实的系统工作环境下检验软件是否能与系统正确连接,以发现软件与系统需求不一致的地方。

系统测试的具体实施一般包括功能测试、性能测试、操作测试、配置测试、外部接口测试、安全性测试等。

5.2.6 程序的调试

在对程序进行成功的测试之后将进入程序调试(通常称 Debug,即排错)阶段,任务是诊断和改正程序中的错误。

1. 程序调试

程序调试活动由两部分组成,一是根据错误的迹象确定程序中错误的确切性质、原因和位置;二是对程序进行修改,排除错误。程序调试的基本步骤如下:

1) 错误定位

从错误的外部表现形式入手,研究有关部分的程序,确定程序中出错位置,找出错误的内在原因。

以下几点需要注意:

(1) 现象与原因所处的位置可能相距很远,高耦合的程序结构中这种情况更为明显;

(2) 当纠正其他错误时,这一错误所表现出的现象可能会消失或暂时性消失;

(3) 现象可能并不是由错误引起的(如输入数据的精度引起的误差);

(4) 现象可能是人为因素引起的;

(5) 现象还可能时有时无;

(6) 现象可能是由一种难以再现的输入状态引起的;

(7) 现象可能是周期性出现的,这在软件、硬件结合的嵌入式系统中多见。

2) 修改设计和代码,以排除错误

3) 进行回归测试,防止引进新的错误

2. 调试方法

调试的关键在于推断程序内部的错误位置及原因,从是否跟踪和执行程序的角度来说(类似于软件测试),软件调试可以分为静态调试和动态调试。静态调试主要是指通过人的思维来分析源程序代码和排错,是主要的调试手段,而动态调试是辅助静态调试的。主要的调试方法有以下几种。

1) 强行排错法

强行排错法的过程可概括为:设置断点、程序暂停、观察程序状态、继续运行程序,涉及的调试技术主要是设置断点和监视表达式。

2) 回溯法

回溯法适合于小规模程序的排错。一旦发现错误先分析错误征兆,确定最先发现"症状”的位置，然后，从发现“症状”的地方开始，沿程序的控制流程逆向跟踪源程序代码，直到找到错误根源或确定产生出错的范围。

3）原因排除法

原因排除法是通过演绎、归纳以及二分法来实现的。

（1）演绎法。演绎法是列出所有可能的原因和假设，然后排除一个个不可能的原因，直到剩下最后一个真正的原因为止。

（2）归纳法。归纳法是一种从特殊推断出一般的系统化思考方法。其基本思想是从一些线索着手，通过分析寻找到潜在的原因，从而找出错误。

（3）二分法。二分法是将程序一分为二，分别检查程序是否正确。基本做法是，已知每个变量在程序中若干个关键点的正确值，然后在这些点给这些变量赋以正确值，然后运行程序。这样可以将出错范围缩小。多次应用二分法，可以将错误的范围极大缩小。

本章小结

计算机能够为人类服务的基础是具有功能完善的软件，掌握软件开发技术才能够编写出满足不同需要的软件。

本章的目的是帮助了解软件开发的全过程，以及每一过程所需要的理论基础和实现工具，掌握计算机程序设计的方法和技术。了解本章的内容在计算机应用中的重要性，将有助于在今后的计算机领域中的学习和探索。

本章内容复习

一、填空题

1. 软件生命周期就是把软件从________、________到________，直至________分为若干个阶段。

2. 软件是包括程序、数据和________的集合。

3. 软件工程研究的内容主要包括：________技术和软件工程管理。

4. 数据流图有两种类型：________和________。

5. 结构化程序设计原则有自顶向下、逐步细化、________和限制使用goto语句。

6. 概要设计的基本任务是进行________、数据结构和数据库设计、编写概要设计文档、概要设计文档评审和设计软件结构。

二、选择题

1. （　　）不是软件危机问题的表现。

   A. 开发成本不断提高，开发进度难以控制

   B. 生产率的提高赶不上硬件发展和应用需求的增长

   C. 软件质量难以保证，维护或可维护程度非常低

   D. 软件生命周期短，需要定期更换

2. 软件生命周期的主要活动阶段是(　　)。
   A. 需求分析　　B. 软件开发　　C. 软件确认　　D. 软件演进
3. 下列工具中为需求分析常用工具的是(　　)。
   A. PFD　　B. PAD　　C. N-S　　D. DFD
4. 软件测试是在软件投入运行前对软件(　　)方面进行的最后审核。
   A. 需求　　B. 设计　　C. 编码　　D. 以上3个都有
5. (　　)是软件测试的目的。
   A. 证明软件没有错误　　B. 演示软件的正确性
   C. 发现软件中的错误　　D. 改正软件中的错误
6. 关于软件测试的准则,以下说法正确的是(　　)。
   A. 测试可以随时进行,有一定的随机性
   B. 所有测试都要追溯到需求
   C. 程序员应该首先测试一下自己的程序
   D. 测试中应该采取穷举测试法
7. 软件工程的技术方法有(　　)。
   A. 结构化方法　　B. 面向对象方法　　C. 软件开发模型　　D. 过程化方法
8. 黑盒测试方法术方法着主要着眼于程序的(　　)特征。
   A. 内部　　B. 外部　　C. 物理　　D. 逻辑

网上资料查找

1. 请上网查找有关软件测试方法的介绍。
2. 查找对程序流程图的相关介绍。

第 6 章　数据库技术基础

数据库技术是计算机领域的一个重要分支。在计算机应用的三大领域(科学计算、数据处理、过程控制)中,数据处理约占到任务的 70%,数据库技术就是作为一门数据处理技术发展起来的。随着计算机应用的不断普及与深入,数据库技术变得越来越重要。了解、掌握数据库系统的基本概念和基本技术是应用数据库技术的前提。本章主要介绍数据管理技术的发展、数据库系统的基本概念、数据模型以及 SQL 语言的功能、特点及其应用,并对关系代数进行了说明。

6.1　数据库概述

当今是信息技术飞速发展的时代,作为信息技术主要支柱之一的数据库技术在社会各个领域中都有着广泛的应用。

数据库是数据管理的最新技术,是计算机科学的重要分支。数据库技术可以为各种用户提供及时的、准确的、相关的信息满足用户的各种需要。数据库技术研究的问题是如何科学地组织和存储数据,如何高效地获取和处理数据,如何更广泛、更安全地共享数据。

6.1.1　数据与数据处理

数据是数据库中存储的基本对象。多媒体时代的数据类型很多,文字、图形、图像、声音、动画等与数值数据一样都是数据。

可以对数据做如下定义:描述事物的符号记录称为数据。描述事物的符号可以是数字、文字、图形、图像、声音等多种形式,它们经过转化以后可以被计算机所处理。

人们需要对要交流的信息进行描述。在日常生活中,人们通过语言进行事物的描述;在计算机中,为了存储和处理这些事物,就要用由这些事物的典型特征值构成的记录来描述。

例如,我们喜欢的网球选手李娜,截至 2014 年 1 月底,她共获得了 9 个 WTA 和 19 个 ITF 单打冠军;共 4 次闯入网球大满贯女单决赛,两次收获冠军;2014 年 2 月 17 日世界排名来到世界第二。我们对她个人信息的描述可以是这样的:

(李娜,女,1982,172cm,武汉,网球,华中科技大学,世界排名第 2 位)

这条记录就是数据。了解语义的我们可以从这条记录中读出:李娜 1982 年出生在武汉,曾是世界排名第 2 的优秀网球选手,毕业于华中科技大学。而不了解其语义的人则可能不明其义。可见,数据的形式还不能完全表达其内容,需要经过解释。数据的解释是指对数据含义的说明,数据的含义又称为数据的语义,所以,数据与其语义是不可分的。

随着计算机技术的发展,数据处理已成为人类进行正常社会生活的一种需求,是人们对数据进行收集、组织、存储、加工、传播和利用的一系列活动的总和。

数据处理经过了手工记录的人工管理、以文件形式保存数据的文件系统和现在的数据库管理三个阶段,每个阶段各具特点。

1. 人工管理阶段

在计算机出现之前,人们运用常规的手段从事数据记录、存储和加工,也就是利用纸张来记录和利用计算工具(算盘、计算尺)来进行计算,使用大脑来管理和利用数据。

早期的计算机主要用于科学计算,外部存储器只有磁带、卡片和纸带,没有专门软件对数据进行管理。程序员编写应用程序时要安排数据的物理存储,因为每个应用程序都需要包括数据的存储结构、存取方法、输入方式等,数据只能为本程序所使用。多个应用程序涉及相同的数据时,也必须各自定义与输入。所以,程序之间存在大量冗余数据。

人工管理阶段的特点是:计算机系统不提供对用户数据的管理功能。用户编制程序时,必须全面考虑好相关的数据,包括数据的定义、存储结构以及存取方法等;所有程序的数据均不单独保存,数据与程序是一个整体,数据只为本程序所使用;数据只有与相应的程序一起保存才有价值,导致程序间存在大量的重复数据,浪费了存储空间。

在人工管理阶段,程序与数据之间的关系如图 6-1 所示。

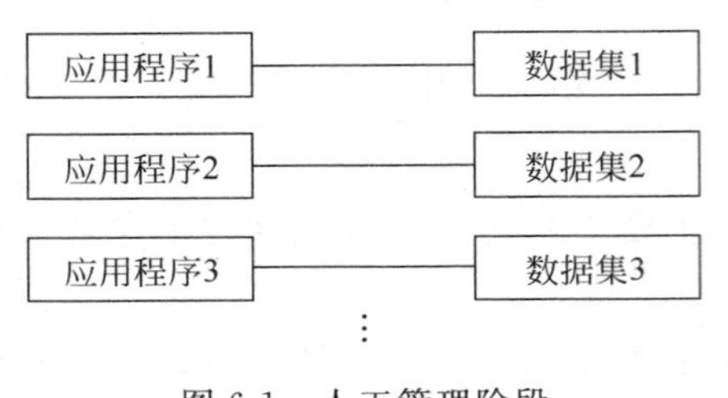

图 6-1 人工管理阶段

2. 文件系统阶段

20 世纪 60 年代,计算机进入到信息管理时期。这时,随着数据量的增加,数据的存储、检索和维护成为了紧迫需要解决的问题,数据结构和数据管理技术也迅速发展起来。

随着计算机技术的迅速发展,硬件有了磁盘、磁鼓等直接存储设备,软件出现了高级语言和操作系统。操作系统中有了专门管理数据的软件,一般称为文件系统。这一时期的数据处理是把计算机中的数据组织成相互独立的被命名的数据文件并长期保存在计算机外存储器中,用户可按文件的名字对数据进行访问,可随时对文件进行查询、修改和增删等处理。

文件系统阶段的特点是:数据以“文件”形式保存在磁盘上;程序与数据之间具有“设备独立性”,程序只需用文件名就可与数据打交道;操作系统的文件系统提供存取方法;文件组织多样化,有索引文件、链接文件和直接存取文件等;文件之间相互独立,数据之间的联系要通过程序去构造。

在文件系统阶段,程序与数据之间的关系如图 6-2 所示。

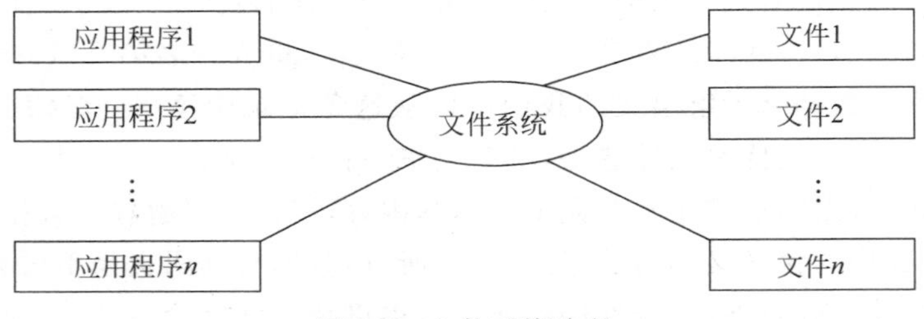

图 6-2 文件系统阶段

在文件系统阶段，一个文件基本上对应于一个应用程序，数据不能共享。数据和程序相互依赖，一旦改变数据的逻辑结构，必须修改相应的应用程序。由于相同数据的重复存储、各自管理，在进行更新操作时，容易造成数据的不一致性。

3. 数据库系统阶段

20 世纪 60 年代后期，计算机性能得到进一步提高，更重要的是出现了大容量磁盘，存储容量大大增加且价格下降。文件系统的数据管理方法已无法适应开发应用系统的需要，为解决多用户、多个应用程序共享数据的需求，出现了统一管理数据的专门软件系统，即数据库管理系统。

数据库系统阶段如图 6-3 所示。

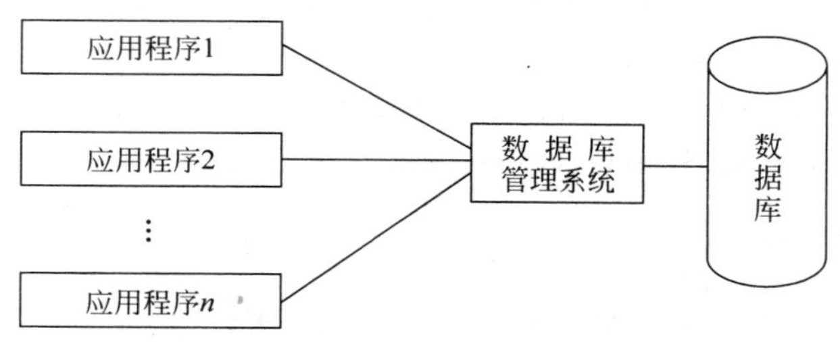

图 6-3 数据库系统阶段

数据库系统阶段的数据管理特点是：数据不再面向特定的某个应用，而是面向整个应用系统；数据冗余明显减少，实现了数据共享；具有较高的数据独立性；数据和外存中的数据之间转换由数据库管理系统实现。

数据库系统为用户提供了方便的用户接口。用户可以使用查询语言或终端命令操作数据库，也可以用程序方式操作数据库。对数据的操作不一定以记录为单位，可以以数据项为单位，增加了系统的灵活性。

此外，数据库系统提供了数据控制功能。主要包括：数据库的并发控制、数据库的恢复、数据完整性和数据安全性。

从文件系统到数据库系统，标志着数据管理技术质的飞跃。20 世纪 80 年代后期，不仅在大、中型计算机上实现并应用了数据管理的数据库技术，在微型计算机上也可使用数据库管理软件，使数据库技术得到了普及。三个阶段数据管理技术的特点如表 6-1 所示。

表 6-1 三个阶段数据管理技术的特点

	手工管理	文件管理	数据库管理
数据的管理者	用户（程序员）	文件系统	数据库系统
数据的针对者	特定应用程序	面向某一应用	面向整体应用
数据的共享性	无共享	共享差，冗余大	共享好，冗余小
数据的独立性	无独立性	独立性差	独立性好
数据的结构化	无结构	记录有结构，整体无结构	整体结构化

6.1.2 数据库的基础概念

在系统了解数据库知识之前，应先了解和熟悉数据库的一些最基本的术语和概念，主要包括数据、数据库、数据库管理系统和数据库系统。

1. 数据

数据(Data)是对客观事物属性的描述与记载,是一些物理符号。

按通常传统与狭义的理解,数据的表现形式为数字形式,而广义的理解,数据是数据库中存储的基本对象,它的表现形式有很多,数值、文字、图形、图像、声音等都是数据。这些数据经过数字化后都可以存入计算机,能为计算机所处理。

2. 数据库

数据库(DataBase,DB)是长期存储在计算机内,有组织的、可共享的大量数据的集合。数据库中的数据按一定的数据模型组织、描述和存储,具有较小的冗余度、较高的数据独立性和易扩展性,并可为用户共享。

数据库本身不是独立存在的,它是组成数据库系统的一部分。在实际应用中,人们面对的是数据库系统(DataBase System,DBS)。

3. 数据库管理系统

数据库管理系统(DataBase Management System,DBMS)是位于用户和操作系统之间的一种系统软件,负责数据库中的数据组织、数据操作、数据维护及数据服务等。

数据库管理系统使用户能方便地定义数据和操纵数据,并能够保证数据的安全性、完整性,多用户对数据的并发使用及发生故障后的系统恢复。数据库管理系统是数据库系统的核心,主要有如下功能:

1) 数据定义功能

DBMS 提供数据定义语言(Data Definition Language,DDL),用户通过它可以方便地对数据库中的相关内容进行定义,如对数据库、基本表、视图和索引进行定义。

2) 数据操纵功能

DBMS 向用户提供数据操纵语言(Data Manipulation Language,DML),实现对数据库的基本操作,如对数据库中数据的查询、插入、删除和修改。

3) 数据控制功能

这是 DBMS 的核心部分,它包括并发控制(即处理多个用户同时使用某些数据时可能产生的问题)、安全性检查、完整性约束条件的检查和执行、数据库的故障恢复等。所有数据库的操作都要在这些控制程序的统一管理下进行,以保证数据安全性、完整性和多个用户对数据库的并发操作。DBMS 提供的数据控制语言(Data Control Language,DCL)负责实现这些功能。

4) 数据库的建立和维护功能

数据库的建立和维护功能通常由一些实用程序完成,它是数据库管理系统的一个重要组成部分。主要包括数据库初始数据的输入转换功能,数据库的存储与恢复功能,数据库的重新组织功能、系统的性能监测与分析功能等。

4. 数据库管理员

对数据库的规划、设计、维护、监视等应该要有专门的人负责,他们就是数据库管理员。

其主要工作如下：

（1）数据库设计。具体就是进行数据模型的设计。

（2）数据库维护。要对数据库中的数据的安全性、完整性、并发控制及系统恢复、数据定期转存等进行实施与维护。

（3）改善系统性能，提高系统效率。要随时监视数据库的运行状态，不断调整内部结构，使系统保持最佳状态与最高效率。

5. 数据库系统

数据库系统（DataBase System，DBS）通常是指带有数据库的计算机应用系统，因此，数据库系统不仅包括数据库本身（即实际存储在计算机中的数据），还包括相应的硬件、软件和各类人员。数据库系统一般由数据库、数据库管理系统（及其开发工具）、应用系统、数据库管理员和用户构成。数据库系统组成示意如图6-4所示。

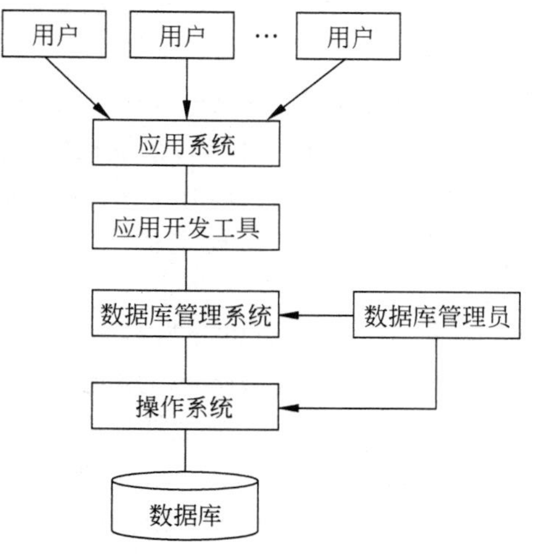

图6-4 数据库系统组成示意图

6. 数据库应用系统

利用数据库系统进行应用开发可构成一个数据库应用系统，数据库应用系统是数据库系统加上应用软件及应用界面这三者所组成，具体包括：数据库、数据库管理系统、数据库管理员、硬件平台、软件平台、应用软件、应用界面。其中应用软件是由数据库系统所提供的数据库管理系统（软件）及数据库系统开发工具所编写而成，而应用界面大多由相关的可视化工具开发而成。

6.1.3 数据库系统的特点与应用示例

1. 数据库系统的特点

1）数据共享性高、冗余少

数据共享性高、冗余少是数据库系统阶段的最大改进，数据不再面向某个应用程序而是面向整个系统，当前所有用户可同时存取数据库中的数据。这样便减少了不必要的数据冗余，节约存储空间，同时也避免了数据之间的不相容性与不一致性。

2）数据结构化

按照某种数据模型将各种数据组织到一个结构化的数据库中，整个组织的数据不是一盘散沙，可表示出数据之间的有机关联。

3）数据独立性高

数据的独立性分为逻辑独立性和物理独立性。

数据的逻辑独立性是指当数据的总体逻辑结构改变时，数据的局部逻辑结构不变，应用程序是依据数据的局部逻辑结构编写的，所以应用程序不必修改，从而保证了数据与程序间的逻辑独立性。

数据的物理独立性是指当数据的存储结构改变时,数据的逻辑结构不变,从而应用程序也不必改变。例如,改变数据的存储组织方式。

4) 有统一的数据控制功能

数据库为多个用户和应用程序所共享,对数据的存取往往是并发的(即多个用户可以同时存取数据库中的数据,甚至可以同时存取数据库中的同一个数据),为确保数据库数据的正确有效和数据库系统的有效运行,数据库管理系统提供下述4方面的数据控制功能。

(1) 数据的安全性(Security)控制:防止不合法使用数据造成数据的泄漏和破坏,保证数据的安全和机密。例如,系统提供口令检查或对数据的存取权限进行限制。

(2) 数据的完整性(Integrity)控制:是指对数据的精确性和可靠性的控制,防止数据库中存在不符合语义规定的数据和防止因错误信息的输入输出造成无效操作或错误信息。

数据完整性又可以分为实体完整性、参照完整性、用户定义的完整性等。

(3) 并发(Concurrency)控制:多用户同时存取或修改数据库时,防止相互干扰而提供给用户不正确的数据,使数据库受到破坏。

(4) 数据恢复(Recovery):当数据库被破坏或数据不可靠时,系统有能力将数据库从错误状态恢复到最近某一时刻的正确状态。

2. 数据库系统的应用示例

现在,数据库已经成为人们日常生活中不可缺少的一部分,下面列出常见的一些数据库系统的应用。

1) 超市销售系统

在超市购物时,收银员通过使用条形码阅读器来扫描每件商品的条形码得到商品的品名、价格等信息。收银员的操作实际上链接了一个使用条形码从商品数据库中查询商品信息的应用程序,然后该程序将查询到的商品信息显示在收银机上,求得合计金额并打印清单。

完成商品售出后,商品数据库中要进行商品出库信息的调整。

2) 铁路售票系统

火车站售票人员将旅客提供的日期、车次、起始站名、到达站名、车票数量等信息输入铁路售票系统,如果存票量满足旅客要求,就可以打印车票,同时将已售出的车票在存储车票信息的数据库中锁定,以防重复出售。

举一个与上面所介绍的并发控制相关的极端例子。早期的车票售票系统,在多个售票终端"同时"锁定修改车票数据库时,特别是锁定的信息相同时有可能发生并发控制不良,造成锁定失败,结果出现一张车票被两次售出的现象。

3) 图书管理系统

图书管理系统包含身份验证、借阅图书、归还图书、打印催还单、信息查询、系统维护等模块。用户登录时要进行身份的验证,用户通过"借阅图书"模块输入所要借阅图书的编码,系统自动判断该书的馆藏情况,如果尚有可借书则完成本次借阅。"归还图书"模块功能操作与“借阅图书”模块操作相反，系统从数据库中读出借阅信息并填入归还数据后，完成归还操作。

6.1.4 常用数据库管理系统

目前有许多数据库产品，如Oracle、Microsoft SQL Server、Sybase、DB2、Microsoft Access、Visual FoxPro等，它们以各自特有的功能在数据库应用领域中占有一席之地。

1. Oracle

Oracle是1983年推出的世界上第一个开放式商品化关系型数据库管理系统。它采用标准的结构化查询语言，支持多种数据类型，提供面向对象存储的数据支持，具有第四代语言开发工具特点，支持UNIX、Windows NT、OS/2、Novell等多种平台。除此之外，它还具有很好的并行处理功能。Oracle产品主要由Oracle服务器产品、Oracle开发工具、Oracle应用软件组成，也有基于微机的数据库产品。主要满足银行、金融、保险等部门开发大型数据库的需求。

2. SQL Server

SQL即结构化查询语言(Structured Query Language,SQL)。SQL Server最早出现于1988年，当时只能在OS/2操作系统上运行。2000年12月，Microsoft发布了SQL Server 2000，该软件可以运行于Windows NT/2000/XP/Vista等多种版本操作系统之上，是支持客户机/服务器结构的数据库管理系统，它可以帮助各种规模的企业管理数据。

随着用户群的不断增大，SQL Server在易用性、可靠性、可收缩性、支持数据仓库、系统集成等方面日趋完美。特别是SQL Server的数据库搜索引擎，可以在绝大多数的操作系统之上运行，并针对海量数据的查询进行了优化。目前SQL Server已经成为应用最广泛的数据库产品之一。由于使用SQL Server不但要掌握SQL Server的操作，而且还要能熟练掌握Windows NT/2000等运行机制以及SQL语言，所以，非专业人员在学习和使用时难度较大。

3. Sybase

1987年推出的大型关系型数据库管理系统Sybase，能运行于OS/2、UNIX、Windows等多种平台。它支持标准的关系型数据库语言SQL，使用客户机/服务器模式，采用开放体系结构，能实现网络环境下各节点上服务器的数据库互访操作，是技术先进、性能优良的开发大中型数据库的工具。Sybase产品主要由服务器产品Sybase SQL Server、客户产品Sybase SQL Toolset和接口软件Sybase Client/Server Interface组成，还有著名的数据库应用开发工具Power Builder。

4. DB2

DB2是基于SQL的关系型数据库产品。20世纪80年代初期DB2的重点放在大型的主机平台上。到20世纪90年代初，DB2发展到中型机、小型机以及微机平台。DB2适用于各种硬件与软件平台,用户主要分布在金融、商业、铁路、航空、医院、旅游等各大领域,以金融系统的应用最为突出。

5. Access

Access 是 Windows 操作系统下 Office 组件之一,也是关系型数据库管理系统。它采用了 Windows 程序设计理念,以 Windows 特有的技术设计查询、用户界面、报表等数据对象,内嵌了 VBA(Visual Basic Application)程序设计语言,具有集成的开发环境。Access 提供图形化的查询工具和屏幕、报表生成器,用户无须编程和了解 SQL 语言就可建立复杂的报表界面,它会自动生成 SQL 代码。

Access 具有 Office 系列软件的一般特点,与其他数据库管理系统软件相比,更加简单易学。一个没有程序设计语言基础的普通计算机用户也可以快速地掌握和使用它。最重要的一点是,Access 的功能比较强大,足以应付一般的数据管理及处理需要,适用于中小型企业数据管理的需求。当然,在数据定义、数据安全可靠、数据有效控制等方面,它比前面几种数据库产品要逊色不少。

6. Visual FoxPro

Visual FoxPro(VFP)是 Microsoft 公司推出的数据库开发软件,用它来开发数据库,既简单又方便。目前最新版为 VFP 9.0,但在学校教学和教育部门认证考试中依然沿用经典版的 VFP 6.0。

VFP 不仅提供了更多更好的设计器、向导、生成器及新类,并且使得客户/服务器结构数据库应用程序的设计更加方便简捷。VFP 以其强健的工具和面向对象的以数据为中心的语言,将客户/服务器和网络功能集成于现代化的、多链接的应用程序中。VFP 充分发挥了面向对象编程技术与事件驱动方式的优势,是目前世界上流行的小型数据库管理系统中版本最高、性能最好、功能最强的优秀软件之一。

6.2 数据库系统的结构

数据库系统的结构是指数据库系统中数据的存储、管理和使用等形式,包括数据描述、数据模型、关系代数和数据库的三级模式结构。

6.2.1 数据描述

在数据处理中,数据描述涉及不同的范畴。数据从现实世界到计算机数据库的具体表示要经历 3 个阶段,即现实世界、信息世界和计算机世界的数据描述。这 3 个阶段的关系如图 6-5 所示。

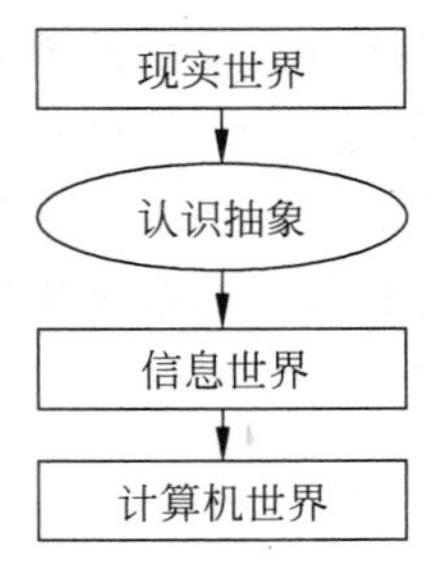

图 6-5 数据处理的 3 个阶段

1. 现实世界

现实世界是指客观存在的世界中的事物及其联系。在这一阶段要对现实世界的信息进行收集、分类,并抽象成信息世界的描述形式。

2. 信息世界

信息世界是现实世界在人脑中的反映，是对客观事物及其联系的一种抽象描述，一般采用实体-联系方法（Entity-Relationship Approach，E-R 方法）表示。在数据库设计中，这一阶段又称为概念设计阶段。在信息世界中，常用的主要概念如下。

1）实体（Entity）

客观存在并且可以相互区别的事物称为实体。实体可以是可触及的对象，如一个人、一本书、一辆汽车；也可以是抽象的事件，如一堂课、一场比赛。

2）属性（Attribute）

实体的某一特性称为属性，如学生实体有学号、姓名、年龄、性别、系等方面的属性。属性有型和值之分，型即为属性名，如姓名、年龄、性别是属性的型；值即为属性的具体内容，如（060001，张建国，18，男，计算机）这些属性值的集合表示了一个学生实体。

3）实体型（Entity Type）

若干个属性型组成的集合可以表示一个实体的类型，简称实体型。如学生（学号，姓名，年龄，性别，系）就是一个实体型。

4）实体集（Entity Set）

同型实体的集合称为实体集，如所有的学生、所有的课程。

5）键（Key）

键也称为实体标识符，有时也称为关键字或主码。键是能唯一标识一个实体的属性或属性集，如学生的学号可以作为学生实体的键，而学生的姓名可能有重名，所以不能作为学生实体的键。

6）域（Domain）

属性值的取值范围称为该属性的域，如学号的域为 6 位整数，性别的域为（男、女）。

7）联系（Relationship）

在现实世界中，事物内部以及事物之间是有联系的，这些联系同样也要抽象和反映到信息世界中来，在信息世界中将被抽象为实体型内部的联系和实体型之间的联系。反映实体型及其联系的结构形式称为实体模型，也称作信息模型，它是现实世界及其联系的抽象表示。

两个实体型之间的联系有如下三种类型：

（1）一对一联系（1∶1）。实体集 A 中的一个实体至多与实体集 B 中的一个实体相对应，反之亦然，则称实体集 A 与实体集 B 为一对一联系，记作（1∶1）。如班级与班长、观众与座位。

（2）一对多联系（1∶n）。实体集 A 中的一个实体与实体集 B 中的多个实体相对应，反之，实体集 B 中的一个实体至多与实体集 A 中的一个实体相对应，记作（1∶n）。如班级与学生、省与市。

（3）多对多联系（m∶n）。实体集 A 中的一个实体与实体集 B 中的多个实体相对应，反之，实体集 B 中的一个实体与实体集 A 中的多个实体相对应，记作（m∶n）。如教师与学生、学生与课程。

实际上，一对一联系是一对多联系的特例，而一对多联系又是多对多联系的特例。

8) 实体-联系方法

实体-联系方法称为 E-R 方法,使用图形方式描述实体之间的联系,基本图形元素如图 6-6 所示。图 6-7 为用 E-R 方法描述学校教学管理中学生选课系统的 E-R 图。

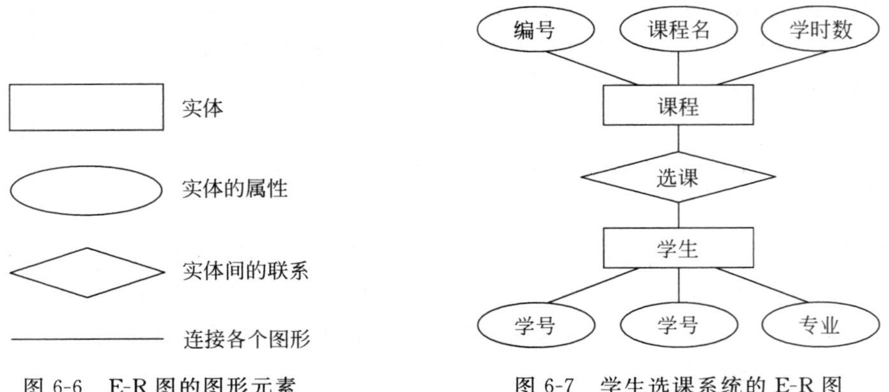

图 6-6 E-R 图的图形元素

图 6-7 学生选课系统的 E-R 图

E-R 模型中的实体、属性与联系是三个有明显区别的不同概念。但是在分析客观世界的具体事物时,对某个具体数据对象,究竟它是实体,还是属性或联系,则是相对的,所做的分析设计与实际应用的背景以及设计人员的理解有关。这是工程实践中构造 E-R 模型的难点。

3. 计算机世界

在信息世界基础上致力于其在计算机物理结构上的描述,从而形成的物理模型叫计算机世界,即对信息世界做进一步抽象,使用的方法为数据模型的方法,这一阶段的数据处理在数据库的设计过程中也称作逻辑设计。在计算机世界中,常用的主要概念如下。

1) 字段(Field)

对应于属性的数据称为字段,也称为数据项。字段的命名往往和属性名相同。字段是数据库中可以命名的最小逻辑数据单位,如学生有学号、姓名、年龄、性别、系等字段。

2) 记录(Record)

对应于每个实体的数据称为记录。如一个学生(990001,张立,20,男,计算机)为一个记录。

3) 关键字(Key)

能够唯一标识每个记录的字段或字段集,称为关键字或主码。如在学生实体中的学号可以作为关键字,因为每个学生有唯一的学号。

4) 文件(File)

对应于实体集的数据称为文件。如所有学生的记录组成了一个学生文件。

信息世界和计算机世界术语的对应关系如表 6-2 所示。

表 6-2 信息世界和计算机世界术语对应关系

信息世界	计算机世界	信息世界	计算机世界
实体	记录	键	关键字
属性	字段	实体集	文件

6.2.2 数据模型

数据库是一个具有一定数据结构的数据集合，这个结构是根据现实世界中事物之间的联系确定的。在数据库系统中不仅要存储和管理数据本身，还要保存和处理数据之间的联系，这个数据之间的联系也就是实体之间的联系，反映在数据上则是记录之间的联系。如何表示和处理这种联系是数据库系统的核心问题，定义用以表示实体与实体之间联系的模型称为数据模型。数据模型的设计方法决定着数据库的设计方法，常见的数据模型有 3 种：层次模型（Hierarchical Model）、网状模型（Network Model）和关系模型（Relational Model）。

1. 层次模型

层次模型是数据库系统最早使用的一种模型，若用图来表示，层次模型是一棵倒立的树。在数据库中，对满足以下两个条件的数据模型称为层次模型。

(1) 有且仅有一个节点无双亲节点，这个节点称为根节点。

(2) 根以外的其他节点有且仅有一个双亲节点。

例如，某高校的管理层次模型如图 6-8 所示。

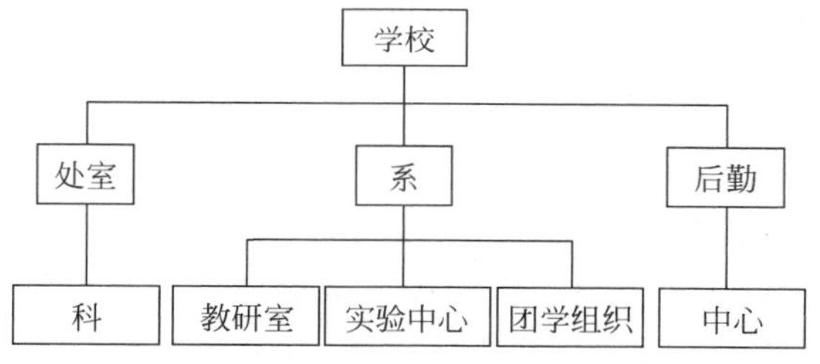

图 6-8 层次模型示意图

层次模型对具有一对多的层次关系的描述非常自然、直观且容易理解，这是层次模型数据库的突出优点。层次模型数据库系统的典型代表是 IBM 公司的 IMS（Information Management System）数据库管理系统，这是一个曾经广泛使用的数据库管理系统。

层次模型支持的操作主要有查询、插入、删除和更新。在对层次模型进行插入、删除、更新操作时，要满足层次模型的完整性约束条件：进行插入操作时，如果没有相应的双亲节点值就不能插入子女节点值；进行删除操作时，如果删除双亲节点值，则相应的子女节点值也被同时删除；进行更新操作时，应更新所有相应记录，以保证数据的一致性。

层次模型的优点是：数据结构比较简单，操作简单；对于实体间联系是固定的；应用系统有较高的性能；可以提供良好的完整性支持。

层次模型的不足是：模型受限制多；物理成分复杂；不适合于表示非层次性的联系；插入和删除操作限制多；查询子女节点必须通过双亲节点。

2. 网状模型

用网状结构表示实体及其之间联系的模型称为网状模型。在数据库中，满足以下两个条件的数据模型称为网状模型：

(1) 允许一个以上的节点无双亲；

（2）一个节点可以有多于一个的双亲。

自然界中实体间的联系更多的是非层次关系，用层次关系表示非树形结构是很不直接的，网状模型则可以克服这一弊病。网状模型的典型代表是 DBTG 系统，也称 CODASYL 系统，这是 20 世纪 70 年代数据系统语言研究会 CODASYL（Conference On Data System Language）下属的数据库任务组（DataBase Task Group，DBTG）提出的一个系统方案。

网状模型出现略晚于层次模型。网状模型是一个不加任何条件限制的无向图。

网络结构可以进行分解，一般的分解方法是将一个网络分解成若干个二级树，即只有两个层次的树。这种树由一个根及若干个叶子组成。一般规定根节点与任一叶子间的联系是一对多的联系（包含一对一联系）。

在网状模型标准中，基本结构简单二级树叫系（Set），系的基本数据单位是记录（Record），它相当于 E-R 模型中的实体（集）；记录又可由若干数据项（Data Item）组成，它相当于 E-R 模型中的属性。一个系由一个根和若干个叶子组成，它们之间的联系是一对多联系（可以是一对一联系）。

在网状数据库管理系统中，一般提供 DDL 语言，它可以构造系。网状模型中的基本操作是简单的二级树操作，它包括查询、增加、删除、修改等操作。

网状模型明显优于层次模型，不管是数据表示或数据操纵均显示了更高的效率。

网状模型的不足是在使用时涉及系统内部的物理因素较多，操作不方便。

3. 关系模型

1）关系的数据结构

关系模型是目前数据库所讨论的模型中最重要的模型。美国 IBM 公司的研究员 E. F. Codd 于 1970 年发表题为《大型共享系统的关系数据库的关系模型》的论文，文中首次提出了数据库系统的关系模型。20 世纪 80 年代以来，计算机厂商新推出的数据库管理系统产品几乎都支持关系模型，非关系模型系统的产品也大都加上了关系接口。数据库领域当前的研究工作都以关系方法为基础。

关系模型是用二维表来表示实体以及实体之间联系的数据模型。一个关系模型就是一张二维表，它由行和列组成。简单的关系模型如表 6-3 和表 6-4 所示，其中教师关系及课程关系的关系框架如下：

教师（教师编号、姓名、性别、所在系名）

课程（课程号、课程名、教师编号、上课教室）

表 6-3 教师关系

教师编号	姓　名	性　别	所在系名
0010	赵晓宇	女	数　学
0018	钱　锋	男	物　理

表 6-4 课程关系

课　程　号	课　程　名	教师编号	上课教室
00591	高等数学	0010	A-320
00203	普通物理	0018	C-218

在关系模型中,基本数据结构就是二维表,不使用层次模型或网状模型的链接指针。记录之间的联系通过不同关系中的同名属性来体现。例如,查找"赵晓宇"老师所教课程,首先要在教师关系中找到该老师的编号"0010",然后在课程关系中找到"0010"编号对应的课程名即可。在上述查询过程中,同名属性"教师编号"起到了连接两个关系的纽带作用。由此可见,关系模型中的各个关系模式不是孤立的,也不是随意拼凑的一堆二维表,它必须满足相应的需要。

关系模型中的一个重要概念是键(Key)或码。键对标识元组、建立元组间的联系起重要作用。

在二维表中凡能唯一标识元组的最小属性集称为该表的键或码。二维表中可能有若干个键,它们称为该表的候选码或候选键(Candidate Key)。从二维表的所有候选键中选取一个作为用户使用的键称为主键(Primary Key)或主码,一般主键也简称键或码。

如表 A 中的某属性集是表 B 的键,则称该属性集为 A 的外键(Foreign Key)或外码。

表中一定要有键,如果表中所有属性的子集均不是键,则表中属性的全集必为键(称为全键),因此也一定有主键。

在关系元组的分量中允许出现空值(Null Value)以表示信息的空缺。空值用于表示未知的值或不可能出现的值,一般用 NULL 表示。一般关系数据库系统都支持空值,但是有两个限制,即主键不能为空值,还要定义有关空值的运算。

2) 关系操纵

关系操纵是建立在数据操纵上。一般有查询、增加、删除及修改 4 种操作。

(1) 数据查询。用户可以查询关系数据库中的数据,它包括一个关系内的查询以及多个关系间的查询。

对一个关系内查询的基本单位是元组分量,基本操作是先定位后操作。定位又包括纵向定位与横向定位两部分。纵向定位是指定关系中的一些属性(称列指定),横向定位是选择满足某些逻辑条件的元组(称行选择)。通过纵向与横向定位后,一个关系中的元组分量就可以确定了。定位后即可以进行查询操作,就是将定位的数据从关系数据库中取出并放入指定的内存。

对多个关系间的数据查询可分为三步:第一步将多个关系合并成一个关系;第二步对合并后的一个关系定位;第三步进行操作。其中第二步与第三步为对一个关系的查询。对多个关系的合并可分解成两个关系的逐步合并,如有三个关系 R_1,R_2,R_3,先将 R_1 与 R_2 合并成 R_4,然后再将 R_4 与 R_3 合并成 R_5。

(2) 数据删除。数据删除的基本单位是一个关系内的元组,它的功能是将指定关系内的指定元组删除。也就是先定位后删除。其中定位只需要横向定位而无须纵向定位。

(3) 数据插入。数据插入仅对一个关系而言,在指定关系中插入一个或多个元组。数据插入无须定位,仅需做关系中的元组插入操作。

(4) 数据修改。数据修改是在一个关系中修改指定的元组与属性,它不是一个基本操作。

以上 4 种操作的对象都是关系,而操作结果也是关系,都是建立在关系上的操作。

这 4 种操作可以分解成属性指定、元组选择、关系合并、一个或多个关系的查询、元组插入、元组删除 6 种关系模型的基本操作。

4. 数据模型的要素

数据模型通常由数据结构、数据操作和完整性约束三部分组成。

1) 数据结构

数据结构用于描述系统的静态特性。数据结构主要描述数据的模型、内容、性质以及数据间的联系等。数据结构是数据模型的基础,数据操作与约束均建立在数据结构上。不同数据结构有不同的操作与约束,所以数据模型的分类均以数据结构为依据来划分。

2) 数据操作

数据操作用于描述系统的动态特性。数据操作是指对数据库中各种对象(型)的实例(值)允许执行的操作的集合,包括操作及有关的操作规则。数据库中主要有检索和更新(包括插入、删除、修改)两类操作。数据模型要定义这些操作的确切含义、操作符号、操作规则、操作优先级以及实现操作的语言。

3) 数据的完整性约束条件

数据的完整性约束条件是一组完整性规则的集合。完整性规则是给定的数据模型中数据及其联系所具有的约束和存储规则。这些规则用来限定基于数据模型的数据库的状态及状态变化,以保证数据库中数据的正确、有效和相容。

6.2.3 关系代数

关系数据库系统的特点之一是它建立在数学理论之上,有很多数学理论可以表示关系模型的数据操作,其中最著名的是关系代数与关系演算。两者功能是等价的,这里主要介绍关系代数。

1. 关系代数的基本运算

关系是由若干个不同的元组所组成,因此关系可视为元组的集合。n 元关系是一个 n 元有序组的集合。

关系代数的运算对象是关系,运算结果亦为关系。关系代数用到的运算符包括 4 类:集合运算符、专门的关系运算符、算术比较符和逻辑运算符。

1) 选择运算

从关系中找出满足给定条件的元组的操作称为选择。选择的条件以逻辑表达式给出。

选择是在二维表中选出符合条件的行,形成新的关系的过程。

选择运算用公式表示为:

$$\sigma_F(R) = \{t \mid t \in R \quad 且\ F(t)\ 为真\}$$

其中,F 表示选择条件,它是一个逻辑表达式,取逻辑值“真”或“假”。

逻辑表达式 F 由逻辑运算符 ¬(“非”)、∧(“与”)、∨(“或”)连接各表达式组成。算术表达式的基本形式为:

$$X\ \theta\ Y$$

其中,θ 表示比较运算符>、<、≤、≥、=或≠。X、Y 等是属性名,或为常量,或为简单函数;属性名也可以用它的序号来代替。

例如，在关系 R 中选择出“系”为“建筑”的学生，表示为 $\sigma_{系=建筑}(R)$，得到新的关系 S。如图 6-9 所示。

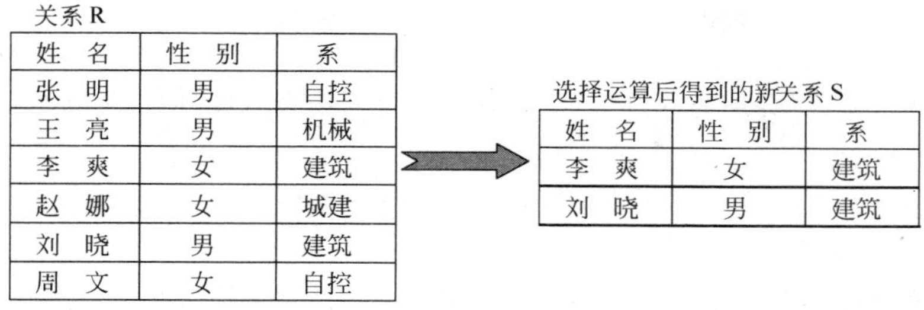
关系R

姓 名	性 别	系
张 明	男	自控
王 亮	男	机械
李 爽	女	建筑
赵 娜	女	城建
刘 晓	男	建筑
周 文	女	自控

选择运算后得到的新关系 S

姓 名	性 别	系
李 爽	女	建筑
刘 晓	男	建筑

图 6-9　选择运算示意图

2）投影运算

从关系模式中指定若干属性组成新的关系称为投影。

对 R 关系进行投影运算的结果记为 $\pi_A(R)$，其形式定义如下：

$$\pi_A(R) = \{t[A] \mid t \in R\}$$

其中，A 为 R 中的属性列。

例如，对关系 R 中的“系”属性进行投影运算，记为 π 系(R)，得到无重复元组的新关系 S，如图 6-10 所示。

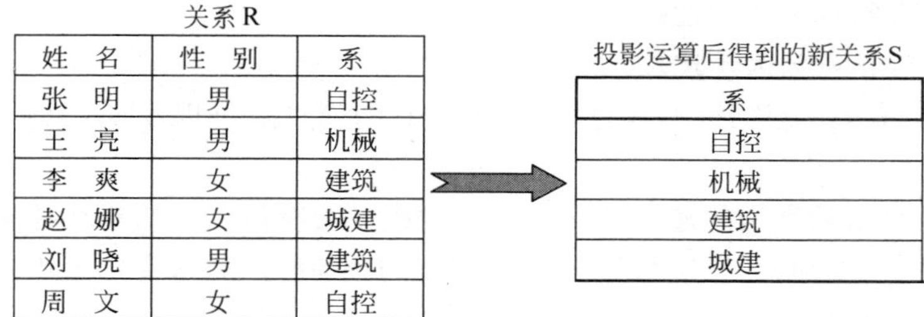
关系R

姓 名	性 别	系
张 明	男	自控
王 亮	男	机械
李 爽	女	建筑
赵 娜	女	城建
刘 晓	男	建筑
周 文	女	自控

投影运算后得到的新关系S

系
自控
机械
建筑
城建

图 6-10　投影运算示意图

3）笛卡儿积

设有 n 元关系 R 和 m 元关系 S，它们分别有 p 和 q 个元组，则 R 与 S 的笛卡儿积记为：

$$R \times S$$

它是一个 $m+n$ 元关系，元组个数是 $p \times q$。

关系 R 和关系 S 笛卡儿积运算的结果 T，如图 6-11 所示。

这部分内容比较重要，作为 SQL 语言的前续知识，在 6.3.2 节关系操作中，从应用性的角度会做进一步的说明。

关系R

A	B	C
a	b	10
c	d	20

关系S

A	B	C
b	a	30
d	f	40
f	h	50

关系T=R×S

R.A	R.B	R.C	S.A	S.B	S.C
a	b	10	b	a	30
a	b	10	d	f	40
a	b	10	f	h	50
c	d	20	b	a	30
c	d	20	d	f	40
c	d	20	f	h	50

图 6-11　笛卡儿积运算示意图

2. 关系代数的扩充运算

关系代数中除了上述几个最基本的运算外，为操纵方便还需要增添一些扩充运算,这些运算均可由基本运算导出。

常用的扩充运算有交、连接及自然连接、除等。

1) 交

假设有 n 元关系 R 和 n 元关系 S,它们的交仍然是一个 n 元关系,它由属于关系 R 且属于关系 S 的元组组成,并记为 R∩S。交运算是传统的集合运算,但不是基本运算,它可由基本运算推导而得:

$$R \cap S = R - (R - S)$$

2) 连接与自然运算

连接运算也称 θ 连接,是对两个关系进行的运算,其意义是从两个关系的笛卡儿积中选择满足给定属性间一定条件的那些元组。

设 m 元关系 R 和 n 元关系 S,则 R 和 S 两个关系的连接运算用公式表示为:

$$R \underset{A\theta B}{\infty} S$$

它的含义可用下式定义:

$$R \underset{A\theta B}{\infty} S = \sigma_{A\theta B}(R \times S)$$

其中,A 和 B 分别为 R 和 S 上度数相等且可比的属性组。连接运算从关系 R 和关系 S 的笛卡儿积 R×S 中,找出关系 R 在属性组 A 上的值与关系 S 在属性组 B 上值满足 θ 关系的所有元组。

当 θ 为"="时,称为等值连接。

当 θ 为"<"时,称为小于连接。

当 θ 为">"时,称为大于连接。

需要注意的是,在 θ 连接中,属性 A 和属性 B 的属性名可以不同,但是域一定要相同,否则无法比较。

在实际应用中,最常用的连接是一个叫自然连接的特例。自然连接要求两个关系中进行比较的是相同的属性,并且进行等值连接,相当于 θ 恒为"=",在结果中还要把重复的属性列去掉。自然连接可记为:

$$R \infty S$$

自然连接如图 6-12 所示。

R关系

A	B	C	D
a	b	b	20
b	a	d	30
c	d	f	12
c	d	h	40

(a)

S关系

D	E
10	d
20	f
30	h
20	d

(b)

R∞S

A	B	C	D	E
a	b	b	20	f
a	b	b	20	df
b	a	d	30	h

(c)

图 6-12 自然连接运算示意图

3）除

除运算可以近似地看作笛卡儿积的逆运算。当 S×T=R 时，则必须有 R÷S=T，T 称为 R 除以 S 的商。

除法运算不是基本运算，它可以由基本运算推导而得。设关系 R 有属性 $M_1, M_2, \cdots, M_n$，关系 S 有属性 $M_{n-s+1}, M_{n-s+2}, \cdots, M_n$，此时有：

$$R \div S = \pi_{M_1,M_2,\cdots,M_{n-s}}(R) - \pi_{M_1,M_2,\cdots,M_{n-s}}((\pi_{M_1,M_2,\cdots,M_{n-s}}(R) \times S))$$

设有关系 R、S，如图 6-13(a)、(b)所示，求 T=R÷S，结果见图 6-13(c)。

R 关系

A	B	C	D
a	b	19	d
a	b	20	f
a	b	18	b
b	c	20	f
b	c	22	d
c	d	19	d
c	d	20	f

(a)

S 关系

C	D
19	d
20	f

(b)

T=R÷S

A	B
a	b
c	d

(c)

图 6-13 除运算示意图

3. 关系代数的应用示例

关系代数虽然形式简单，但它已经足以表达对表的查询、插入、删除及修改等要求。下面通过一个例子来体会一下关系代数在查询方面的应用。

例如，设学生课程数据库中有学生 S、课程 C 和学生选课 SC 三个关系，关系模式如下：

学生 S(Sno,Sname,Sex,SD,Age)

课程 C(Cno,Cname,Credit)

学生选课 SC(Sno,Cno,Grade)

属性说明：Sno—学号 Sname—姓名 Sex—性别 SD—所在系 Age—年龄
Cno—课程号 Cname—课程名 Credit—学分 Grade—成绩

请用关系代数表达式表达以下检索问题。

(1) 检索学生所有情况。

$$S$$

(2) 检索年龄在 18～20(含 18 和 20)的学生的学号、姓名及年龄。

$$\pi_{Sno,Sname,Age}(\sigma_{Age\geq 18 \wedge Age\leq 20}(S))$$

(3) 检索课程号为 C 且成绩为 90 的所有学生的学号和姓名。

$$\pi_{Sno,Sname}(\sigma_{Cno='C' \wedge Age=90}(S\infty SC))$$

注意：这是一个涉及两个关系的检索，两个关系应该连接。涉及多个关系的也应该连接。

(4) 检索选修了“操作系统”或者“数据库”课程的学号和姓名。

$$\pi_{Sno,Sname}(S\infty(\sigma_{Cname='操作系统' \vee Cname='数据库'}(SC\infty C)))$$

(5) 检索选修课程名为“数学”的学生号和学生姓名。

$$\pi_{Sno,Sname}(\sigma_{Cname='数学'}(S\infty C\infty SC))$$

(6) 检索选修了“数据库”课程的学生的学号、姓名及成绩。

$$\pi_{Sno,Sname,Grade}(\sigma_{Cname='数据库'}(S\infty C\infty SC))$$

(7) 检索选修全部课程的学生姓名及所在系。

$$\pi_{Sname,SD}(S\infty(\pi_{Sno,Cno}(SC)\div\pi_{Cno}(C)))$$

(8) 检索选修学号为“201301”号学生所学课程的课程号和他的学号。

$$\pi_{Cno,Sno}(SC)\div\pi_{Cno}(\sigma_{Sno='201301'}(SC))$$

(9) 检索至少学习了“201302”号学生所学的所有课程中的一门课的学生的姓名。

本检索应该分三步进行：

第1步：求出学号为“201302”号学生所学的所有课程的课程号，它可以表示为：

$$R=\pi_{Cno}(\sigma_{Snon='201302'}(SC))$$

第2步：求出至少学习了“201302”号学生所学的所有课程中的一门课的学生学号：

$$W=\pi_{Sno}(SC\infty R)$$

第3步：求出至少学习了该学生所学的所有课程中的一门课的学生学号：

$$\pi_{Sno}(S\infty W)$$

分别将S、W代入，可以得到最终表达式：

$$\pi_{Sno}(S\infty(\pi_{Sno}(SC\infty(\pi_{Cno}(\sigma_{Snon='201302'}(SC))))))$$

对于复杂查询，建议通过多步解决的方式来解决。第一步都是产生一个中间关系，分步解决的方式可以使检索过程简化(中间表比较小)。

以上面的学生S、课程C和学生选课SC这三个关系为关系内容，留几个检索思考题，请用关系代数表达式表达以下检索问题。

(1) 检索至少选修了课程号为“1”和“3”的学生的学号、姓名。

(2) 检索年龄在18～20岁(含18岁和20岁)的女学生的学号、姓名及年龄。

(3) 检索年龄大于20岁的学生的姓名。

(4) 检索不选修课程号为“2”的学生的姓名。

6.2.4 数据库系统的三级模式结构

1. 三级模式结构

通常DBMS把数据库从逻辑上分为三级，即概念模式、外模式和内模式，它们分别反映了看待数据库的三个角度。三级模式结构如图6-14所示。

1) 概念模式

概念模式又称逻辑模式，它是数据库中全体数据的逻辑结构和特征的描述，是所有用户的公共数据视图。它处于数据库系统模式结构的中间层，既不涉及数据的物理存储细节和硬件环境，也与具体的应用程序所使用的应用开发工具及高级程序设计语言无关。

概念模式实际上是数据库数据在逻辑级上的视图，一个数据库只有一个模式。数据库模式以某种数据模型为基础，统一综合地考虑了所有用户的需求，并将这些需求有机地结合成一个逻辑整体。定义模式时不仅要定义数据的逻辑结构，而且要定义数据之间的联系以及定义与数据有关的安全性、完整性要求。DBMS提供模式描述语言(模式DDL)来严格地

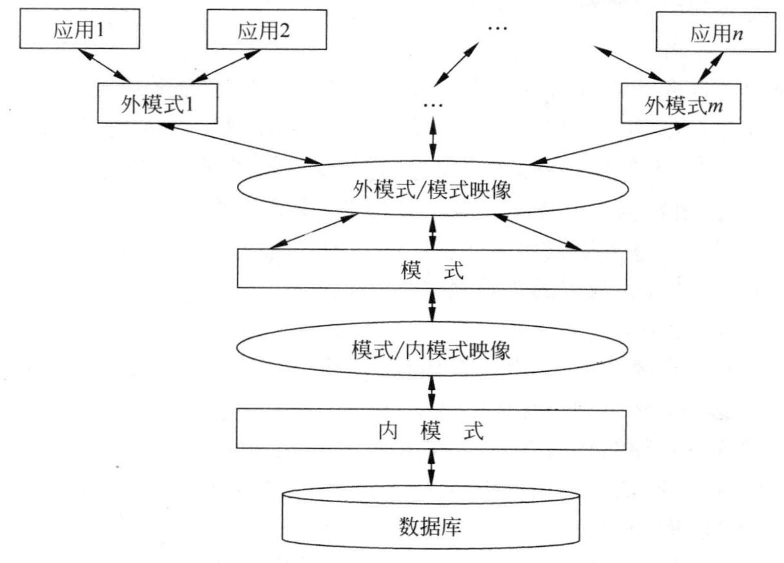

图 6-14 数据库系统三级模式结构

定义模式。

2）外模式

外模式也称子模式或用户模式，它是数据库用户能够看见和使用的局部数据的逻辑结构和特征的描述，是数据库用户的数据视图，是与某一应用有关的数据的逻辑表示。

一个数据库可以有多个外模式，外模式通常是模式的子集。由于外模式是各个用户的数据视图，如果不同的用户在应用需求、看待数据的方式、对数据保密的要求等方面存在差异，则其外模式描述是不同的。另一方面，同一外模式也可以为某一用户的多个应用系统所使用，但一个应用程序只能使用一个外模式。

外模式是保证数据库安全性的一个有力措施。每个用户只能看见和访问所对应的外模式中的数据，数据库中的其余数据是不可见的。

3）内模式

内模式又称存储模式，一个数据库只有一个内模式。它是对数据物理结构和存储方式的描述，是数据在数据库内部的表示方式。例如可能涉及记录的存储方法、索引要求、数据是否需要加密、数据的存储结构有何要求等。

在数据库的三级模式结构中，模式，即逻辑模式是数据库的中心与关键，它独立于数据库的其他层次。因此，设计数据库模式结构时，应首先确定数据库的逻辑模式。

2. 两级映像

数据库系统的三级模式是对数据的三个抽象级别，它把数据的具体组织工作留给了DBMS管理，使用户能够从逻辑层面上处理数据，而不必关心数据在计算机中的具体表示方式和存储方式。

为了能够在内部实现这三个抽象层次的联系和转换，DBMS在这个三级模式之间提供了两级映像：外模式/模式映像和模式/内模式映像。正是这两级映像保证了数据库系统中的数据能够具有较高的逻辑独立性和物理独立性。

1)外模式/模式映像

所谓映像就是存在的某种对应关系。模式描述的是数据的全局逻辑结构,外模式描述的是数据的局部逻辑结构。对应于同一个模式可以有任意多个外模式。对于每一个外模式,数据库系统都有一个外模式/模式的映像,它定义了该外模式与模式之间的对应关系。

当模式改变时,由数据库管理员对各个外模式/模式映像做相应的改变,就可以使外模式保持不变。应用程序是依据数据的外模式编写的,从而应用程序不必修改,保证了数据与程序的逻辑独立性,简称为数据的逻辑独立性。

2)模式/内模式映像

数据库中只有一个模式,也只有一个内模式,所以模式/内模式的映像是唯一的。它定义了数据库全局逻辑结构与物理存储结构之间的对应关系。

当数据库的物理存储结构改变时,由数据库管理员对模式/内模式映像做相应的改变,就可以使模式保持不变,从而应用程序也不必改变。这样就保证了程序与数据的物理独立性,简称为数据的物理独立性。

两级映像使数据库管理中的数据具有两个层次的独立性:一个是数据的物理独立性,另一个是数据的逻辑独立性。数据的独立性是数据库系统最基本的特征之一,采用数据库技术使得维护应用程序的工作量大大减轻了。

6.3 关系数据库

关系数据库是采用关系模型作为数据的组织方式的数据库。关系模型建立在严格的数学概念基础上,1970 年 IBM 公司 San Jose 研究室的研究员 E. F. Codd 提出了数据库的关系模型,奠定了关系数据库的理论基础。由于所做出的杰出贡献,1981 年的图灵奖颁给了他。20 世纪 70 年代末,关系方法的理论研究和软件系统的研制均取得了很大成果,IBM 公司的 San Jose 实验室在 IBM 370 系列机上研制出关系数据库实验系统 System R。1981 年,IBM 公司又宣布研制出具有 System R 全部特征的数据库软件新产品 SQL/DS。与 System R 同期,美国加州大学伯克利分校也研制了 Ingres 数据库实验系统,并由 Ingres 公司发展成为 Ingres 数据库产品,使关系方法从实验走向了市场。

关系数据库产品一问世,就以其简单清晰的概念和易懂易学的数据库语言,使用户不需了解复杂的存取路径细节,不需说明“怎么干”而只需指出“干什么”就能操作数据库,从而深受广大用户喜爱,并涌现出许多性能优良的商品化关系数据库管理系统,即 RDBMS。著名的 DB2、Oracle、Ingres、Sybase、Informix 等都是关系数据库管理系统。关系数据库产品也从单一的集中式系统发展到可在网络环境下运行的分布式系统,从联机事务处理到支持信息管理、辅助决策,系统的功能不断完善,使数据库的应用领域迅速扩大。

6.3.1 关系模型的设计

1. 基本概念

关系数据库模型是当今最流行的数据库模型,其流行源于结构的简单性。在关系模型中，数据好像存放在一张张电子表格中，这些表格就称为关系。构建关系模型下的数据库，其核心是设计组成数据库的关系，为讨论关系数据库，先给出关系模型中的一些基本概念。

1）关系

一个二维表就叫做一个关系，二维表名就是关系名。

关系模型采用二维表来表示，其中的行称为元组（或记录），列称为属性（或字段），属性的具体内容称为数据项。关系一般应满足如下性质：

① 元组个数是有限的；

② 元组是唯一的，不可重复；

③ 元组的次序可以任意；

④ 构成元组数据项不可再分割；

⑤ 属性名不能相同；

⑥ 属性的次序可以任意。

2）元组

二维表中的一行叫做一个元组（或记录）。一个表（关系）中可以有多个元组，没有元的表称为“空表”。

3）属性

二维表中的一列叫做一个属性（或字段），每一个属性有一个属性名。

同一属性中的数据项的数据类型应该相同。如“年龄”只能填入年龄数据，而不能出现其他字符。

4）域

属性中数据项的取值范围叫做“域”。不同的属性有不同的取值范围，即不同的“域”。例如，成绩的取值范围是 0～100，逻辑型属性的取值范围只能是逻辑真或逻辑假。

5）码

二维表中的某个属性的值若能唯一地标识一个元组，则称该属性为候选码，若一个关系有多个候选码，则选中其中一个为主码（也称关键字），这个属性称为主属性。

6）分量

元组中的一个属性值叫做元组的一个分量。

7）关系模式

关系模式是对关系的描述，它包括关系名、组成该关系的属性名、属性到域的映像。通常简记为：关系名（属性名 1，属性名 2，…，属性名 n）。属性到域的映像通常直接说明为属性的类型、长度等。

例如，教学数据库中共有 6 个关系，其关系模式分别为：

系（系号，系名称，办公室）

学生（学号，姓名，性别，年龄，系号）

教师（教师号，姓名，性别，年龄，系号）

课程（课程号，课程名，课时）

选课（学号，课程号，成绩）

授课（教师号，课程号）

其中学生关系实例如表 6-5 所示，系关系实例如表 6-6 所示。

表 6-5 学生关系实例

学　号	姓　名	性　别	年　龄	系　号
06231001	陈　雪	女	18	01
06252008	赵　强	男	20	03
06231030	郝　刚	男	19	03

表 6-6 系关系实例

系　号	系 名 称	办 公 室
01	管理	教 201
02	机械	教 401
03	信息	教 601

关系中的主关键字由不为空且值唯一的属性(或属性组合)承担。

这里也介绍一下外部关键字。某个属性(或属性组合)不是本关系的关键字,但是另一个关系的关键字时,就称这个属性(或属性组合)为本关系的外部关键字。

2. 关系模型的三级结构

关系模型基本遵循数据库的三级体系结构,在关系模型中,模式是关系模式的集合,外模式是关系子模式的集合,内模式是存储模式的集合。

1) 关系模式

关系模式是对关系的描述,它包括模式名,组成该关系的各属性名、值域和模式的主键。具体的关系称为实例。

2) 关系子模式

在数据库应用系统中,用户使用的数据常常不直接来自某个关系模式,而是从若干个关系模式中抽取满足一定条件的数据。这种结构可用关系子模式实现,关系子模式是用户所需数据的结构描述。

3) 存储模式

存储模式描述了关系是如何在物理存储设备上存储的。关系存储时的基本组织方式是记录。

3. 关系模型的完整性规则

关系模型的完整性规则是对数据的约束。关系模型提供了三类完整性约束：实体完整性约束、参照完整性约束和用户定义完整性约束。其中实体完整性约束和参照完整性约束是关系模型必须满足的完整性约束条件,由关系数据库系统自动支持。

1) 实体完整性

实体完整性(Entity Integrity)规划的含义是,关系型数据库中,为保证实体完整性成立,则要求关系的主关键字值不能为空。在表 6-5 所示的学生关系里,主关键字是学号,因此学号不能取空值。

在关系数据库中,关系与关系之间的联系是通过公共属性来实现的。这个公共属性是一个关系的主关键字和另一个关系的外部关键字。例如,表 6-5 所示的学生关系与表 6-6

所示的系关系之间的联系可以通过"系号"来实现的。

2）参照完整性

参照完整性(Referential Integrity)规则的含义是，如果表中存在外部关键字，则外部关键字的值必须与主表中相应的主关键字的值相同或为空。

3）用户(自)定义完整性

用户(自)定义完整性(User-defined Integrity)是针对某一具体关系数据库的约束条件。它反映某一具体应用所涉及的数据必须满足的语义要求。例如，属性值根据实际需要有一些约束的条件(如成绩不能为负数，工龄应小于年龄)；有些数据的输入格式要有一些限制等。关系模型应该提供定义和检验这类完整性的机制。

6.3.2 关系操作

关系数据库中的核心内容是关系即二维表，而对这样一张表的使用主要包括按照某些条件获取相应行、列的内容，或者通过表之间的联系获取两张表或多张表相应的行、列内容。概括起来关系操作包括选择、投影和连接操作。关系操作的操作对象是关系，操作结果亦为关系。

1. 选择操作

选择(Selection)操作是指在关系中选择满足某些条件的元组(行)。例如，要在表6-5所示的学生基本信息中找出年龄为19岁的所有学生数据，可以对学生基本信息表做选择操作，条件是年龄为19岁，操作结果如表6-7所示。

表6-7 对表6-5进行选择操作的结果

学　号	姓　名	性　别	年　龄	系　号
06231030	郝　刚	男	19	03

2. 投影操作

投影(Projection)操作是在关系中选择某些属性列。例如，要在表6-6所示的系关系中找出所有系的名称及办公室地址，可以对系关系做投影操作，选择系名称和办公室列，操作结果如表6-8所示。

表6-8 对表6-6进行投影操作的结果

系名称	办公室	系名称	办公室
管理	教201	信息	教601
机械	教401		

3. 连接操作

连接(Join)操作是从两个关系的笛卡儿积中选取属性间满足一定条件的元组，组成一个新的关系。例如，表 6-5 所示的学生关系和表 6-6 所示的系关系的广义笛卡儿积为表 6-9 所示的关系 A。

表 6-9 关系 A

学 号	姓 名	性别	年龄	系号	系号	系名称	办公室
06231001	陈 雪	女	18	01	01	管理	教 201
06231001	陈 雪	女	18	01	02	机械	教 401
06231001	陈 雪	女	18	01	03	信息	教 601
06252008	赵 强	男	20	03	01	管理	教 201
06252008	赵 强	男	20	03	02	机械	教 401
06252008	赵 强	男	20	03	03	信息	教 601
06231030	郝 刚	男	19	03	01	管理	教 201
06231030	郝 刚	男	19	03	02	机械	教 401
06231030	郝 刚	男	19	03	03	信息	教 601

连接条件中的属性称为连接属性，两个关系中的连接属性应该有相同的数据类型，以保证其是可比的。连接条件中的运算符为算术比较运算符，当此运算符取“＝”时，为等值连接。如表 6-10 所示的关系 B 是学生关系和系关系在条件“学生关系. 系号＝系关系. 系号”下的等值连接。

表 6-10 关系 B

学 号	姓 名	性别	年龄	系号	系号	系名称	办公室
06231001	陈 雪	女	18	01	01	管理	教 201
06252008	赵 强	男	20	03	03	信息	教 601
06231030	郝 刚	男	19	03	03	信息	教 601

若在等值连接的结果关系中去掉重复的属性，则此连接称为自然连接。如表 6-11 所示的关系 C 是学生关系和系关系在条件“学生关系. 系号＝系关系. 系号”下的自然连接。

表 6-11 关系 C

学 号	姓 名	性别	年龄	系号	系名称	办公室
06231001	陈 雪	女	18	01	管理	教 201
06252008	赵 强	男	20	03	信息	教 601
06231030	郝 刚	男	19	03	信息	教 601

在对关系数据库的实际操作中，往往是以上几种操作的综合应用。例如对关系 C 再进行投影操作，我们可以得到仅由属性“学号、姓名、性别、系名称”组成的新的关系 D，如表 6-12 所示。

表 6-12 关系 D

学 号	姓 名	性别	系 名 称
06231001	陈 雪	女	数学
06252008	赵 强	男	信息
06231030	郝 刚	男	信息

以上这些基本操作，在各种关系数据库管理系统中都有相应的操作命令。

6.3.3 结构化查询语言

结构化查询语言（Structured Query Language，SQL）是1974年由Boyce和Chamberlin提出的，并在IBM公司的关系数据库系统System R上实现。由于SQL使用方便，功能丰富，语言简洁易学，备受用户欢迎，被众多计算机公司和软件公司所采用。经各公司的不断修改、扩充和完善，SQL最终发展成为关系数据库的标准语言。

1986年10月美国国家标准局（ANSI）颁布了SQL语言的美国标准，1987年6月国际标准化组织（ISO）也把这个标准采纳为国际标准，后经修订，在1989年4月颁布了增强完整性特征的SQL 89版本，这就是目前所说的SQL标准。

1. SQL数据库结构

SQL不只是一个查询语言，实际上SQL作为一种标准数据库语言，从对数据库的随机查询到数据库的管理和程序设计，几乎无所不能，功能十分丰富。SQL支持关系数据库的三级模式结构。

SQL数据库的结构如图6-15所示。

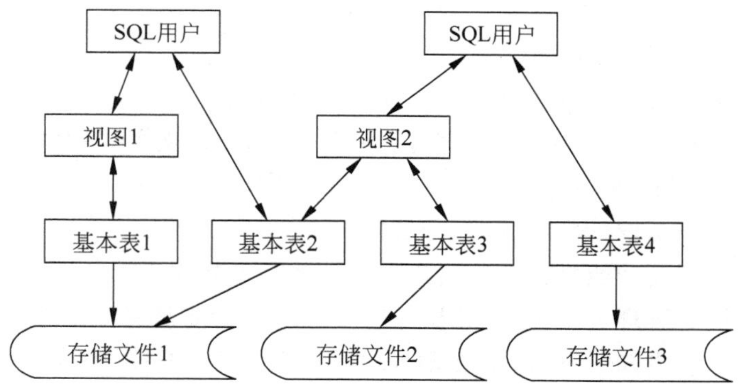

图6-15 SQL数据库的结构

SQL数据库基本上是三级结构，但有些术语和传统的关系数据库术语不同。在SQL中，关系模式被称为基本表，内模式称为存储文件，外模式称为视图，元组称为行，属性称为列。

2. SQL的特点

前面已经介绍过了，SQL深受用户和业界欢迎，因为它是一个综合的、通用的、功能极强同时又简洁易学的语言。SQL有以下5个特点：

1）综合统一

SQL集数据定义语言（DDL）、数据操纵语言（DML）、数据控制语言（DCL）的功能于一体，语言风格统一。它可以独立完成数据生命周期中的全部活动，包括定义关系模式、录入数据以建立数据库、查询、更新、维护、数据库重构、数据库安全性控制等一系列操作，从而为数据库应用系统开发提供了良好的环境。

2) 高度的非过程化

用SQL进行数据操作,用户只需提出"做什么",而不必指明"怎么做",因此用户无须了解存取路径,路径的选择以及SQL语句的操作过程由系统自动完成。这不但大大减轻了用户负担,而且有利于提高数据的独立性。

3) 操作面向对象

SQL克服了非关系数据模型的面向记录的操作方式,它采用面向对象的集合操作方式。

4) 自含式与嵌入式的统一

SQL既是自含式语言,又是嵌入式语言。在这两种不同的使用方式下,SQL的语法结构基本上是一致的。这种以统一的语法结构提供两种不同的使用方式的做法,为用户提供了极大的灵活性与方便性。

5) 语言简洁、易学易用

SQL功能极强,但由于结构巧妙,语言十分简洁,完成数据定义、数据查询、数据操纵、数据控制的核心功能只用了9个动词:CREATE、DROP、ALTER、SELECT、INSERT、UPDATE、DELETE、GRANT、REVOKE。此外,SQL语法简单,接近英语口语,因此容易学习,容易使用。

3. SQL的基本功能

SQL语言包括数据定义、数据操纵、数据控制等功能。

(1) SQL的数据定义功能包括三部分:定义基本表、定义视图和定义索引。

(2) SQL的数据操纵功能包括SELECT、INSERT、DELETE和UPDATE这4个语句,即检索和更新(包括增、删、改)两部分功能。

(3) SQL数据控制功能是指控制用户对数据的存储权限。某个用户对某类数据具有何种操作权是由数据库管理员决定的,数据库管理系统的功能是保证这些决定的执行,为此它必须能把授权的信息告知系统,这是由SQL语句GRANT和REVOKE来完成的。把授权用户的结果存入数据字典,当用户提出操作请求时,根据授权情况进行检查,以决定是执行操作还是拒绝操作。

4. SQL的查询功能

SQL的核心语句是数据库查询语句SELECT,它也是使用最频繁的语句,SELECT语句的一般格式为:

```
SELECT <列名>[{, <列名>}]
FROM <表名或视图名>[{, <表名或视图名>}]
[WHERE <检索条件>]
[GROUP BY <列名 1>[HAVING <条件表达式>]]
[ORDER BY <列名 2>[ASC|DESC]]
```

语句格式中,＜ ＞中的内容是必需的,是用户自定义语义;[]为任选项;{}为分隔符,|表示必选项,即必须选择其中一项。SELECT查询的结果仍是一个表。

SELECT 语句的执行过程是：根据 WHERE 子句的检索条件，从 FROM 子句指定的基本表或视图中选取满足条件的元组，再按照 SELECT 子句中指定的列，投影得到结果表。如果有 GROUP 子句，则将查询结果按照＜列名 1＞相同的值进行分组。如果 GROUP 子句后有 HAVING 短语，则只输出满足 HAVING 条件的元组。如果有 ORDER 子句，查询结果还要按照＜列名 2＞的值进行排序。

SQL 语句对数据库的操作十分灵活方便，原因在于 SELECT 语句中的成分丰富多样，有许多可选形式，尤其是目标列和目标表达式。表 6-13～表 6-15 列出了在 SELECT 语句中可以使用的比较运算符、逻辑运算符和常用内部函数。一条 SELECT 语句可以写在多行上，此时非结束行的末尾用分号“;”将下一行连接起来。

表 6-13 SQL 比较运算符

运算符	含义	运算符	含义
＝	等于	＜＝	小于等于
＜＞，！＝	不等于	BETWEEN…AND	在两值之间
＞	大于	IN	在一组值的范围内
＞＝	大于等于	LIKE	与字符串匹配
＜	小于	IS NULL	为空值

表 6-14 SQL 逻辑运算符

运算符	含义	运算符	含义
AND	逻辑与	NOT	逻辑非
OR	逻辑或		

表 6-15 SQL 常用内部函数

函数名	功能
AVG(字段名)	求字段名所在列数值的平均值
COUNT(字段名)	求字段名所在列中非空数据的个数
COUNT(＊)	求查询结果中总的行数
MIN(字段名)	求字段名所在列中的最小值
MAX(字段名)	求字段名所在列中的最大值
SUM(字段名)	求字段名所在列数据的总和

6.4 数据库技术与其他技术的结合

数据库技术与其他相关技术的结合是当前数据库技术发展的重要特征。

计算机领域中其他新兴技术的发展对数据库技术产生了重大影响。面对传统数据库技术的不足和缺陷，人们自然而然地想到借鉴其他新兴技术，从中吸取新的思想、原理和方法，将其与传统的数据库技术相结合，以推出新的数据库模型，从而解决传统数据库存在的问题。通过这种方法，人们研制出了各种各样的新型数据库，例如数据库技术与分布处理技术相结合，出现了分布式数据库；数据库技术与多媒体技术相结合，出现了多媒体数据库。下面对其中的几个新型数据库加以简单介绍。

6.4.1 分布式数据库

1. 集中式数据库系统和分布式数据库系统

目前介绍的数据库系统都是集中式数据库系统。集中式数据库就是数据集中在一个中心场地的电子计算机上,以统一处理方式所支持的数据库。这类数据库无论是逻辑上还是物理上都是集中存储在一个容量足够大的外存储器上,其基本特点是:

(1) 集中控制处理效率高,可靠性好。

(2) 数据冗余少,数据独立性高。

(3) 易于支持复杂的物理结构,获得对数据的有效访问。

但是随着数据库应用的不断发展,人们逐渐地感觉到过分集中化的系统在处理数据时有许多局限性。例如,不在同一地点的数据无法共享;系统过于庞大、复杂,显得不灵活且安全性较差;存储容量有限不能完全适应信息资源存储要求等。为了克服这种系统的缺点,人们采用数据分散的办法,即把数据库分成多个,建立在多台计算机上。由于计算机网络技术的发展,可以将分散在各处的数据库系统通过网络通信技术连接起来,这样形成的系统称为分布式数据库系统。近年来,分布式数据库已经成为信息处理中的一个重要领域,并还将迅速增加。

2. 分布式数据库

分布式数据库是一组结构化的数据集合,它们在逻辑上属于同一系统而在物理上分布在计算机网络的不同节点上。网络中的各个节点(也称为“场地”)一般都是集中式数据库系统,由计算机、数据库和若干终端组成。

数据库中的数据不是存储在同一场地,这是分布式数据库的“分布性”特点,也是与集中式数据库的最大区别。表面上看,分布式数据库的数据分散在各个场地,但这些数据在逻辑上却是一个整体,如同一个集中式数据库。因而在分布式数据库中就有全局数据库和局部数据库这样两个概念。

所谓全局数据库就是从系统的角度出发,指逻辑上一组结构化的数据集合或逻辑项集;而局部数据库是从各个场地的角度出发,指物理节点上各个数据库,即子集或物理项集。这是分布式数据库的“逻辑整体性”特点,也是与分散式数据库的区别。

6.4.2 多媒体数据库

多媒体译自20世纪80年代初产生的英文词Multimedia。多媒体是在计算机控制下把文字、声音、图形、图像、视频等多种类型数据有机集成,其中数字、字符等称为格式化数据,声音、图形、图像、视频等称为非格式化数据。

数据库从传统的企业管理扩展到CAD、CAM等多种非传统的应用领域,这些领域中要求处理的数据不仅包括一般的格式化数据,还包括大量不同媒体上的非格式化数据。在字符型媒体中，信息是由数字与字母组成的，要按照数字、字母的特征来处理；在图形媒体中，信息用有关图形描绘，其中包括几何信息与非几何信息，以及描述各几何体之间相互的拓扑信息。这些不同媒体上的信息具有不同的性质与特性，因此，要组织存在于不同媒体上的信息，就要建立多媒体数据库系统。

多媒体数据库是指能够存储和管理相互关联的多媒体数据的集合。这些数据集合语义丰富、信息量大、管理过程复杂，因而要求多媒体数据库能够支持多种数据模型，能够存储多种类型的多媒体数据，并针对多媒体数据的特点采用数据压缩与解压缩等特殊存储技术；同时，要提供对多媒体数据进行处理的功能，包括查询、播放、编辑等功能，可以将物理存储的信息以多媒体方式向用户表现和支付。

随着对多媒体数据库系统的进一步研究，不同介质集成的进一步实现，商用多媒体数据库管理系统必将蓬勃发展，多媒体数据库领域必将在高科技方面上有越来越重要的地位。

本章小结

本章介绍了数据库管理技术的人工管理、文件系统和数据库系统三个阶段的特点，数据库系统的基本概念和基本结构。数据模型是对现实世界进行抽象的工具，用于描述现实世界的数据和数据联系。DBMS是位于用户与OS之间的一层数据管理软件。数据库语言由数据定义语言、数据操纵语言和数据控制语言组成。DBS是包含DB和DBMS以及开发工具、应用系统、数据库管理员和用户的计算机系统。

关系模型是当今的主流模型，而面向对象模型是今后的发展方向。本章的目的是在掌握数据库基本概念的基础上，学会关系数据库的关系设计和查询操作，并具有处理大量数据的基本能力。

本章最后介绍了数据库新技术的主要内容和发展方向。

本章内容复习

一、填空题

1. 数据库是指有组织地、动态地存储在________上的相互联系的数据的集合。
2. 三种主要的数据模型是________、________、________。
3. 关系代数中专门的关系运算包括选择、投影和________。
4. 关系模式中，一个关键字可由________组成，其值能唯一标识该关系模式中任何元组。
5. 在关系数据模型中，二维表的列称为属性，二维表的行称为________。
6. 在关系模型中，若属性A是关系R的主码，则在R的任何元组中，属性A的取值都不允许为空，这种约束称为________。
7. 有一个关系：学生(学号，姓名，系别)，规定学号的值域是8个数字组成的字符串，这一规则属于________完整性约束。
8. 在计算机软件系统的体系结构中，数据库管理系统位于用户和________之间。

9. 在 SELECT 查询命令中，表示条件表达式用 WHERE 子句，分组用________子句，排序用________子句。

10. 数据模型通常由数据结构、数据操作和________约束三部分组成。

11. 关系是由若干个不同的元组所组成，因此关系可视为________的集合。

12. 关系代数的运算对象是关系，运算结果亦为________。

二、选择题

1. 数据库系统的核心是(　　)。

A. 数据库　　B. 数据库管理系统
C. 数据模型　　D. 软件工具

2. 对数据库中的数据可以进行查询、插入、删除、修改，这是因为数据库管理系统提供了(　　)。

A. 数据定义功能　　B. 数据操纵功能　　C. 数据维护功能　　D. 数据控制功能

3. 下列概念中，(　　)不是数据库管理系统必须提供的数据控制功能。

A. 安全性　　B. 完整性　　C. 移植性　　D. 一致性

4. 数据库中，数据的物理独立性是指(　　)。

A. 数据库与数据库管理系统的相互独立
B. 用户程序与 DBMS 的相互独立
C. 用户的应用程序与存储在磁盘上的数据库中的数据是相互独立的
D. 用户程序与数据库中数据的逻辑结构相互独立

5. 下列关于数据库系统的叙述正确的是(　　)。

A. 数据库系统减少了数据冗余
B. 数据库避免了一切冗余
C. 数据库系统中的数据一致性是指数据类型的一致
D. 数据库系统比文件系统能管理更多的数据

6. 下列模式中，能够给出数据库物理存储结构与物理存取方法的是(　　)。

A. 外模式　　B. 子模式　　C. 模式　　D. 内模式

7. 关系模型是把实体之间的联系用(　　)来表示。

A. 二维表　　B. 树　　C. 图　　D. E-R 图

8. 关系中的主码不允许取空值是指(　　)约束规则。

A. 实体完整性　　B. 引用完整性
C. 用户定义的完整性　　D. 数据完整性

9. 在关系数据模型中可以有三类完整性约束条件，任何关系必须满足其中的(　　)约束条件。

A. 参照完整性、用户自定义的完整性
B. 数据完整性、实体完整性
C. 实体完整性、参照完整性
D. 动态完整性、实体完整性

10. 下列叙述中正确的(　　)。

A. 数据库是一个独立的系统,不需要操作系统的支持

B. 数据库设计是指设计数据库管理系统

C. 数据库技术的根本目标是要解决数据共享的问题

D. 数据库系统中,数据的物理结构必须与逻辑结构一致

11. 不包括在关系代数的四类运算符之中的是(　　)。

A. 集合运算　　　　B. 专门的关系运算符

C. 简章算术运算符　　　　D. 逻辑运算符

12. 关系代数中有扩充运算,这些运算不包括(　　)。

A. 交　　B. 连接　　C. 除　　D. 乘

网上资料查找

1. 理工类学生的后续计算机基础课程一般是开设C语言,文管类学生的后续课程一般开设Access,请上网查找对这两门课程的相关介绍,为下一步学习增进了解。

2. 查找相关信息加深对数据库的了解。

第7章　计算机网络基础

随着计算机技术的发展以及人们对信息共享的需求，原来使用单台计算机完成的需求服务模式，被由大量分散而又互联的计算机共同完成的模式所取代，这就出现了计算机网络。

本章将围绕计算机网络的基本概念，在对不断发展的现代网络技术的基本形式进行描述的基础上，介绍计算机网络的基本工作原理和主要技术，重点介绍局域网和 Internet。

7.1　计算机网络

7.1.1　计算机网络概述

1. 计算机网络的发展

计算机网络经历了由简单到复杂、由低级到高级的发展过程。纵观计算机网络的发展历史，大致可以划分为四个阶段。

第一阶段是远程终端联机阶段，时间可以追溯到20世纪50年代末。人们将地理位置分散的多个终端连接到一台中心计算机上，用户可以在自己办公室的终端上输入程序和数据，通过通信线路传送到中心计算机，通过分时访问技术使用资源进行信息处理，处理结果再通过通信线路回送到用户终端显示或打印。

第二阶段是以通信子网为中心的计算机网络，时间可以追溯到20世纪60年代。1968年12月，美国国防部高级研究计划署(Advanced Research Projects Agency，ARPA)的计算机分组交换网 ARPANET 投入运行。ARPANET 使得计算机网络的概念发生了根本性的变化，它将计算机网络分为通信子网和资源子网两部分。分组交换网是以通信子网为中心，处在网络边缘的主机和终端构成了用户资源子网。用户不但共享通信子网资源，而且还可以共享资源子网丰富的硬件和软件资源。

第三阶段是网络体系结构和网络协议的开放式标准化阶段。国际标准化组织(International Standard Organization，ISO)的计算机与信息处理标准化技术委员会成立了一个专门研究网络体系结构和网络协议国际标准化问题的分委员会。经过多年的工作，ISO在1984年正式制订并颁布了"开放系统互联参考模型"OSIRM(Open System Interconnection Reference Model)国际标准。随之，各计算机厂商相继宣布支持 OSI 标准，并积极研制开发符合 OSI 模型的产品，OSI 模型被国际社会接受，成为计算机网络体系结构的基础。

目前计算机网络的发展正处于第四阶段。这一阶段的重要标志是20世纪80年代因特网(Internet)的诞生。当前，各国正在研究发展更加快速可靠的 Internet 2 以及下一代互联网。可以说，网络互联和高速、智能计算机网络正成为最新一代的计算机网络的发展方向。

2. 计算机网络的定义

计算机网络是通信技术与计算机技术相结合的产物，是以资源共享为主要目的、通过通信媒体互联的计算机集合。它具有如下特征：

(1) 计算机网络是一个互联的计算机系统的群体。系统中的每台计算机在地理上是不均匀分布的。可能在一个房间内，在一个单位里的楼群里，在一个或几个城市里，甚至在全国或全球范围内。

(2) 系统中的每台计算机是独立工作的，它们在网络协议的控制下协同工作。

(3) 系统互联要通过通信设施来实现。通信设施一般由通信线路、相关的传输及交换设备等组成。通过通信设施实现信息交换、资源共享和协作处理等各种应用需求。

3. 计算机网络的功能

不同的计算机网络是根据不同的需求而设计和组建的，所以它们提供的服务和功能也是不同的。计算机网络可提供的基本功能如下：

(1) 数据通信。终端与计算机、计算机与计算机之间能够进行通信，相互传送数据，从而方便地进行信息收集、处理与交换。

(2) 资源共享。用户可以共享计算机网络范围内的硬件、软件、数据和信息等各种资源，从而提高各种设备的利用率，减少重复劳动。

(3) 网络计算。通过计算机网络，可以将一个任务分配到地理位置不同的多台计算机上协同完成，从而实现均衡负荷，降低软件设计复杂性，提高系统效率。

(4) 集中控制。通过计算机网络可对地理位置分散的系统实行集中控制，对网络资源进行集中的分配和管理。

(5) 提高系统的可靠性。利用计算机网络地理分散的特点，借助冗余和备份的手段提高系统的可靠性。

7.1.2 计算机网络的分类

计算机网络类型的划分方法有许多种，本节只介绍常用的按地理范围划分和按网络拓扑结构划分两种方法。

(1) 按地理范围划分，计算机网络可以划分为局域网、城域网和广域网三种。

① 局域网(Local Area Network，LAN)。局域网指覆盖在较小的局部区域范围内，将内部的计算机、外部设备互联构成的计算机网络。局域网有以太网(Ethernet)、令牌环网、光纤分布式数据接口等几种类型，目前最为常见的局域网是采用以太网标准的以太网，其传输速率从10Mb/s到10Gb/s。

② 城域网(Metropolitan Area Network，MAN)。城域网的规模局限在一座城市的范围内，一般是一个城市内部的计算机互联构成的城市地区网络。城域网通常由多个局域网构成，这种网络的连接距离在10～100km的区域。

③ 广域网(Wide Area Network，WAN)。广域网覆盖的地理范围更广，它一般是由不

同城市和不同国家的局域网、城域网互联构成。网络覆盖跨越国界、洲界,甚至遍及全球范围。局域网是组成其他两种类型网络的基础,城域网一般都加入了广域网。广域网的典型代表是因特网。

(2) 按网络拓扑划分,主要有星型结构、总线型结构、环型结构、树型结构和网状结构。网络的拓扑结构是抛开网络物理连接来讨论网络系统的连接形式,网络中各站点相互连接的方法和形式称为网络拓扑。

7.1.3 计算机网络协议

1. 计算机网络协议定义

计算机网络各节点之间要不断交换数据和控制信息,为了保证数据交换的顺利进行,每个节点都必须遵守一些事先规定的通信规则和标准。这些规则和标准规定了网络节点同层对等实体之间交换数据以及控制信息的格式和时序,这些规则和标准的集合称为协议。

2. 常用协议介绍

(1) TCP/IP 协议簇。TCP/IP 即传输控制协议(TCP)和网际协议(IP),它是因特网采用的协议标准,也是目前全世界采用的最广泛的工业标准。通常所说的 TCP/IP 是指因特网协议簇,它包括了很多种协议,如电子邮件、远程登录、文件传输等。TCP/IP 协议既可以应用在局域网内部,也可以工作在广域网,是目前应用最为广泛的协议。

(2) NetBEUI 协议。NetBEUI 的全称是 NetBIOS Extends User Interface,是"NetBIOS 扩展用户接口"的意思,其中 NetBIOS 是指"网络基本输入输出系统"。NetBEUI 是通信效率极高的广播型协议。

7.1.4 计算机网络的体系结构

OSI 参考模型和 TCP/IP 参考模型是最重要的两个网络体系结构,OSI 参考模型是国际标准,TCP/IP 是因特网上事实的网络标准。

1. OSI 参考模型

OSI 参考模型是国际标准化组织 ISO 为标准化网络体系结构制订的开放式系统互联参考模型。遵照这个共同的开放模型,各个网络产品的生产厂商就可以开发兼容的网络产品。

OSI 参考模型将计算机网络划分为七层,由下至上依次是物理层、数据链路层、网络层、传输层、会话层、表示层和应用层。

(1) 物理层。物理层是 OSI 的第一层,它是整个开放系统的基础。物理层为设备之间的数据通信提供传输媒体及互联设备,为数据传输提供可靠的环境。

(2) 数据链路层。物理层要为终端设备间的数据通信提供传输媒体,在物理媒体上传输的数据难免受到各种不可靠因素的影响而产生差错,为了弥补物理层上的不足,为上层提供无差错的数据传输，就要能对数据进行检错和纠错。数据链路的建立、拆除以及对数据的检错、纠错是数据链路层的基本任务。数据链路层的数据传输单元是帧。

（3）网络层。网络层为网络上的不同主机提供通信服务。网络层最重要的一个功能是确定传输的分组由源端到达目的端的路由。网络层的数据传输单元是分组，也称为数据包。

（4）传输层。传输层是两台计算机经过网络进行数据通信时，第一个端到端的层次，它为上层用户提供端到端的、可靠的数据传输服务。同时，传输层还具备差错恢复、流量控制等功能，以提高网络的服务质量。传输层的数据传输单元是数据段。

（5）会话层。会话层用于建立和维持会话，并能使会话获得同步。会话层使用校验点可保证通信会话在失效时从校验点继续恢复通信。会话层同样要担负应用进程服务要求，实现对话管理、数据流同步和重新同步。

（6）表示层。表示层为上层用户提供数据或信息的语法及格式转换，实现对数据的压缩、恢复、加密和解密。同时，由于不同的计算机体系结构使用的数据编码并不相同，在这种情况下，不同体系结构的计算机之间的数据交换，需要表示层来完成数据格式转换。

（7）应用层。应用层是OSI参考模型的最高层，它是网络操作系统和网络应用程序之间的接口，向应用程序提供服务。

OSI只是一个参考模型，而不是一个具体的网络协议。但是每一层都定义了明确的功能，每一层都对它的上一层提供一套确定的服务。

2. TCP/IP参考模型

TCP/IP参考模型是因特网使用的参考模型。TCP/IP参考模型共有4层：应用层、传输层、网际层和网络接口层。与OSI参考模型相比，TCP/IP参考模型没有表示层和会话层，相应的功能合并到应用层。网际层相当于OSI模型的网络层，网络接口层相当于OSI模型中的物理层和数据链路层。OSI参考模型和TCP/IP参考模型对应关系如图7-1所示。

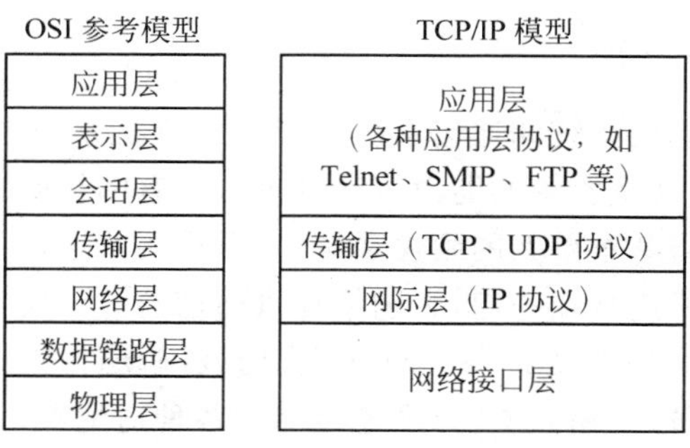

图7-1 OSI参考模型和TCP/IP参考模型的对应关系

（1）网络接口层。该层没有具体定义，只是指出主机必须使某种协议与网络连接，以便能在网络上传输分组。网络接口层负责接收分组，并把它们发送到指定的物理网络上。

（2）网际层。该层定义了IP协议(Internet Protocol)标准的分组格式和传输过程。它是整个体系结构的关键部分，该层的功能是实现路由选择，把IP报文从源端发送到目的端，IP报文发送采用非面向连接方式，且各报文独立发送到目标网络。TCP/IP网际层和OSI

网络层在功能上非常相似。

(3) 传输层。传输层的功能是使源主机和目标主机上的对等实体可以进行进程间通信。在这一层定义了两个端到端的协议，一个是传输控制协议 TCP(Transmission Control Protocol)，它是一个面向连接的协议。该协议提供了数据包的传输确认、丢失数据包重新请求传输机制，以保证从一台主机发出的字节流无差错地发到另一台主机。TCP 还要进行流量控制，避免快速发送方向低速接收方发送过多的报文而使接收方无法处理。另一个协议是用户数据报协议 UDP(User Datagram Protocol)，UDP 传输的可靠性不如 TCP，但是它具有更好的传输效率。

(4) 应用层。应用层是 TCP/IP 网络系统与用户网络应用程序的接口，它包含所有的高层协议，有虚拟终端协议 Telnet、文件传输协议 FTP、简单邮件传输协议 SMTP、域名系统服务 DNS 以及超文本传输协议 HTTP 协议等。

7.2 计算机局域网

局域网(LAN)是在小型机与微型机的普及与推广之后发展起来的。由于局域网具有组网灵活、成本低、应用广泛、使用方便等特点，因此已经成为当前计算机网络技术领域中最活跃的一个分支。

7.2.1 局域网组成

局域网通常分为网络的硬件系统和软件系统两大部分。网络硬件用于实现局域网的物理连接，为连在局域网上的计算机之间的通信提供一条物理通道。网络软件用来控制并具体实现通信双方的信息传递和网络资源的分配与共享。网络硬件和网络软件是局域网的两个相互依赖、缺一不可的组成部分，它们共同完成局域网的通信功能。

1. 硬件系统

网络硬件主要由计算机系统和通信系统组成。计算机系统是网络的基本单元，具有访问网络、数据处理和提供共享资源的能力。计算机系统有网络服务器和网络工作站之分。

通信系统是连接网络基本单元的硬件系统，主要作用是通过传输介质或传输媒体、网络设备等硬件系统将计算机连接在一起，为网络提供通信功能。通信系统包括网络设备、网络接口卡和传输介质及其介质连接设备。总体上，局域网硬件应包括网络服务器、网络工作站、网络接口卡、网络设备、传输介质、介质连接器和各种适配器，如图 7-2 所示。

(1) 网络服务器(Server)。网络服务器是网络的中心，包括一台或数台规模较大的计算机，具有高速处理能力和快速存取的大容量磁盘或光盘存储器。网络服务主要指文件服务、通信服务、域名服务等各种对网络用户的服务。

(2) 网络工作站(Workstation)。每一台连到网络上的用户终端计算机，都称为网络工作站或客户机。通常用做工作站的机器是各种类型的计算机。工作站从服务器中取出程序和数据后，用自己的 CPU 和 RAM 进行运算处理，然后将结果再存到服务器中去。在某些高度保密的应用系统中，往往要求所有的数据都存放在文件服务器上，工作站是不带硬磁盘

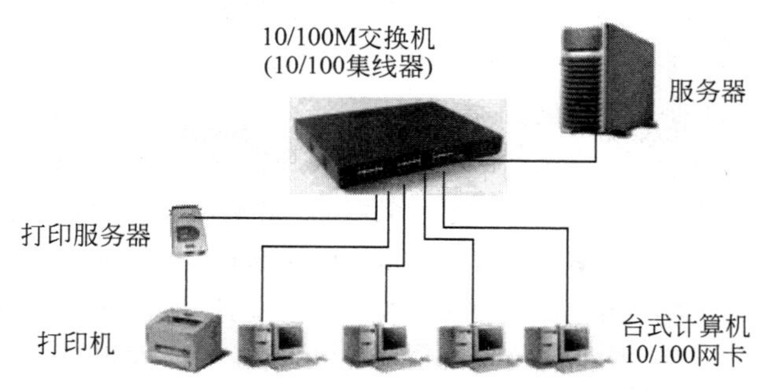

图 7-2 局域网组成

驱动器的,这样的工作站被称为"无盘工作站"。

(3) 网络连接部件。网络连接部件包括网络传输介质(各种电缆、光纤和双绞线,以及这些介质两端所用的接头、插座等)、网络适配器、各种网络收发器、中继器、集线器、交换机、网桥、路由器、网关等,不同的网络有不同的配置。

2. 软件系统

局域网的软件系统通常包括以下三类:

(1) 网络操作系统。网络操作系统是整个网络的核心,是最重要的网络软件,它对网络服务器实施安全、高效的管理,并对网络工作站实施协调、控制和管理功能,向网络用户提供各种网络服务和网络资源。

目前流行的网络操作系统主要有三大系列:UNIX、Novell、Microsoft Windows 系列。

局域网的软件系统包括客户机和服务器两部分,客户机和服务器的操作系统可以相同,也可以不同,在客户机上使用的最为流行的操作系统是 Windows XP/7/8 等,服务器端的操作系统可以是 Windows NT/2000/2003 Server、UNIX、Linux、NetWare。

(2) 网络管理软件。网络管理软件用于监视和控制网络的运行。例如监控网络设备、网络流量、网络性能,还可以进行网络配置等管理工作。对于大型的网络来说,网络管理软件是必不可少的,否则当网络出现故障或性能不佳时,可能会无从下手。

(3) 网络应用软件。网络应用软件是各种各样的,使用网络应用软件的目的在于实现网络用户的各种业务。常用的应用软件的开发平台通常是基于客户机服务器,或者基于浏览器服务器工作模式的各种应用系统。

- 各种数据库管理系统,如 Oracle、SyBase、SQL Server 等。
- 办公自动化管理系统,如 Notes/Domain 系统等。
- 支持 B/S 方式的浏览器软件 Microsoft 的 Internet Explorer 和 Netscape 公司的 Navigator 以及 Web 网页制作软件等。

7.2.2 典型的局域网

1. 以太网

以太网(Ethernet)是目前使用最为广泛的局域网,从 20 世纪 70 年代末期就有了正式的网络产品。在整个20世纪80年代中以太网与PC同步发展,其传输率自20世纪80年代初的10Mb/s发展到90年代的100Mb/s,目前已出现了1Gb/s的以太网产品。以太网支持的传输介质从最初的同轴电缆发展到双绞线和光缆。星型拓扑结构的出现使以太网技术上了一个新台阶,获得更迅速的发展。从共享型以太网发展到交换型以太网,并出现了全双工以太网技术,致使整个以太网系统的带宽成十倍、百倍地增长,并保持足够的系统覆盖范围。

IEEE 802.3 CSMA/CD(载波监听多路访问/冲突检测)局域网标准描述的就是以太网标准的局域网系统。包括标准以太网(10Mb/s)、快速以太网(100Mb/s)、千兆以太网(1000Mb/s)和10G以太网,它们都符合IEEE 802.3系列标准规范。

(1) 标准以太网。最开始以太网只有10Mb/s的吞吐量,使用CSMA/CD访问控制方法。通常把这种最早期的10Mb/s以太网称为标准以太网。标准以太网的传输介质主要有双绞线和同轴电缆。

(2) 快速以太网(Fast Ethernet)。随着网络的发展,传统的标准以太网技术已难以满足网络数据流量日益增长的需求。1995年3月IEEE宣布了IEEE 802.3u 100Base-T快速以太网标准,开始了快速以太网的时代。

快速以太网最主要的优点体现在支持双绞线及光纤的连接,能有效地利用现有的设施。快速以太网的不足其实也是以太网技术的不足,那就是仍基于CSMA/CD技术。当网络负载较重时,会造成效率的降低,当然这可以使用交换技术来弥补。

100Mb/s快速以太网标准又分为100Base-TX、100Base-FX和100Base-T4三个子类。

2. 无线局域网

无线局域网(Wireless Local Area Network,WLAN)是目前最新,也是最为热门的一种局域网。无线局域网与传统局域网的主要不同之处就是传输介质不同,传统局域网都是通过有形的传输介质进行连接,如同轴电缆、双绞线和光纤等。而无线局域网则摆脱了有形传输介质的束缚,所以这种局域网的最大特点就是自由。在网络的覆盖范围内,可以随时随地连接上无线网络和Internet网。

7.2.3 局域网互联

局域网互联技术的发展,拓展了局域网的地理范围,丰富了局域网资源,使得应用越来越广泛。所谓局域网互联一般指的就是将局域网之间、局域网和广域网之间、局域网和大型主机之间的设备彼此连接起来,以实现用户对所互联的网络的资源共享及通信。网络互联时,一般要通过中间设备相连。这些设备概括起来主要有中继器(又称转发器,在物理层实现互联)、网桥(又称桥接器,在数据链路层实现互联)、路由器(在网络层实现互联)以及网关(又称网间连接器或联网机,在传输层及以上的层次实现互联)等。下面介绍局域网互联时需要的传输介质和连接配件。

1. 传输介质

网络硬件是组成计算机网络的物质基础。要组建计算机网络,必须使用网络传输介质将网络接口设备、功能不同的计算机、网络互联设备连接起来,组成物理上连接的网络系统。

在计算机网络中常用的传输介质有双绞线、同轴电缆、光纤以及微波通信等。

(1) 双绞线(Twisted-Pair)。双绞线是现在最常用的传输介质,它由两条相互绝缘的铜线组成,典型直径为1mm。两根铜线绞接在一起是为了防止其电磁感应在邻近线对中产生干扰信号。现行双绞线电缆中一般包含4个双绞线对。双绞线价格便宜,易于安装使用,具有较好的性价比,但是在传输速率和传输距离上有一定的限制。双绞线示意如图7-3所示。

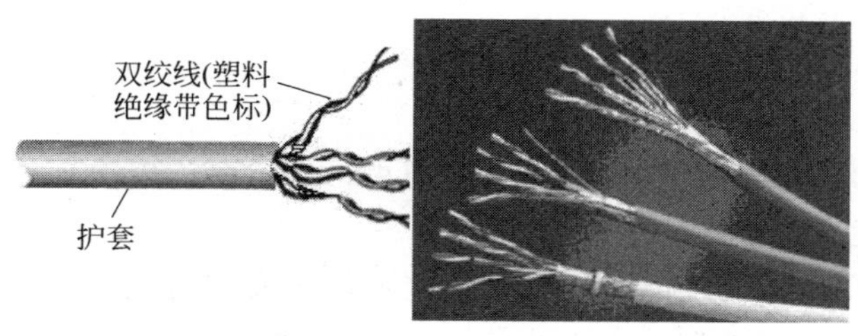

图7-3 双绞线实物图

双绞线分为屏蔽双绞线STP和非屏蔽双绞线UTP,屏蔽式双绞线在双绞线外层包有金属屏蔽层,对电磁干扰具有较强的抵抗能力,适用于网络流量较大的高速网络中,但是价格要比非屏蔽双绞线高。

双绞线根据性能又可分为5类、6类和7类,现在常用的为5类非屏蔽双绞线。双绞线常用于以太网中。双绞线接头为具有国际标准的RJ-45连接器(俗称水晶头),以便与网络设备连接,如图7-4所示(左图为RJ-45连接器,右图为已经连接网线的RJ-45连接器)。

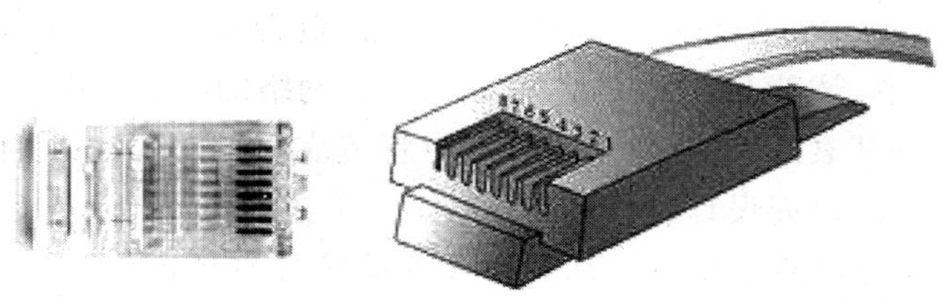

图7-4 RJ-45连接器

(2) 同轴电缆(Coaxial Cable)。同轴电缆是局域网常用的传输介质。同轴电缆由内外两个导体构成,内导体是一根铜质导线或多股铜线,外导体是圆柱形铜箔或用细铜丝纺织的网状屏蔽层,内外导体之间用绝缘物填充。同轴电缆的组成由里向外依次是铜芯、塑胶绝缘层、细铜丝组成的网状屏蔽层及塑料保护膜。铜芯与网状屏蔽层同轴,故称同轴电缆。如图7-5所示。

局域网中常用到的同轴电缆分为粗缆和细缆两种,粗缆传输性能优于细缆。在传输速率为10Mb/s时,粗缆网段传输距离可达500~1000m,细缆传输距离为200~300m。

(3) 光纤(Optical Fiber)。光纤是用光导纤维作为信息传输介质,光纤由传送光波的超细玻璃纤维,外包一层比玻璃折射率低的材料构成。进入光纤的光波在两种材料的界面上形成全反射,从而不断地向前传播。

光纤的芯线一般是直径为0.11μm的石英玻璃丝,它具有宽带域信号传输的功能及重量轻的特点。由终端发送的信息,先经光发送器的元件,将电信号转换成光的强弱变化信号,然后再送到光纤光缆上传输。在接收端,由光接收器中的感光元件将光纤光缆上传输的光信号还原为电信号,再输给计算机进行处理。光缆结构如图 7-6 所示。

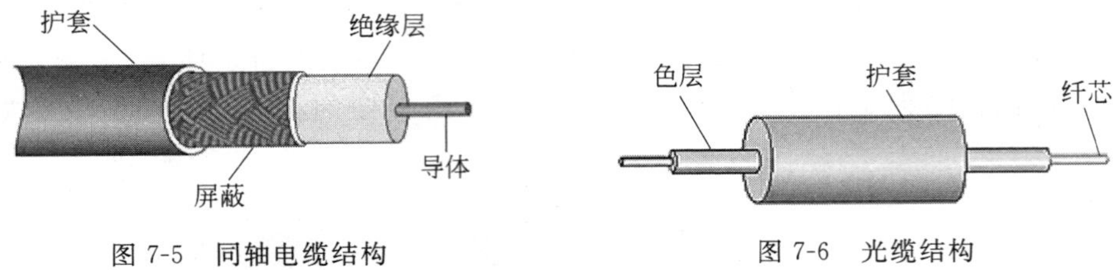

图 7-5　同轴电缆结构

图 7-6　光缆结构

采用光纤通信具有信息量大、重量轻、体积小、可靠性好、安全保密性好、抗电磁干扰能力强、误码率低等优点。

(4) 无线传输介质。无线传输常用于一些不便于安装有线介质的特殊地理环境,或者作为有线介质传输的备份线路。在无线传输中,微波通信使用较多,此外,还有卫星通信、激光通信和红外线通信等。

2. 连接配件

(1) 网络接口卡。网络接口卡(Network Interface Card,NIC)也叫网络适配器,也就是常说的网卡。网卡是局域网中最基本的部件之一,它是连接计算机与网络的硬件设备。无论是无线连接、双绞线连接、同轴电缆连接还是光纤连接,都必须借助于网卡才能实现数据的通信。

(2) 中继器。中继器是最简单的网络互联设备,负责在两个节点的物理层上按位传递信息,完成信号的复制、调整和放大功能,以此来延长网络的距离。由于存在损耗,在线路上传输的信号功率会逐渐衰减,衰减到一定程度时将造成信号失真,因此会导致接收错误。中继器就是为解决这一问题而设计的。

(3) 集线器。集线器的主要功能是对接收到的信号进行再生整形放大,以扩大网络的传输距离。它工作在 OSI 参考模型第一层,即物理层。集线器采用广播方式发送数据,也就是说当它要向某节点发送数据时,不是直接把数据发送到目的节点,而是把数据包发送到与集线器相连的所有节点。

(4) 网桥。网桥工作在 OSI 模型的第二层,即数据链路层。将两个局域网连起来,根据传输的数据帧的网卡地址来判别转发帧,使本地通信限制在本网段内,并转发相应的信号至另一网段。网桥通常用于连接数量不多、同一类型的网段。

(5) 交换机。从工作原理上看,交换机与网桥一样,都是工作在 OSI 模型的第二层的网络互联设备,它具有多端口,而每一端口都具有桥接功能,根据传输的数据帧的网卡地址来判别转发帧。从这一点来说,交换机就是多端口的网桥。但交换机与网桥相比,还具有很多更强的特性,如提供全双工通信、流量控制和网络管理等功能。交换机可以直接替换网络中的集线器,使得网络具有更高的性能。

(6) 路由器。路由器是工作在 OSI 模型第三层的网络互联设备,即网络层。它的最重要的功能就是寻址,即为传输的每一个 IP 报文寻找一条从源端到目的端之间的最优传输路径。路由器主要用作局域网和广域网的接口设备,实现不同网络之间的互相通信。同时,路由器也具有网络管理、安全监控功能。

（7）网关。网关通过使用适当的硬件和软件，实现不同网络协议之间的转换功能。硬件用来提供不同网络的接口，软件实现不同的互联网协议之间的转换。

7.3 Internet 基础

Internet 是全球最大的互联网络，但它本身不是一种具体的物理网络。它是对全世界各个地方已有的各种网络资源进行整合（如将计算机网络、数据通信网络、公用电话交换网络以及有线电视网络等互联起来），组成一个横贯全球的庞大的互联网，被称为网络的网络。

7.3.1 Internet 概述

Internet 起源于美国国防部高级研究计划局的 ARPANET。在 20 世纪 60 年代末，出于军事需要，美国国防部高级研究计划局计划建立一个计算机网络，当网络中部分系统被摧毁时，其余部分会很快建立新的联系，当时在美国的 4 个地区进行互联实验，采用 TCP/IP 作为基础协议。1969—1983 年是 Internet 形成的第一阶段，主要作为网络技术的研究和试验在一部分美国大学和研究部门中运行和使用。

从 1983 年开始逐步进入到 Internet 的实用阶段，在美国和一部分发达国家的大学和研究部门中得到广泛使用，是用于教学、科研和通信的学术网络。与此同时，世界上很多国家相继建立本国的主干网，并接入 Internet，成为 Internet 的组成部分。

1986 年，美国国家科学基金会（National Science Foundation，NSF）利用 TCP/IP 协议，在五个科研教育服务超级电脑中心的基础上建立了 NSFnet 广域网，在全美国实现资源共享。由于美国国家科学基金会的鼓励和资助，很多大学、政府资助的研究机构甚至私营的研究机构纷纷把自己的局域网并入到 NSFnet 中。如今，NSFnet 已成为 Internet 的重要骨干网之一。

1989 年，由 CERN 开发成功的万维网（World Wide Web，WWW），为 Internet 实现广域网超媒体信息获取/检索奠定了基础。从此，Internet 进入到迅速发展时期。

进入 20 世纪 90 年代，Internet 已经成为一个“网间网”，各个子网分别负责自己的建设和运行费用，而这些子网又通过 NSFnet 互联起来。

1993 年，美国国家超级计算机应用中心（NCSA）发表的 Mosaic 以其独特的图形用户界面（Graphical User Interface，GUI）赢得了人们的喜爱，其后的网络浏览工具 Netscape 的发布和 IE 浏览器的出现，以及 WWW 服务器的增加，掀起了 Internet 应用新的高潮。

Internet 最初的宗旨是用来支持教育和科研活动。但是随着规模的扩大和应用服务的发展以及全球化市场需求的增长，开始了商业化服务。在引入商业机制后，准许以商业为目的的网络连入 Internet，使其得到迅速发展，很快便达到了今天的规模。

但是给 Internet 下一个确切的定义很难，一般都认为，Internet 是多个网络互联而成的网络的集合。从网络技术的观点来看，Internet 是一个以 TCP/IP 协议连接各个国家、各个部门、各个机构计算机网络的数据通信网。从信息资源的角度来看，Internet 是一个集各个领域、各个学科的各种信息资源为一体，并供上网用户共享的数据资源网。

7.3.2 接入 Internet

Internet 服务提供商 ISP 是众多企业和个人用户接入 Internet 的驿站和桥梁。当计算机连接 Internet 时,它并不直接连接到 Internet,而是采用某种方式与 ISP 提供的某一种服务器连接起来,通过它再接入 Internet。

从通信介质角度来看,Internet 接入方式有专线接入和拨号接入;从组网架构角度来看,接入方式有单机连接和局域网连接。

1. 单机连接方式

单机可以通过电话拨号接入 Internet,也可以通过局域网接入 Internet。

电话拨号接入方式(SLIP/PPP 方式)适合业务量不太大但又希望以主机方式连入 Internet 的用户使用,是个人用户经常采用的一种连接方式。为此,用户需要配备调制解调器、电话线。

单机接入到 Internet,在使用前需要向所连接的 ISP 申请一个账号。用户向 ISP 申请账号成功后,该 ISP 会告诉用户合法的账号与密码。

如果想通过校园网接入 Internet,则需要向校园网网络管理中心申请注册。

2. 局域网连接方式

将局域网接入 Internet 有专线接入方式和使用代理服务器接入方式两种方案,下面分别介绍这两种接入方式。

(1) 专线接入方式。所谓专线接入指通过相对固定不变的通信线路(例如 DDN、ADSL、帧中继)接入 Internet,以保证局域网上的每一个用户都能正常使用 Internet 上的资源。

这种接入方式是通过路由器将局域网接入 Internet。路由器的一端接在局域网上,另一端则与 Internet 上的连接设备相连接,此时的局域网就变成 Internet 上的一个子网。当路由器设置完成之后,子网中的每台计算机可以采用自动获得 IP 地址,也可以设置单独静态的 IP 地址。

(2) 使用代理服务器接入方式。通过局域网的服务器,用一根电话线或专线将服务器与 Internet 连接,局域网上的每台主机通过服务器的代理,共享服务器的 IP 地址访问 Internet,这种方式需要有代理服务器(Proxy Server)。

7.3.3 IP 地址

在 Internet 上为每台计算机指定的地址称为 IP 地址。它为 IP 协议提供统一格式的地址。物理地址对应于实际的信号传输过程,而 IP 地址是一个逻辑意义上的地址。其目的就是屏蔽物理网络细节,使得 Internet 从逻辑上看起来是一个整体的网络。每一个 IP 地址在 Internet 上是唯一的,是运行 TCP/IP 协议的唯一标识。

1. IP 地址的格式

在 Internet 上，IP 地址采用分层结构，由网络地址和主机地址组成，用以标识特定主机的位置信息，如图 7-7 所示。IP 地址的结构可以在 Internet 上方便地寻址，先按 IP 地址中的网络地址找到 Internet 中的一个物理网络，再按主机地址定位到这个网络中的一台主机。

网络地址	主机地址

图 7-7 IP 地址结构

TCP/IP 协议规定 Internet 上的 IP 地址长 32 位，分为 4 字节，每字节可对应一个 0～255 的十进制整数，数之间用点号分隔，形如：XXX. XXX. XXX. XXX。例如，202. 118. 116. 6，这种格式的地址被称为点分十进制地址。采用这种编址方法可使 Internet 容纳 40 亿台计算机。

2. IP 地址的类型

Internet 地址根据网络规模的大小分成 5 种类型，其中 A 类、B 类和 C 类地址为基本地址，D 类地址为组播(Multicast)地址，E 类地址保留待用，它们的格式如图 7-8 所示。地址数据中的全 0 或全 1 有特殊含义，不能作为普通地址使用。例如，网络地址 127 专用于做测试，如果某计算机发送信息给 IP 地址为 127. 0. 0. 1 的主机，则此信息将传送给该计算机自身。

A类	0	网络地址（7 位）	主机地址（24 位）
B类	10	网络地址（14 位）	主机地址（16 位）
C类	110	网络地址（21 位）	主机地址（8 位）
D类	1110		多播地址（28 位）
E类	11110		预留地址（27 位）

图 7-8 Internet 上的地址类型格式

A 类地址中表示网络的地址有 8 位，其最左边的一位是 0，主机地址有 24 位。第一字节对应的十进制数范围是 0～127。由于地址 0 或 127 有特殊用途，因此，有效的地址范围是 1～126，即有 126 个 A 类网络。A 类地址适用于主机多的网络，它可提供一个大型网，每个这样的网络可含 $2^{24}-2=16\ 777\ 214$ 台主机(全 0 或全 1 不能用于普通地址)。

B 类地址中表示网络地址部分有 16 位，最左边的两位是 10，第一字节地址范围 128～191(10000000B～10111111B)，主机地址也是 16 位。这是一个可含有 $2^{16}-2=65\ 534$ 台主机的中型网络，这样的网络可有 $2^{14}=16\ 384$ 个。

C 类地址中表示网络地址的部分为 24 位，最左边的 3 位是 110，第一字节地址范围 192～223(11000000B～11011111B)，主机地址有 8 位。C 类地址代表的是一个小型网络。一共可以有 $2^{21}=2\ 097\ 152$ 个 C 类小型网络，每个网络可以含有 $2^{8}-2=254$ 台主机。

采用点分十进制编址方式可以很容易地通过第一字节值识别 Internet 地址属于哪一类。例如，202. 118. 116. 6 是 C 类地址。

随着因特网的发展，对 IP 地址的需求也迅速增加，采用 32 位地址方案出现了地址紧张的状况，下一代 IP 协议 IPv6 采用 128 位 IP 编码方案，将有效地解决 IP 地址空间有限的问题。从 IPv4 向 IPv6 过渡，估计需要 10 年的时间，由于 IPv6 向下兼容 IPv4，当 IPv6 取代了 IPv4 后，用户也不必担心自己的利益会受到损害。

3. 子网掩码

在实际应用中，有时一个网络需要由几个子网络组成，这时可将主机地址部分再划出一些二进制位，用作本网络的子网络，剩余的部分用作相应子网络内的主机地址的标识，这样 IP 地址就变形为网络地址＋子网地址＋主机地址。为识别子网，需要使用子网掩码。

子网掩码也是一个 32 位的模式，它的作用是识别子网和判别主机属于哪一个网络。当主机之间通信时，通过子网掩码与 IP 地址的逻辑与运算，可分离出网络地址。设置子网掩码的规则是：凡 IP 地址中表示网络地址部分的那些位，在子网掩码对应位上置 1，表示主机地址部分的那些位设置为 0。

4. 域名系统

由于数字形式的 IP 地址难以记忆和理解，为此，Internet 引入了一种字符型的主机命名机制——域名系统(Domain Name System，DNS)，用来表示主机的地址。

(1) 域名系统 DNS。域名系统主要由域名空间的划分、域名管理和地址转换三部分组成。

域名的写法类似于点分十进制的 IP 地址的写法，用点号将各级子域名分隔开来，域的层次次序从右到左(即由高到低或由大到小)，分别称为顶级域名(一级域名)、二级域名、三级域名等。典型的域名结构如下：

主机名.单位名.机构名.国家名

例如，slk.sie.edu.cn 域名表示中国(cn)教育机构(edu)作者单位(sie)校园网上的一台主机(slk)。

Internet 上几乎在每一子域都设有域名服务器，服务器中包含有该子域的全体域名和地址信息。Internet 每台主机上都有地址转换请求程序，负责域名与 IP 地址转换。域名和地址之间的转换工作称为域名解析，整个过程是自动进行的。有了 DNS 系统，凡域名空间中有定义的域名都可以有效地转换成 IP 地址，反之，IP 地址也可以转换成域名。因此，用户可以等价地使用域名或 IP 地址。

(2) 顶级域名。为了保证域名系统的通用性，Internet 规定了一些正式的通用标准，分为区域名和类型名两类。区域名用两个字母表示世界各国或地区，表 7-1 列出了部分国家或地区域名代码以及部分顶级域名。

按区域名登记产生的域名称为地理型域名，按类型名登记产生的域名称为组织机构型域名。在地理型域名中，除了美国的国家域名代码 us 可默认外，其他国家的主机若要按地理模式申请登记域名，则顶级域名必须先采用该国家的域名代码后再申请二级域名。按类型名登记域名的主机，其地址通常源自于美国。例如，cernet.edu.cn 表示一个在中国登记的域名，而 163.com 表示该网络的域名是在美国登记注册的，但网络的物理位置在中国。

表 7-1 部分国家或地区域名代码以及部分顶级域名

国家或地区顶级域名				通用顶级域名		新增顶级域名	
域名	含义	域名	含义	域名	含义	域名	含义
cn	中国	jp	日本	com	商业组织	firm	公司、企业
hk	中国香港	ch	瑞士	edu	教育机构	store	销售公司或企业
mo	中国澳门	de	德国	gov	政府部门	web	从事与 WWW 相关业务的单位
tw	中国台湾	in	印度	mil	军事机构	art	从事文化娱乐的单位
Fr	法国	uk	英国	net	网络服务商	rec	从事休闲娱乐的单位
au	澳大利亚	us	美国	org	非营利组织	info	从事信息服务业务的单位
ca	加拿大					nom	个人

(3) 中国互联网络的域名体系。中国互联网络的域名体系顶级域名为 cn。二级域名共 40 个,分为类别域名和行政区域名两类。其中,类别域名共 6 个,行政区域名 34 个,对应我国的各省、自治区和直辖市,采用两个字符的汉语拼音表示。例如,bj(北京市)、sh(上海市)、xz(西藏自治区)、hk(香港特别行政区)、gd(广东省)、ln(辽宁省)等。

7.4 Internet 应用

Internet 上不仅有丰富的信息资源,而且多数是免费的,同时提供了多种访问信息资源的服务,其提供的服务主要有以下几种。

1. 全球信息网

WWW 是 World Wide Web 的缩写,又称为 W3、3W 或 Web,中文译为全球信息网或万维网。WWW 是基于超文本(Hypertext)方式、融合信息检索技术与超文本技术而形成的最先进、交互性能最好、应用最广泛、功能最强大的全球信息检索工具,WWW 上包括文本、声音、图像、视频等各类信息。由于 WWW 采用了超文本技术,只要用鼠标在页面关键字或图片上一点,就可以看到通过超文本链接的详细资料。

2. 电子邮件

E-mail(Electronic Mail,电子邮件)是 Internet 上使用最广泛的一种服务。用户只要能与 Internet 连接,具有能收发电子邮件的程序及个人的电子邮件地址,就可以与因特网上具有电子邮件地址的所有用户方便、快捷、经济地交换电子邮件。电子邮件可以在两个用户间交换,也可以向多个用户发送同一封邮件,或将收到的邮件转发给其他用户。电子邮件中除文本外,还可包含声音、图像、应用程序等各类计算机文件。此外,用户还可以以邮件方式在网上订阅电子杂志、获取所需文件、参与有关的公告和讨论组等。

3. 文件传输

文件传输协议(File Transfer Protocol,FTP)是 Internet 上文件传输的基础,通常所说的文件传输是基于该协议的一种服务。文件传输服务允许 Internet 上的用户将一台计算机上的文件传输到另一台计算机上,当用户从授权的异地计算机向本地计算机传输文件时,称为下载(Download);而把本地文件传输到其他计算机上称为上传(Upload)。几乎所有类型的文件都可以用FTP传送。

FTP实际上是一套文件服务软件,它以文件传输为界面,使用简单的get和put命令就可以进行文件的下载和上传,如同在Internet上执行文件复制命令一样。大多数FTP服务器主机都采用UNIX操作系统,但用户通过Windows操作系统也能方便地使用FTP与UNIX主机系统进行文件的传输。

FTP最大的特点是用户可以使用Internet上众多的匿名FTP服务器。所谓匿名服务器,指的是不需要专门的用户名和口令就可以进入的系统。匿名服务器的标准目录为pub,用户通常可以访问该目录下所有子目录中的文件。考虑到安全问题,大多数匿名服务器不允许用户上传文件。

4. 远程登录服务

Telnet是远程登录服务协议,该协议定义了远程登录用户与服务器交互的方式。允许用户利用一台联网的计算机登录到一个远程分时系统,然后像使用自己的计算机一样使用远程登录的计算机。

要使用远程登录服务,必须在本地计算机上启动一个客户应用程序,指定远程计算机的名字并有相应的账号和口令,通过Internet与之建立连接。一旦连接成功,本地计算机就像通常的终端一样,可以直接访问远程计算机系统的资源。远程登录软件允许用户直接与远程计算机交互,通过键盘或鼠标操作,客户应用程序将有关的信息发送给远程计算机,再由远程计算机将输出结果返回给用户。一般用户可通过Windows XP的Telnet客户程序进行远程登录。

使用Telnet的方法是在系统提示符下输入:telnet<主机地址>,例如telnet center. njtu. edu. cn,在浏览器的地址栏中可以输入telnet://主机地址,如telnet://center. njtu. edu. cn。

5. 电子公告板

电子公告板(Bulletin Board System,BBS)是Internet上的电子公告板系统。BBS上开设了许多专题,用户可以匿名登录,对感兴趣的话题展开讨论、交流、疑难解答、召开网络会议,甚至可以谈天说地,进行娱乐活动。全球有许多BBS站点,不同的Internet BBS站服务内容差异很大,但都兼顾娱乐性、知识性、教育性。

登录到BBS站时,只需Telnet到该站主机,如telnet bbs. pku. edu. cn,以bbs为账号进入系统,这时,系统会询问"用户代号",若是第一次上站就以new为账号注册,然后用户可以给自己起一个名字和注册口令,无须事先向BBS管理员申请。登录成功后,会看到有许多讨论区,用户可以畅所欲言地发表自己的看法、意见,讨论各种问题,交流心得和体会。

现在很多BBS站点都建立了WWW页面,用户可以像浏览网页一样登录BBS,如http://bbs. pku. edu. cn。

6. 网上寻呼

网上寻呼又称为ICQ,是I Seek You连音的缩写,意思是"我在找你"。可以及时地传送文字信息、语音信息、聊天和发送文件。

要使用ICQ,首先要在计算机中安装一个ICQ软件,通过软件登录到ICQ服务器上,提出申请并获得一个独立的ICQ号码。有了ICQ号就能寻找并添加网友,别人也可以添加你为好友。以后你一上网,ICQ就会自动连接到服务器,帮你查找你的朋友是否在线。你可以通过ICQ与在线的朋友发消息、互传文件、聊天、互传网页,这些操作都是即时的,远比E-mail的存储转发机制要快得多。

国内的ICQ首推腾讯QQ,它是深圳市腾讯计算机系统有限公司开发的,基于Internet的中文即时寻呼软件。通过使用QQ实现与好友进行交流,信息即时发送,即时回复;QQ还具有BP机网上寻呼、手机短信服务、聊天室、语音邮件、视频电话等功能。它不仅仅是Internet虚拟的网络寻呼机,更可与传统的无线寻呼网、GSM移动电话的短消息系统互联,目前QQ和全国多家寻呼台、移动通信公司有业务合作,是国内应用最广泛的中文网络寻呼机。

7. 网络电话

网络电话又称IP电话(Internet Phone),是较新的Internet应用之一。目前IP电话分三类:计算机(PC)到计算机(PC);计算机(PC)到电话(Phone);电话(Phone)到电话(Phone)。

互联网的IP电话采用"存储—转发"的方式传输数据,传输数据过程中通信双方并不独占电路,并对语音信号进行了大比例的压缩处理,网络电话所占用的通信资源大大减少,节省了长途通信费用。

8. 网络新闻组

网络新闻组(USENET)也称为网络论坛,是针对有关的专题讲座而设计的,是人们共享信息、交换意见和知识的地方。用户计算机只要具有"新闻阅读器"程序(如Outlook Express中的新闻组),就可以连接到Internet的某个新闻服务器(如微软公司的NEWS服务器News. Microsoft. com)上阅读和张贴邮件。

用户除了可以选择参加感兴趣的专题小组外,也可以自己开设新的专题组。只要有人参加该专题组就可以一直存在下去;如果一段时间内无人参加,则这个专题组会被自动删除。

9. 网络信息搜索

信息检索是指将杂乱无序的信息有序化成信息集合,并根据需要从信息集合中查找出特定信息的过程。搜索引擎(Search Engine)是某些站点提供的用于网上查询的程序,是一种专门用于定位和访问Web信息,获取自己希望得到的资源的导航工具。

当用户查某个关键词的时候,所有在页面内容中包含了该关键词的网页都将作为搜索结果被搜出来。在经过复杂的算法进行排序后,这些结果将按照与搜索关键词的相关度高低依次排列。常用的搜索引擎有中文Yahoo(http://www. yahoo. com. cn)、Google(http://www. google. com)、百度(http://www. baidu. com)等。

本章小结

本章介绍了计算机网络的基本知识,主要包括计算机网络的发展、网络的定义、网络的功能、网络的分类以及网络的协议,并介绍了网络的体系结构和局域网的构成,最后介绍了Internet 网的有关知识以及利用 Internet 能获得的服务和应用。

本章内容复习

一、选择题

1. 用于电子邮件的协议是(　　)。
   A. IP　　B. TCP　　C. SNMP　　D. SMTP
2. 局域网最基本的网络拓扑结构类型主要有(　　)
   A. 总线型　　B. 总线型、环型、星型
   C. 总线型、环型　　D. 总线型、星型、网状
3. 当前使用的 IP 地址是(　　)比特。
   A. 16　　B. 32　　C. 48　　D. 128
4. 在 Internet 中,按(　　)地址进行寻址。
   A. 邮件地址　　B. IP 地址
   C. MAC 地址　　D. 网线接口地址

二、填空题

1. 计算机网络由________子网和________子网组成
2. 一个用户在域名为 mail. syepi. edu. cn 的邮件服务器上的用户名为 wj,则在此服务器上此用户的电子邮件地址为________。
3. 计算机网络是________和________结合的产物。
4. 计算机网络按地理范围分为________、________和________。
5. 网络域名系统主要由________、________和________三部分组成。
6. TCP/IP 中 TCP 是________协议、IP 是________协议。

网上资料查找

1. 用 Internet Explorer 浏览器查找与你专业相关的网站,下载相关内容,重新编辑排版。要求图文并茂,编辑在 B5 纸版面上。
2. 上网下载有关计算机网络组网的资料。

第 8 章　多媒体技术基础

近年来，多媒体技术已经成为人们关注的热点。众多的多媒体产品介绍和不断的产品更新令人目不暇接，应用多媒体技术是 20 世纪 90 年代——计算机时代的特征。面对新的挑战，更好地掌握和应用多媒体方面的常见技术，已经成为 21 世纪人才培养的基本要素之一。

8.1　多媒体技术

8.1.1　多媒体概述

多媒体一词的英文拼写是 Multimedia，它是由词根 Multi 和 Media 构成的组合词，核心词是媒体。媒体又常被称为媒介，是人们日常生活和工作中经常会用到的词汇，如经常把报纸、广播、电视等称为新闻媒介，报纸通过文字、广播通过声波、电视通过视频的声音与图像来传送信息。信息需要借助于媒体来传播，所以说媒体是信息的载体。但是这样来理解媒体，其概念还是比较窄一点，其实媒体的概念范围相当广泛，根据国际电信联盟(International Telecommunication Union，ITU)下属的国际电报电话咨询委员会(Consultative Committee for International Telegraph and Telephone，CCITT)的定义，媒体可分为下列五大类。

1. 感觉媒体

感觉媒体(Perception Medium)是指能直接作用于人们的感觉器官，使人能直接产生感觉的一类媒体。感觉媒体包括人类的各种语言、文字、音乐、自然界的其他声音、静止的或活动的图像、图形和动画等信息。

2. 表示媒体

表示媒体(Representation Medium)是为了加工、处理和传输感觉媒体而人为研究、构造出来的一种媒体。借助于此种媒体，能更有效地存储感觉媒体或将感觉媒体从一个地方传送到遥远的另一个地方。常见的表示媒体可概括为声(声音(Audio))、文(文字、文本(Text))、图(静止图像(Image)和动态视频(Video))、形(波形(Wave)、图形(Graphic)和动画(Animation))和数(各种采集或生成的数据(Data))5 类信息的数字化编码表示。例如语言编码，静止和活动图像编码以及文本编码等都称为表示媒体。

3. 显示媒体

显示媒体(Presentation Medium)是指感觉媒体传输中电信号和感觉媒体之间转换所用的媒体。显示媒体又分为输入显示媒体和输出显示媒体。输入显示媒体如键盘、鼠标器、光笔、数字化仪、扫描仪、麦克风、摄像机等,输出显示媒体如显示器、喇叭、打印机、投影仪等。

4. 存储媒体

存储媒体(Storage Medium)又称存储介质,指的是用于存储表示媒体(即把感觉媒体数字化以后的代码进行存入),以便计算机可随时加工处理和调用的物理实体。这类存储媒体有硬盘、软盘、CD-ROM 等。

5. 传输媒体

作为通信的信息载体,传输媒体(Transmission Medium)是用来将表示媒体从一处传送到另一处的物理实体。这类媒体包括各种导线、电缆、光缆、空气等。

存在着那么多的媒体,这和要研究的多媒体有什么关系呢? 即在这里所说的多媒体的含义究竟指的是什么? 从字面意思上讲,多媒体就是多种媒体,即计算机能处理多种信息媒体。换言之,多媒体是指计算机处理信息媒体的多样化。人们普遍认为多媒体是指能够同时获取、处理、编辑、存储和展示两个及两个以上不同类型信息媒体的技术,这些信息媒体包括:文字、声音、音乐、图形、图像、动画、视频等。从这个意义中可以看到人们常说的多媒体最终被归结为一种技术。事实上也正是由于计算机技术和事务信息处理技术的实质性进展,才使人们拥有了处理多媒体信息的能力,也才使得多媒体成为一种现实。所以人们现在所说的多媒体,常常不是指多媒体本身,而主要是指处理和应用它的一整套技术。因此多媒体实际上就常常被当作多媒体技术的同义语。另外还应注意到,现在人们谈论的多媒体技术往往与计算机联系起来,这是由于计算机的数字化及交互式处理能力极大地推动了多媒体技术的发展,通常可以把多媒体看作是先进的计算机技术与视频、音频和通信技术融为一体而形成的一种新技术或新产品。

简单地说,多媒体技术就是把声、文、图、像和计算机结合在一起的技术。实际上,多媒体技术是计算机技术、通信技术、音频技术、视频技术、图像压缩技术、文字处理技术等多种技术的一种结合。多媒体技术能提供多种文字信息(文字、数字、数据库等)和多种图像信息(图形、图像、视频、动画等)的输入、输出、传输、存储和处理,使表现的信息图、文、声并茂,更加直观和自然。由此可将多媒体技术(Multimedia Technology)的概念定义为"多媒体技术就是把文本、音频、视频、图形、图像和动画等多种媒体信息通过计算机进行数字化采集、获取、存储等加工处理,再以单独或合成的方式表现出来的一体化技术"。

8.1.2 媒体元素

多媒体的媒体元素是指多媒体应用中可以显示给用户的媒体组成,即从用户的角度来看待多媒体,多媒体有 6 大媒体元素组成:文本、音频、视频、图形、图像和动画。下面对各种媒体元素的有关知识做一简单介绍,其中对于图形、图像、音频、视频和动画要素在后续的章节中有进一步的阐述。

1. 文本

文本(Text)是使用最悠久、最广泛的媒体元素,是信息最基本的表现形式。最大优点是存储空间小；缺点是形式呆板，仅能利用视觉来获取，靠人的思维进行理解，难于描述对象的形态、运动等特征。

1）文字的属性

丰富多彩的文本信息是由文字不同属性的多样变化而展现出来的，文字的属性包括字体、字号、文字的风格、对齐方式及颜色等。

(1) 字体(Font)：由于每台计算机系统安装的字库都不尽相同，所以字体的选择也会有所不同。可以通过安装字库来扩充可选的字体，它们通常安装在 Windows 系统下的 Fonts 目录中。

在设置时，应根据需要选择合适的字体。宋体字形工整，结构匀称，清晰明快，一般多用正文；仿宋体笔顺清秀、纤细，多用于诗歌、散文及作者姓名；黑体笔画较粗，笔法自然，庄重严谨，一般用于文章的各类标题；楷体写法自然，柔中带刚，经常用作插入语及注释。其实，还有更多的修饰字体可供选择，如图 8-1 所示。

图 8-1 字体范例

(2) 字号(Size)：字的大小在中文里通常是以字号来表示，从初号到八号，字由大到小。美国人习惯于用“磅”(Point)作为文字的计量单位，1 磅的长度等于 1/72 英寸。字号的实际大小与对应磅值的关系如图 8-2 所示。

黑体一号字大小示例—磅值为 26

黑体二号字大小示例—磅值为 22

黑体三号字大小示例—磅值为 16

黑体四号字大小示例—磅值为 14

黑体五号字大小示例—磅值为 10.5

图 8-2 字号实际大小与对应磅值示意图

(3) 字的格式(Style)：字体的格式主要有普通、加粗、斜体、下画线、字符边框、字符底纹和阴影等，可以使文字的表现更加丰富多样。

(4) 字的对齐(Align)：文字的对齐方式主要有左对齐、右对齐、居中、两端对齐以及分散对齐。一般标题采用居中，其他对齐方式应根据具体情况设置。

(5) 字的颜色(Color)：可以对文字指定任何一种颜色，使版面更加漂亮。

2）文本对应的文件格式

对于文本信息的处理，可以在文字编辑软件中完成，如使用记事本、Word、WPS 等软件，也可以在多媒体编辑软件中直接制作。建立文本素材的软件非常多，而每种软件大都存为特定的格式，随之便有了许多的文档文件格式，常用的文件格式有以下几种。

(1) TXT：纯文本格式，在不同操作系统之间可以通用，兼容于不同的文字处理软件。

因无文件头,不易被病毒感染。

(2) WRI:一个非常流行的文档文件格式,它是 Windows 自带的写字板程序所生成的文档文件。

(3) DOC:由微软文字处理软件 Word 生成的文档格式,表现力强,操作简便。

(4) WPS:由国产文字处理软件 WPS 生成的文档格式,低版本的 WPS 所生成的.wps 文件实际上只是一个添加了 1 024B 控制符的文本文件,它只能处理文字信息。而 WPS 97/2000 所生成的.wps 文件则在文档中添加了图文混排的功能,大大扩展了文档的应用范围。值得一提的是,WPS 向下的兼容性较好,即使是采用 WPS 2000 编辑的文档,只要没有在其中插入图片,仍然可以在 DOS 下的低版本 WPS 中打开。

(5) RTF(Rich Text Format,多文本格式)是一种通用的文字处理格式,几乎所有的文字处理软件都能正确地对其进行操作。

2. 矢量图形

矢量图形(Graphics)是计算机根据数学模型计算生成的几何图形格式。矢量图形存储的是图形元素的抽象的指令信息,图形元素主要包括线、矩形、圆、椭圆等,而不需要对图上的每一个点进行量化保存,因此矢量图形占用的存储空间小。矢量图形存储的抽象指令信息只需要让计算机知道所要描绘图形的几何特征即可。例如要描绘一个圆,只需要知道其半径和圆心的坐标及边线的粗细程度和颜色等抽象的信息,计算机就可以调用相应的函数来画出该图形,因此矢量图形在显示时需要相关软件解析,并在屏幕上完成图形的绘制过程。当矢量图形放大和缩小的时候,由绘图程序按照相应的比例调整参数再次调用函数重新绘制图形,由于每次都是重绘的执行过程,所以矢量图形具有缩放不失真的优点。

矢量图形同图像相比具有缩放不失真;存储空间小;显示时需要软件解析,因此显示速度慢;操作灵活,对其中一个图元操作,不会影响其他的图形元素的特点。

常见的矢量图形的格式有:WMF(微软剪贴画格式)、CDR(Corel Draw 文件格式)等。

3. 图像

图像(Image)是指由输入设备捕获的实际场景画面或以数字化形式存储的画面,是真实物体重现的影像。对图片逐行、逐列进行采样(取样点),并用许多点(称为像素点)表示并存储,即为数字图像,通常称之为位图。

一幅图像就是一个点阵图,图像存储的是每个像素点的具体信息。一幅分辨率为 640×480 的图像表明该图像在水平方向被分为 640 个像素点,竖直方向被分为 480 像素点来描述,每一个像素点在计算机中被量化成一定位数的二进制数值来描述该点的亮度和颜色信息,这样要存储 307 200 个点的数据,因此图像文件的数据量很大。要存储一幅 640×480 像素大小、24 位真彩色的 BMP 格式图像,大约需要 900KB 存储空间。所以需要对图像数据进行压缩,即利用人眼的视觉特性、去除人眼不敏感的冗余数据。目前最为流行且压缩效果好的位图压缩格式为 JPEG 格式,其压缩比高达 30∶1 以上,而且图像压缩后失真比较小。

图像主要用于表现自然景色、人物等,能表现对象的颜色细节和质感,具有形象、直观、信息量大的优点。

图形与图像在用户看来是一样的，而对多媒体制作者来说是完全不同的。同一幅图，例如一个圆，若采用图形媒体元素，其数据记录的信息是圆心坐标点(x, y)、半径r及颜色编码c；若采用图像媒体元素，其数据文件则记录在哪些坐标位置上有什么颜色的像素点，所以图像的数据信息要比图形数据更有效、更精确。

随着计算机技术的飞速发展，图形和图像之间的界限已越来越小，它们互相融会贯通。例如，文字或线条表示的图形在扫描到计算机时，从图像的角度来看，均是一种由最简单的二维数组表示的点阵图。在经过计算机自动识别出文字或自动跟踪出线条时，点阵图就可形成矢量图形。目前汉字手写体的自动识别、图文混排的印刷体的自动识别等也都是图像处理技术借用了图形生成技术的内容。而在地理信息和自然现象的真实感图形表示、计算机动画和三维数据可视化等领域，在三维图形构造时又都采用了图像信息的描述方法。因此，现在人们已不过多地强调点阵图和矢量图形之间的区别，而更注意它们之间的联系。

4. 音频

声音(Audio)包括人说话的声音、动物鸣叫声和自然界的各种声音，而音乐是有节奏、旋律或和声的人声或乐器音响等配合所构成的一种艺术作品。声音和音乐在本质上是相同的，都是具有振幅和频率的声波。声波的幅度表示声音的强弱，频率表示声音音调的高低。

计算机要处理声音，可通过麦克风把声波振动转变成相应的电信号(模拟信号)，再通过音频卡(简称声卡)把模拟信号转换成数字信号。这一过程就是音频的数字化。

可以用计算机对数字声音信号进行各种处理，处理后的数据经声卡中的数/模转换器(A/D)还原成模拟信号，再经放大输出到音箱或耳机，变成人耳能够听到的声音。

在多媒体作品中加入声音元素，可以给人多感官刺激，不仅能欣赏到优美的音乐，也可听到详细和生动的解说，增强对文字、图像等类型媒体表达信息的理解。

声音和音乐(音频)的缺点是数据量庞大，如存储 1s 的 CD 双声道立体声音乐，需要1.4MB 磁盘空间，因此也需要进行压缩处理。

音频技术在多媒体中的应用极为广泛，如：

音频采集　　把模拟信号转换成数字信号。
语音编/解码　　把语音数据进行压缩编码、解压缩。
音乐合成　　利用音乐合成芯片，把乐谱转换成乐曲输出。
文/语转换　　将计算机的文本转换成声音输出。
语音识别　　让计算机能够听懂人的语音。

5. 视频

在多媒体技术中，视频(Video)是一类重要的媒体。图像与视频是两个既有联系又有区别的概念。一般而言，静止的图片称为图像，动态的影视图像称为视频。静态图像的输入要靠扫描仪、数码照相机等，而视频信号的输入只能是摄像机、录像机、影碟机(LD)以及电视接收机等可以输出连续图像信号的设备。

视频文件的存储格式有 AVI、MPG、MOV 等。在视频中有以下几个技术参数。

(1) 帧速：指每秒顺序播放多少幅图像。根据电视制式的不同有 30 帧/秒、25 帧/秒等。有时为了减少数据量而减慢了帧速，例如只有 16 帧/秒，也可达到一定的满意程度，但效果略差。

(2) 数据量：如果不经过压缩，数据量的大小等于帧速乘以每幅图像的数据量。假设一幅图像为1MB，帧速为30帧/秒，则每秒所需数据量将达到30MB。但经过压缩后可减小几十倍甚至更多，尽管如此，数据量仍太大，使得计算机显示跟不上速度，可采取降低帧速、缩小画面尺寸等方法来降低数据量。

(3) 图像质量：图像质量除了原始数据质量外，还与对视频数据压缩的倍数有关。一般来说，压缩比较小时对图像质量不会有太大影响，而超过一定倍数后，将会明显看出图像质量下降。所以数据量与图像质量是一对矛盾体，需要折中考虑。

6. 动画

动画(Cartoon)是采用计算机动画软件创作并生成的一系列可供实时演播的连续画面。动画和视频之所以具有动感的视觉效果，是因为人的眼睛具有一种“视觉暂留”的生理特点，在观察过物体之后，物体的映像将会在人眼的视网膜上保留一个短暂的时间，大约为0.1s，这样一系列略微有差异的图像在快速播放时，就给人以一种物体在做连续运动的感觉。计算机动画目前成功地用于广告业与影视业，尤其是将动画用于电影特技，使计算机动画技术与实拍画面相结合，真假难辨，取得了空前的成功。

用计算机实现的动画有两种，一种叫造型动画，另一种叫帧动画。帧动画是由一幅幅连续的画面组成的图像序列，这是产生各种动画的基本方法。

利用计算机制作动画时，只要做好主动作画面(关键帧)，其余的中间画面均是由计算机内插来完成。当这些画面仅是二维的透视效果时就是二维动画，如Flash动画，用3ds Max等三维造型工具创造出的立体空间形象的动画就是三维动画。

动画具有如下特点。

(1) 具有时间连续性，非常适合表示“过程”，具有更强、更生动、更自然的表现力。

(2) 由于动画的时间延续性使得其数据量巨大，必须压缩后才能在计算机中应用。

(3) 利用帧与帧之间很强的关联性，可以对动画进行压缩。也因为这一特性，使动态图像对错误的敏感性较低。

(4) 动画的实时性要求高，必须在规定时间内完成更换画面的播放过程。要求计算机处理速度、显示速度、数据读取速度都要达到实时性要求。

8.1.3 多媒体

多媒体技术和网络技术是计算机发展的两个方向。多媒体(Multimedia)这一概念常用来兼指多媒体信息和多媒体技术。

1. 多媒体信息

多媒体信息是指集数据、文字、图形与图像为一体的综合媒体信息，多媒体集计算机技术、声像技术和通信技术为一体，采用先进的数字记录和传输方式，给人们的工作带来便利。

现在的计算机系统都具有良好的多媒体信息处理功能，它由多媒体计算机、相关设备和配套软件组成，具有集成性、交互性、数字化和智能化的特点，多媒体技术的兴起和它特有的图、文、声、像相结合的方式，使计算机迅速进入千家万户，成为人们学习、娱乐的基本方式之一，同时它也使办公自动化功能进一步扩展，极大地提高了工作效率。

2. 多媒体技术

1）MMX 技术

MMX（MultiMedia eXtension，多媒体扩展指令集）是 Intel 公司推出的一项对 CPU 系统的重大变革，它增加了 4 个数据类型、8 个 64 位寄存器和 57 条多媒体指令，采用 SIMD（单指令多数据流）技术，同时保持与操作系统和其他软件的兼容，大大提高了计算机的图像和动画处理能力、多媒体通信能力以及语音识别、听写、音频解压缩等方面的并行处理能力。

Intel 推出 MMX 的目的是想提高 CPU 对多媒体及通信软件的处理速度，使计算机与多媒体、通信结合的这一发展趋势与 CPU 的自身发展更加紧密结合起来。为使 CPU 处理三维数据的能力有质的飞跃，Intel 推出了 MMX2 处理器，作为 MMX 技术的升级版本，它在原 MMX 指令集的基础上又新增了 70 条指令，从而使 MMX 的多媒体指令总数达到了 127 条，目前该技术已在手机上得到应用。

2）音频信息技术

声音是连续波，经过传播，引起耳膜振动，人们就能听到声音。声波的强弱是由其振幅决定的。波形中两个相邻波峰之间的距离称为振动周期，它表示完成一次完整的振动过程所需的时间，周期的大小体现了振动速度的慢快。振动频率是指一秒钟内的振动次数，单位为赫兹（Hz）。

计算机只能处理数字化信息，为了能使计算机处理声音信号，必须先将这类模拟信号转换成数字信号，即在录音时用固定的时间间隔对声波进行离散化（数字化）处理，这个过程称为模/数（A/D）转换；反之将数字信号转换成模拟信号的过程称为数/模（D/A）转换。

离散化处理过程中有个采样频率问题，它类似于将声波平均分割成若干份。目前，通用的标准采样频率有三个：44.1kHz（标准的 CD、WAV 格式）、22.05kHz 和 11.025kHz。

3）视频信息技术

视频信息（即动态图像）实际上是由许多单幅画面构成的，每一幅画面称为一帧，帧是构成视频信息的最小、最基本的单位。

视频信息的采样和数字化视频信号的原理与音频信息数字化相似，也用两个指标来衡量，一是采样频率，二是采样深度。

采样频率是指在一定时间内以一定的速度对单帧视频信号的捕获量，即以每秒所捕获的画面帧数来衡量。例如，要捕获一段连续画面时，可以用每秒 25～30 帧的采样速度对该视频信号加以采样。采样深度是指经采样后每帧所包含的颜色位（色彩值）。如：采样深度为 8 位，则每帧可达到 256 级单色灰度。

4）图像处理与动画制作技术

图像处理与动画制作技术包括各类图像处理软件、动画制作软件和多媒体创作工具软件，以及视频卡技术、虚拟现实技术等。该技术需要了解以下几个概念。

图像分辨率：是指图像中所含信息的多少，一般以每英寸包含像素（构成图像的最小信息单元）来表示。图像分辨率越高，图像便越清晰，所需的存储空间也越大。

彩色描述：彩色图像的颜色可以用两种方法来描述，一种是相加混色，另一种是相减混色,电视机和显示器显示的彩色图像是用红色(Red)、绿色(Green)、蓝色(Blue)三种基本颜色按不同比例相加产生的,这种颜色模式称为 RGB 模式。另一种常用的颜色模式是 CMYK 模式,它是由青色(Cyan)、品红(Magenta)、黄色(Yellow)和黑色(Black)四种颜料,按照一定比例相减生成印刷色彩的模式,用于彩色图像的印刷与打印。

JPEG 标准:这是由国际标准化组织 ISO 等机构联合组成的专家组制定的静态图像数据压缩的工业标准。这一标准既可用于灰度图像又可用于彩色图像,由于综合采用多种压缩编码技术,因此经其处理的图像质量高、压缩比大。

MPEG 标准:这是为解决视频图像压缩、音频压缩及多种压缩数据流的复合与同步问题而制定的标准。

5)数据压缩和解压缩技术

数据压缩和解压缩技术的发展是多媒体发展的基础。数据压缩是通过数学运算将原来较大的文件变为较小文件的数字处理技术;数据解压缩是把压缩数据还原成原始数据或与原始数据相近的数据的技术。数据压缩通常可分为无损压缩和有损压缩两种类型,无损压缩是指压缩后的数据经过重构还原后与原始数据完全相同,有损压缩是指压缩后的数据经过重构还原后与原始数据有所不同。

6)超媒体链接技术

超媒体与超文本是计算机技术中功能强大的信息存储和检索系统,它把图形、图像、声音、影视、文字等媒体集合成为一个有机体。通过链接技术,可使用户在检索过程中从一个问题跳转到与其相关的各类问题中去,而不必按顺序进行,大大提高检索效率。超媒体与超文本的区别在于,如果信息主要以文字的形式表示,那么就称为超文本链接,如果信息还包含影视、动画、音乐或其他媒体,则称为超媒体链接。

8.1.4 多媒体技术主要特性

多媒体技术具有如下的 4 个主要特性。

1. 交互性

交互性是多媒体技术的关键特征,它使用户可以更有效地控制和使用信息,增加对信息的注意和理解。众所周知,一般的电视机是声像一体化的、把多种媒体集成在一起的设备。但它不具备交互性,因为用户只能使用信息,而不能自由地控制和处理信息。例如在一般的电视机中,不能将用户需求介入进去使银幕上的图像根据用户需要配上不同的语言解说或增加文字说明;也不能对图像进行缩放、冻结等加工处理看到想看的电视节目等。当引入多媒体技术后,借助交互性用户可以获得更多的信息。例如,在多媒体通信系统中收发两端可以相互控制对方,发送方可按照广播方式发送多媒体信息,而另一方面又可以按照接收方的要求向接收端发送所需要的多媒体信息,接收方可随时要求发送方传送所需的某种形式的多媒体信息。在多媒体远程计算机辅助教学系统中,学习者可以人为地改变教学过程,研究感兴趣的问题从而得到新的体会,激发学习者的主动性、自觉性和积极性。利用多媒体的交互性激发学生的想象力,可以获得独特的效果。在多媒体远程信息检索系统中,利用交互性可让用户找出想读的书籍,快速跳过不感兴趣的部分,从数据库中检录声音、图像或文字材料等。

2. 多样性

多样性主要指媒体的多样化或多维化，即把计算机所能处理的信息媒体的种类或范围扩大，不局限于原来的数据、文本或单一的语音、图像。众所周知，人类具有5大感觉，即视、听、嗅、味与触觉，前三种感觉占了总信息量的95%以上，而计算机远远没有达到人类处理复合信息媒体的水平。计算机一般只能按照单一方式来加工处理信息，对人类接收的信息经过变换之后才能使用，而多媒体技术就是要把计算机处理的信息多样化或多维化。信息的复合化或多样化不仅是指输入信息（这称为信息的获取，Capture），而且还指信息的输出（这称为表现，Presentation）。输入和输出并不一定相同，若输入与输出相同，就称为记录或重放。如果对输入进行加工、组合与变换，则称为创作（Authoring），可以更好地表现信息，丰富其表现力，使用户更准确更生动地接收信息。这种形式过去在影视制作过程中大量采用，在多媒体技术中也采用这种方法。

3. 集成性

多媒体的集成性包括两方面，一方面是指多媒体系统能将多种媒体元素的集成在一起，经过多媒体技术处理使它们综合发挥作用；另一方面是指处理这些媒体元素的设备和系统的集成。在多媒体系统中，各种信息媒体不像过去那样采用单一方式进行采集与处理，而由多通道同时统一采集、存储与加工处理，更加强调各种媒体之间的协同关系及利用它所包含的大量信息。

4. 实时性

由于多媒体系统需要处理各种复合的信息媒体，决定了多媒体技术必然要支持实时处理。接收到的各种信息媒体在时间上必须是同步的，其中语声和活动的视频图像必须严格同步，因此要求实时性甚至是强实时（Hard Real Time）。例如电视会议系统的声音和图像不允许存在停顿，必须严格同步，包括“唇音同步”，否则传输的声音和图像就失去意义。

8.1.5 多媒体的关键技术

多媒体是多种信息媒体在计算机上的统一管理，它是多种技术的结合。多媒体通信可以实现图、文、声、像一体化传递。多媒体技术是在一定技术条件下的高科技产物，它是多种技术综合的结晶。下面简要概述多媒体的关键技术及相关技术。

1. 多媒体操作系统技术

多媒体操作系统目前的常用版本有 Windows XP、Windows Vista 和 Windows 7。

为使用户享受到更出色的多媒体效果，Windows 2000 和 Windows XP 支持 Microsoft DirectX 技术、数字化视盘（DVD）以及高速 IEEE 1394 接口，还有增强的色彩管理和多监视器工作的能力。

2. 多媒体功能芯片技术

多媒体技术的发展和超大规模集成电路(Very Large Scale Integrated Circuited,VLSI)技术的发展有着密不可分的关系。由于多媒体数据量极大,要实现视频、音频信号的实时压缩、解压缩和多媒体信息的播放处理,需要对大量的数据进行快速计算,必须具有多媒体功能的快速运算硬件支持。实现动态视频的实时采集、变形、叠加、合成、淡入、淡出等特殊效果处理(非线性编辑),也必须采用专用的视频处理芯片才能取得满意的效果。支持多媒体功能的CPU芯片(MMX)和专用的视频音频处理芯片的研制都是在大规模集成电路技术的支持下实现的。

3. 多媒体输入输出技术

输入输出技术是处理多媒体信息传输接口的界面,主要包括媒体转换技术、媒体识别与理解技术(如语音识别)等,其中既包括硬件技术又包括软件技术。

4. 多媒体数据压缩技术

多媒体数据压缩是多媒体技术的主要特征。未经压缩的视频和音频数据占用空间大得惊人,例如未经压缩的影像和立体声音乐数据量分别是1680MB/min和10MB/min,如此庞大的数据量不仅难于用普通计算机处理,而且存储和传输都成问题。因此,视频、音频和图像数据的编码和压缩算法在多媒体技术中占有非常重要的地位。

5. 光存储技术

大量多媒体信息数据需要很大的存储空间,因此多媒体技术的发展和应用必须有大容量存储技术的支持。光盘在多媒体的发展史上起了相当重要的作用,即使在网络发达的国家里,CD、VCD仍是发行多媒体节目的主要手段。现在定义的DVD的存储容量最高可达到17GB,一片DVD盘的容量相当于25片CD(650MB/片)的容量。

6. 人工智能技术

人工智能技术包括语音识别、语音合成、语音翻译、图像识别与理解、语音和文字之间的转换、图/文/表分离技术、手写笔输入识别技术等。

8.1.6 多媒体技术的应用

多媒体计算机技术是当前计算机工业的热点课题之一,正在蓬勃发展中。多媒体技术的引进赋予了计算机新的含义,对计算机硬件和软件产生了深远影响,扩大了计算机的应用领域,随之而来的是与多媒体有关的计算机新产品和新服务的不断涌现。可以说,目前多媒体技术的发展日新月异,带来了计算机技术的一次新的飞跃。

多媒体技术应用十分广泛,不仅覆盖了计算机的绝大部分应用领域,同时还开拓了新的范围。毫无疑问,多媒体技术会对人们传统的工作、学习和生活方式产生不可低估的影响。

1. 多媒体在教育中的应用

多媒体计算机最有前途的应用领域是教育领域。多媒体丰富的表现形式以及信息传播能力，赋予现代教育以崭新的面目。

多媒体计算机辅助教学的兴起，对素质教育给予了大力支持。利用多媒体技术编制开发的教学软件，能创造出图文并茂、绘声绘色、生动逼真的教学环境和交互操作方式。

多媒体技术还可以应用于交互式远程教育，从而极大地扩大了教学的时间与空间。与传统的教学形式相比较，网络远程教学具备诸多优点。目前，国内大学的网络教育，就是通过网络的视频会议系统，将主教学中心演播教室内的教学的视频信号、数字信号传送到国内的多个分教学点的网络教室内，网络把多方构一个完整的回路，分教学点可以组织学生进行实时的与非实时的学习。教学中引入非实时教学的形式是一场教育革命，自主学习成为了可能。

目前，高校在教学中普遍应用“网络化教学平台”。教师可以利用网络平台，对课程介绍、教学资料建设、实施教学辅导、实行网上答疑、布置电子作业、开展试题库建设、进行在线测试等多方面课程内容进行建设。这些素材在计算机的组织下，通过交互式的教学互动形式，给传统的教学带来了形式与内容上的深刻变革。这必将激发学生学习的积极性和主动性，带来教学质量的提高。

总之，如今的教育，无论是从资源配置角度讲，还是从优质教学资源分享讲，多媒体技术已经广泛应用于教育。

2. 多媒体在商业中的应用

多媒体在商业中的应用包括商品简报、查询服务、产品广告演示及商品贸易交易等方面。例如售楼，开发商可以利用多媒体 3D 技术，通过计算机演示，为远程的客户展示其楼盘。客户会有一种身临其境的感觉，就像被带到建筑物现场的各个角落。

在商贸方面，电子商务已形成热潮，互联网的高速发展带来电子商务网站数量的井喷式增长。2018 年上半年，我国电子商务发展仍保持较高增速。前 5 个月，网上零售额总额达到 32 691 亿元，首次在 1～5 月突破 3 万亿元，同比增长超 30％(30.7％)。网上零售的蓬勃发展也拉动了经济增长。

3. 多媒体在网络及通信中的应用

多媒体计算机技术的一个重要应用领域就是多媒体通信系统，多媒体网络是网络技术未来的发展方向。随着这些技术的发展，可视电话、视频会议、家庭间的网上聚会交谈等日渐普及和完善，多媒体通信系统将大有可为。

多媒体技术应用到通信上，将把电话、电视、图文传真、音响、卡拉 OK 机、摄像机等电子产品与计算机融为一体，由计算机完成音频、视频信号采集、压缩和解压缩、音频、视频的特技处理、多媒体信息的网络传输、音频播放和视频显示等功能，形成新一代的家电类，也就是建立提供全新信息服务的多媒体个人通信中心 MPICC(Multimedia Personal Information Communication Center)。

以多媒体技术为基础的视像会议系统可能成为未来商务界及其他业务通信联络的标准手段。虽然与会者身处各处，但他们却能得到一种“面对面”开会的感觉。与会者可以从屏幕上看到其他会议参加者，并相互交谈，还可以看到其他人提供的文件，也可以向会议提供自己的材料。

4. 多媒体在家庭中的应用

近年来面向家庭的多媒体软件琳琅满目,音乐、影像、游戏光盘给人们以更高品质的娱乐享受。随着多媒体技术和网络技术的不断发展,继网络购物、电子信函之后,家庭办公将成为人们的工作方式之一。

5. 多媒体在电子出版方面的应用

多媒体技术给出版业带来了巨大的影响,电子图书和电子报刊已成为出版界新的经济增长点。用光盘代替纸介质出版各类图书给印刷业带来了一些冲击,是对以纸张为主要载体进行信息存储的传统出版物的一个挑战。电子出版物具有容量大、体积小、检索快、成本低、易于保存和复制,能存储多种媒体信息等优点,更主要的是它可以通过网络进行传递。多媒体技术给出版业打开了新天地。

8.2 多媒体计算机系统

所谓多媒体系统是指多媒体计算机终端设备、多媒体网络设备、多媒体服务系统、多媒体软件及有关的媒体数据组成的有机整体。当多媒体系统只是单机系统时,可以只包含多媒体终端系统和相应的软件及数据。在大多数情况下多媒体系统是以网络形式出现的,至少在概念上应是与网络互联的,通过网络获取服务、与外界进行联系。从广义上讲,这实际上就是信息系统的一种新的形式:多媒体信息系统。

8.2.1 多媒体系统层次结构

多媒体系统由多媒体硬件系统和多媒体软件系统组成,其中硬件系统主要包括计算机主要配置和各种外部设备以及各种外部设备的接口控制卡;软件系统包括多媒体设备的驱动软件、多媒体操作系统软件、多媒体制作平台、多媒体制作工具软件和多媒体应用软件。多媒体计算机系统的组成如表 8-1 所示。

表 8-1 多媒体系统的层次结构

软件系统	第七层	多媒体应用软件
	第六层	多媒体编辑软件
	第五层	多媒体制作平台和工具软件
	第四层	多媒体操作系统软件及驱动程序
硬件系统	第三层	多媒体控制卡及接口
	第二层	多媒体计算机硬件
	第一层	多媒体外围设备

8.2.2 多媒体硬件的基本组成

构成多媒体系统除了需要较高配置的计算机之外,通常还需要音频、视频处理设备、光盘驱动器、各种多媒体输入输出设备等。与常规的个人计算机相比，多媒体计算机的硬件结构只是多了一些硬件配置而已。

目前，计算机厂商为了满足广大用户对多媒体系统的要求，采用两种方式提供多媒体所需的硬件：一是把各种部件都做在计算机的主板上，如 Philips 等公司生产的多媒体计算机；二是生产各种有关的板、卡等硬件产品和工具，插入现有的计算机中，使计算机升级而具有多媒体的功能。

1. 多媒体接口卡

多媒体接口卡是根据多媒体系统对获取、编辑音频或视频的需要而插接在计算机上的。常用接口卡包括声卡（音频卡）、语音卡、图形显示卡、VGA/TV 转换卡、视频捕捉卡和非线性编辑卡等。

2. 多媒体外部设备

（1）视频、音频输入设备，包括 CD-ROM、扫描仪、摄像机、录像机、数码照相机、激光唱盘、MIDI（Musical Instrument Digital Interface）合成器和传真机等。

（2）视频、音频播放设备，包括电视机、投影仪、音响器材等。

（3）交互界面设备，包括键盘、鼠标器、高分辨率彩色显示器、激光打印机、触摸屏、光笔等。

（4）存储设备，如磁盘、WORM 和可重写光盘（CD-RW）等。

8.2.3 多媒体计算机标准

1990 年底，在微软公司的主持下，微软、IBM、Philips、NEC 等较大的多媒体计算机厂商召开了多媒体开发者会议，成立了多媒体计算机市场协会（Multimedia PC Marketing Council，MPMC），进行多媒体标准的制定和管理。该组织根据当时计算机的发展水平制定了多媒体计算机的基本标准 MPC1，对多媒体计算机硬件规定了必需的技术规格。1993 年，多媒体微型计算机市场委员会发布了 MPC2 标准。1995 年 6 月，该组织更名为“多媒体 PC 工作组”（Multimedia PC Working Group），公布了新的多媒体计算机标准，即 MPC3 标准。在 MPC3 的基本要点中微处理器、内存储器、磁盘、图形性能、视频播放、声卡等配置的指标都有较大提高。

目前，MPC 应具备的基本特征大致可归纳为以下几种。

1. 交互式播放和阅读功能

MPC 要具有交互式播放和阅读功能。

2. 高质量的数字音响功能

MPC 配有音乐合成器接口 MIDI，可分别用来增加播放复合音乐和外接电子乐器、编辑乐曲的功能。

3. 图文、声音同步播放

MPC能够显示来自光盘上的文字、动画、影视节目等，而且可以使画面、声音、字幕同步播放。

4. 具有管理多媒体的软件平台

MPC3标准要达到的目标是使多媒体计算机能在CD及音响伴奏下播放全屏幕MPEG视频。目前市场上的主流计算机配置都大大超过了MPC3对硬件的要求。

综上所述，MPC的实质是在普通PC的基础上，加上具有处理多媒体信息的功能卡，扩展普通PC的功能，使其具备处理多媒体的信息的能力。

本章小结

本章介绍了媒体主要包括感觉媒体、表示媒体、显示媒体、存储媒体、传输媒体5大基本类别，并介绍多媒体由6大媒体元素组成：文本、音频、视频、图形、图像和动画。多媒体概念常用来指多媒体信息和多媒体技术，并对多媒体信息和多媒体技术进行讲述。讲述了多媒体技术的交互性、多样性、集成性、实时性4个主要特性以及多媒体的应用，最后介绍多媒体计算机系统的组成。

本章内容复习

1. 什么是多媒体技术？
2. 多媒体由哪些媒体元素组成？
3. 多媒体计算机系统与普通计算机的主要区别是什么？
4. 图形与图像有何区别？

网上资料查找

1. 查找用于文本、音频、视频、图形、图像和动画处理的软件有哪些。
2. 查找多媒体计算机系统配置。

参考文献

[1] 王移芝,罗四维,等. 大学计算机基础教程[M]. 北京:高等教育出版社,2004.

[2] 雷运发,杨海军,等. 多媒体技术与应用[M]. 北京:中国水利水电出版社,2004.

[3] 刘甘娜,朱文胜,付先平. 多媒体技术应用[M]. 2版. 北京:高等教育出版社,2000.

[4] 全国计算机等级考试教材编写组. 全国计算机等级考试教程二级公共基础知识[M]. 北京:人民邮电出版社,2013.

[5] 教育部考试中心. 全国计算机等级考试二级教程——公共基础知识[M]. 北京:高等教育出版社,2013.

[6] 吴功宜,吴英. 物联网技术与应用[M]. 北京:机械工业出版社,2013.

[7] 龚沛曾,杨志强. 大学计算机[M]. 北京:高等教育出版社,2013.

[8] 朱斌. 大学计算机基础[M]. 北京:人民邮电出版社,2013.

[9] 夏耘,胡声丹. 计算机应用基础[M]. 北京:电子工业出版社,2013.

[10] 陈国良. 大学计算机——计算机思维视角[M]. 2版. 北京:高等教育出版社,2014.

图书资源支持

感谢您一直以来对清华版图书的支持和爱护。为了配合本书的使用，本书提供配套的资源，有需求的读者请扫描下方的“书圈”微信公众号二维码，在图书专区下载，也可以拨打电话或发送电子邮件咨询。

如果您在使用本书的过程中遇到了什么问题，或者有相关图书出版计划，也请您发邮件告诉我们，以便我们更好地为您服务。

我们的联系方式：

地　　址：北京海淀区双清路学研大厦 A 座 707

邮　　编：100084

电　　话：010－62770175－4604

资源下载：http://www.tup.com.cn

电子邮件：weijj@tup.tsinghua.edu.cn

QQ：883604（请写明您的单位和姓名）

资源下载、样书申请

书圈

用微信扫一扫右边的二维码，即可关注清华大学出版社公众号“书圈”。